中国传统民居系列图册

雲南民居

云南省设计院
《云南民居》编写组

中国建筑工业出版社

总　序

　　20 世纪 80 年代,《中国传统民居系列图册》丛书出版, 它包含了部分省（区）市的乡镇传统民居现存实物调查研究资料, 其中文笔描述简炼, 照片真实优美, 作为初期民居资料丛书出版至今已有三十年了。

　　回顾当年, 正是我国十一届三中全会之后, 全国人民意气奋发, 斗志昂扬, 正掀起社会主义建设高潮。建筑界适应时代潮流, 学赶先进, 发扬优秀传统, 努力创新。出版社正当其时, 在全国进行调研传统民居时际, 抓紧劳动人民在历史上所创造的优秀民居建筑资料, 准备在全国各省（区）市组织出书, 但因民居建筑属传统文化范围, 当时在全国并不普及, 只能在建筑科技教学人员进行调查资料较多的省市地区先行出版, 如《浙江民居》、《吉林民居》、《云南民居》、《福建民居》、《窑洞民居》、《广东民居》、《苏州民居》、《上海里弄民居》、《陕西民居》、《新疆民居》等。

　　民居建筑是我国先民劳动创造最先的建筑类型, 历数千年的实践和智慧, 与天地斗, 与环境斗, 从而创造出既实用又经济美观的各族人民所喜爱的传统民居建筑。由于实物资料是各地劳动人民所亲自创造的民居建筑, 如各种不同的类型和组合, 式样众多, 结构简洁, 构造合理, 形象朴实而丰富。所调查的资料, 无论整体和局部, 都非常翔实、丰富。插图绘制清晰, 照片黑白分明而简朴精美。出版时, 由于数量不多, 有些省市难于买到。

　　《中国传统民居系列图册》出版后, 引起了建筑界、教育界、学术界的注意和重视。在学校, 过去中国古代建筑史教材中, 内容偏向于宫殿、坛庙、陵寝、苑囿, 现在增加了劳动人民创造的民居建筑内容。在学术界, 研究建筑的单纯建筑学观念已被打破, 调查民居建筑必须与社会、历史、人文学、民族、民俗、考古学、艺术、美学和气象、地理、环境学等学科联系起来, 共同进行研究, 才能比较全面、深入地理解传统民居的历史、文化、经济和建筑全貌。

其后，传统民居也已从建筑的单体向群体、聚落、村落、街镇、里弄、场所等族群规模更大的范围进行研究。

当前，我国正处于一个伟大的时代，是习近平主席提出的中华民族要实现伟大复兴的中国梦时代。我国社会主义政治、经济、文化建设正在全面发展和提高。建筑事业在总目标下要创造出有国家、民族特色的社会主义新建筑，以满足各族人民的需求。

优秀的建筑是时代的产物，是一个国家、民族在该时代社会、政治、经济、文化的反映。建筑创作表现有国家、民族的特色，这是国家、民族尊严、独立、自信的象征和表现，也是一个国家、一个民族在政治、经济和文化上成熟、富强的标帜。

优秀的建筑创作要表现时代的、先进的技艺，同时，要传承国家、民族的传统文化精华。在建筑中，中国古建筑蕴藏着优秀的文化精华是举世闻名的，但是，各族人民自己创造的民居建筑，同样也是我国民间建筑中不可忽视和宝贵的文化财富。过去已发现民居建筑的价值，如因地制宜、就地取材、合理布局、组合模数化的经验，结合气候、地貌、山水、绿化等自然条件的创作规律与手法。由于自然、人文、资源等基础条件的差异，形成各地民居组成的风貌和特色的不同，把规律、经验总结下来加以归纳整理，为今天建筑创新提供参考和借鉴。

今天在这大好时际，中国建筑工业出版社出版《中国传统民居系列图册》，实属传承优秀建筑文化的一件有益大事。愿为建筑创新贡献一份心意，也为实现中华民族伟大复兴的中国梦贡献一份力量。

陆元鼎

2017 年 7 月

前　言

　　云南是我国西南边疆的一个多民族省份，聚居着二十四个历史悠久的少数民族。这里的建筑丰富多彩、风格迥异，特别是各民族的居住建筑（称为民居），更是百花争妍，值得认真调查研究，使民居建筑的优秀传统在建筑创作中得以继承和发展，形成我国具有民族和地方特色的现代建筑风格。

　　20 世纪 60 年代初，为了发掘民间建筑遗产、古为今用，原建筑工程部曾通知各地建筑设计院，开展民居调查研究工作。原云南省建筑工程厅设计院组织了少数民族建筑调查小组，分赴滇西、滇西南对白族、傣族、景颇族民居，先后进行了三次调查，历时近一年半，编写了"云南白族民居调查报告"、"白族古代建筑随遇纪要"、"白族匠师访问记"、"云南傣族民居调查报告，附傣族佛寺建筑"、"云南景颇族民居调查报告"（油印本）并编绘了各族民居图集，在《建筑学报》上发表了介绍白族、傣族民居的文章。西南三省一区有关建筑设计院，曾组织"西南少数民族民居"编委会，计划编写专著。

　　1966 ~ 1976 年，这一工作，暂时搁置。

　　1979 ~ 1980 年中国建筑工业出版社和中国建筑学会建筑历史及建筑理论委员会，相继与我院联系整理原有的少数民族民居调查报告，有关大专院校和单位，也曾要我院提供民居文字图纸资料。时隔二十年，原来的调查报告，难以反映近年的情况，内容也需增补修订。为此，我院在 1980 年重新组织少数民族民居调查组，分赴德宏州、西双版纳州，对傣族、景颇族民居以及大理州白族民居，又进行了三次调查，先后历时近一年。1981年中国建筑工业出版社和我院商定，在原有图纸、照片、资料和再次调查补充资料的基础上，编写此书。经我院研究，认为云南少数民族众多，三个民族的民居难以反映各族民居的概貌。因此决定：除在兄弟省人数较多的壮、苗、瑶、回、藏、蒙、水、布衣等民族的民居暂不调查外，再增加调查几个民族的民居。1982年又重新组织了调查组，分赴丽江纳西族地区、红河州、楚雄州彝族、哈尼族地区和滇西南德昂族、佤族、拉祜族地区先后进行了五次调查，历时约一年半，从而使少数民族民居资料增加到九种。由于人力和时间的限制，对边远的怒江傈僳族、怒族地区和人口在五万余人以下的布朗族、普米族、阿昌族、独龙族等的民居，还未进行调查。有待今后弥补。

　　本书主要是介绍各少数民族的民居，因此除综合论述少数民族民居的源流、形成和发展外，主要按民族分别叙述其民居的优良传统、风格和特色以及如何适应自然条件、技术经济条件与民族风俗、习惯等。这将便于今后在设计少数民族地区的住宅和公共建筑时，能有所借鉴，并为大专院校、科研单位有关专业提供参考资料，以利古为今用，推陈出新。近年来，西双版纳有的住宅、别墅，丽江纳西族职工住宅小区，云南民族学院教学楼，均注意吸取了各民族建筑的优良传统，做了可喜的尝试和探索，取得了较好的效果。我们希望，本书的出版，能在建设具有中国特色的社会主义，及建设高度的社会主义的物质文明和精神文明中，起到微薄的作用。

　　由于我院的勘察设计任务十分繁重，参加工作的人员很少，补充调查的时间仓促，调查的深度广度不够，加之我们编写人员的认识水平低，全书分析论证较少，比较粗浅，可能还有不少缺点和错误，希望得到读者的批评指正。

云南省设计院
1983 年 8 月

目　录

第一章

概　论

一、云南少数民族概况

云南位于我国西南边陲，是我国聚居不同民族最多的省份。全国五十多个少数民族中，居住在云南境内的有二十四个，人口总计一千零三十一万余人，约占全省总人数的三分之一[①]，分布在占全省总面积百分之八十四的广大地区。集中在边境的少数民族，占边境地区总人口的三分之二，腹地山区百分之七十的土地上有各个少数民族散居和杂居。它们是：彝族、白族、哈尼族、壮族、傣族、苗族、傈僳族、回族、拉祜族、佤族、纳西族、瑶族、藏族、景颇族、布朗族、普米族、怒族、阿昌族、德昂族、基诺族、水族、蒙古族、布依族、独龙族，还有苦聪人、克木人等。各少数民族经济文化发展的程度不同，但都有悠久的历史，从远古时代起就在云南高原上生息繁衍。公元前三百多年战国末年庄蹻入滇，就有我国内地人民成批到达滇池地区。汉晋时期，汉族人民迁移到云南屯田。"唐宋时期，迁到云南的汉族人民大都融合于少数民族之中，一般称白蛮，形成今天的白族。汉代以来在云南分布最广的'昆明'人，到唐宋时期称为乌蛮，逐步分化成今天的彝、哈尼、纳西、拉祜、傈僳、阿昌、景颇、怒、独龙等族。滇西南濮人逐步分化为今天的佤、布朗、德昂等族。滇越、掸、僚分化为滇南、滇西南的傣族和滇东南的壮族"[②]。随元朝忽必烈军进入云南的"畏吾儿军"和"蒙古军"屯田后，发展成为境内的回族和蒙古族。藏族是唐初西藏青海的

吐蕃人民南迁来的。苗族、瑶族则是元、明、清时期从两广、川、黔迁来的[③]。由于明朝实行大规模的移民屯田，先后迁来云南的汉族人口总数远远超过当时境内人口最多的少数民族。他们进一步传播了先进的生产技术和文化，使云南腹地社会经济发展，接近祖国内地水平，特别在滇池、洱海地区，各民族之间在经济、文化、生活上联系更为密切，差异逐渐减小。几千年来，勤劳勇敢的各族人民共同生活、一起斗争，开拓和建设了这块富饶美丽的西南边疆。

云南解放时，在少数民族中，除封建地主制度以外，还可看到社会发展各阶段的残存形态，如母系对偶婚家族、家族公社、家长奴隶制、奴隶占有制、封建前期的领主—奴隶制[④]。新中国成立后，在党中央民族政策的指引下，采取稳中前进的方针，加强了民族团结，根据各民族社会发展的不同特点，从1952年起先后分别实行了土地改革、和平协商土地改革和直接向社会主义过渡的政策，进行了民主改革，以后又进行了社会主义改造和建设，使少数民族地区跨越了几个历史时代，进入了社会主义社会，发生了天翻地覆的变化。现全省有八个民族自治州，十九个民族自治县，各族人民在党的领导下当家做主，实现了民族平等，增强了团结合作，从而在农业、工业、交通运输、

---

① 云南日报 1982 年 10 月 29 日刊载云南省统计局公布的一九八二年七月一日人口普查主要数字。
② 马曜编《云南简史》第 9 页。
③ 马曜编《云南简史》第 14 页。
④ 云南省历史研究所编著《云南少数民族》第 1 页。

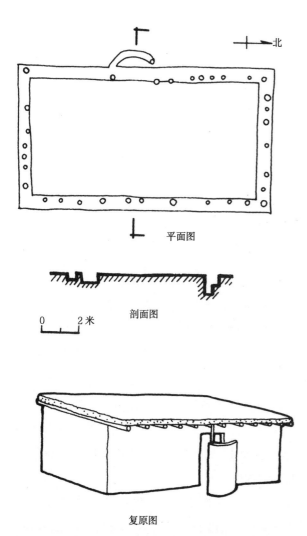

北

平面图

剖面图

0   2米

复原图

图1-1　元谋大墩子新石器文化遗址房屋遗迹及复原图

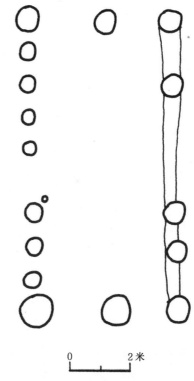

0   2米

图1-2　宾川白羊村遗址房屋遗迹平面图

文教卫生、财贸等各条战线上，都取得了巨大的成绩。

二、云南少数民族民居传统的来源与形成

　　云南少数民族民居源远流长，在远古时期，旧石器时代就有元谋猿人，新石器时代云南大部分地区都有各民族的先民活动。他们居住天然岩穴[①]或过着简陋的半穴居生活。在元谋县大墩子发掘出土的属公元前1260年左右商代新石器文化遗址证明：当时已形成一个较大的村落，人们已会建造简单的木构架房屋[②]。房屋平面矩形，室内无柱，四周立较密的小木柱，竹笆抹草泥墙，横向架檩，纵向阁

椽，架树枝草泥平顶，屋顶、泥墙均经过烘烤，是未掌握夯土墙技术以前土掌房的原始建筑形式（图1-1）。云南宾川白羊村新石器时代定居村落遗址（约属公元前1820年），发掘出土的住房遗迹，平面矩形，柱洞16个，有沟槽，为地面木构建筑，与元谋大墩子住房遗迹基本相同[③]（图1-2）。

---

① 熊瑛《云南维西县发现新石器时代居住山洞》（见文物参考资料1958年10期）。
　马长舟《云南孟连老鹰山的新石器时代岩穴遗址》（见《考古》1983年10期）。
② 云南省博物馆《元谋县大墩子新石器时代遗址》（见《考古学报》1977年第1期）。
③ 云南省博物馆《云南宾川白羊村新石器时代遗址》（载《考古学报》1981年第3期）。

图1-3 祥云大波那村出土干阑式小铜房正面

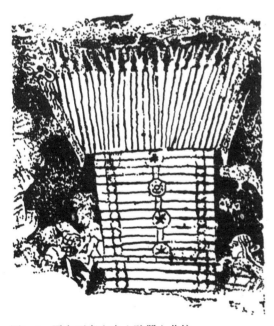

图1-4 晋宁石寨山出土贮器上花纹

永仁县菜园子新石器文化遗址新发掘出土的圆形半穴居住房遗迹[①]。除室内中央为一柱洞外，与西安半坡村遗址原始社会圆形木构架住房的壁体、屋顶构造颇相近似。

　　在剑川海门口，发现了公元前1150年左右商朝的铜石并用文化遗址，出土有十四件刀、斧等铜器，反映出原始社会解体时期的社会面貌。人们聚居在一个滨水的村落，住房是柱上建筑，应是"干阑"建筑的原始形式。遗址出土有二百多根密集的松木桩柱及残留的四根松木横梁。横梁一面较平整，另一面两端有榫槽，便于逗在桩柱顶上，上铺楼面，并在其上建房，是原始"干阑"建筑的遗址[②]。

　　在祥云大波那村发掘了一座木椁铜棺墓并出土一批随葬青铜器，大约是公元前400年战国时期的文物[③]，这时已是奴隶社会。其中两个小铜房子均为干阑式（图1-3）。下层空敞，上层挑出，有窗洞，屋顶悬山，长脊短檐，倒梯形屋面，有生起及博风板，屋面横向水平错落，表示为树皮木板之类顺序覆盖。从它可以看出是景颇族等干阑建筑的原始形式。

　　晋宁石寨山和江川李家山出土的几批青铜器，大约是公元前100年、相当于战国至西汉中期的文物[④]。其中一件铜鼓形贮器所铸有花纹"上仓图"。图中房屋下架空三层圆木高度，厚木楼板，倒梯形屋面上有密集的顺水圆木条，顶端高出屋脊，并在交叉处绑扎，为井干式壁体与干阑式构造的结合形式（图1-4）。还有四件青铜房屋模型，有三个是井干式壁体，墙为方木叠成。平面有一间和两间两种，外观为悬山屋顶，倒梯形屋面，两山有博风板，顶端交叉成燕尾形，屋脊有生起，山面中柱较檐柱突出，并在中柱上部用木斜撑支承山尖屋脊，下挂一牛头，正面墙中

①　云南省文物工作队，1983年10月发掘出土，资料正在整理中。
②　云南省博物馆："云南剑川海门口发掘报告"（见"考古通讯"1958年第6期）。
③　云南省文物工作队："云南祥云大波那木椁铜棺墓清理报告"（见"考古"1964年第12期）。
④　云南省博物馆："云南晋宁石寨山古墓群发掘报告"。
　　冯汉骥：《云南晋宁石寨山出土铜器研究》（《考古》1963年第6期）。

图1-5　晋宁石寨山出土干阑式小铜房正面

图1-6　晋宁石寨山出土干阑式小铜房侧面

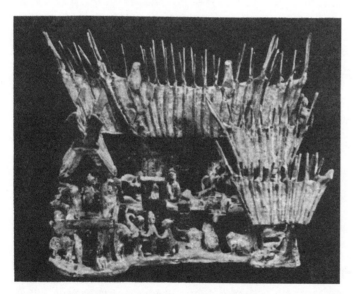

图1-7　晋宁石寨山出土干阑式三合院小铜房正面

1-7），这些都是井干式壁体与干阑式构造相结合的建筑的重要实物资料②，是井干和干阑式建筑的早期形式③。

从新石器时代起，我国长江流域及其以南地区，经发掘的遗址和出土文物证实已采用了"干阑"建筑④。与西北地区的穴居、半穴居形成鲜明对比，这是由于潮湿多雨、盛产竹木和干燥少雨，竹木缺少的气候与材料差异而形成的。以后，干阑和井干建筑继续发展。历史文献记载中说；"依树积木以居其上，名曰干阑，干阑大小随其家口之数"（《北史·蛮僚传》），"山有毒草、沙虱、蝮蛇，人楼居，

开一小窦，窦中供一人头，这是当时滇人"剽牛"、"猎头血祭①"的宗教习俗的反映。新中国成立前西盟佤族仍有这种宗教活动。楼面离地约和人等高，周围有平台及栏杆（图1-5、图1-6），其上住人，其下圈畜。还有一组为三合院，主房前两耳是敞廊，屋面高低错落，颇有变化（图

---

① 新中国成立前佤族相信万物有灵的原始宗教，最崇拜的是主宰万物的最高精灵"木依吉"。"剽牛"（即砍牛尾巴）和"猎头血祭"都是祭"木依吉"的宗教活动，祈求免除疾病灾难。"猎头血祭"又和血族复仇结合起来，用猎取敌对部落的人头来祭祀。新中国成立后，这种活动已废除。

② 云南省博物馆"云南青铜器"第132-145页。

③ 刘敦桢主编《中国古代建筑史》第64页。

④ 安志敏《"干阑"式建筑的考古研究》，(考古学报，1963年第2期)。文中说："现代的'干阑'式建筑中，已不再见古代那种'长脊短檐'式屋顶"，一节不实，现景颇族民居屋顶仍是"长脊短檐"。

梯而上，名曰干阑"（《新唐书·南平獠传》），"上设茅屋，下豢牛栅。栅上编竹为栈，不施椅桌床榻。……考其所以然，盖地多虎狼，不如是则人畜皆不得安"（宋代《岭外代答》）①"所居皆竹楼，人处其上，畜产居下"（《西南夷风土记》）。傣族干阑建筑，现亦仍称"竹楼"。这些都是有关干阑建筑的记载，说明这种建筑形式源远流长。

秦汉时期，滇池地区以农业为主，种植稻谷，"奴隶主家中甚至盖有高大的仓房，贮放从奴隶及其他劳动者那里剥削来的粮食"②。三国时期，诸葛亮平定南中③后实行屯田，带来汉族先进生产技术，促进了云南经济文化的发展和与中原的联系。至今傣族、景颇族中一直有传说，他们盖房种田的方法是诸葛亮教的，并称傣族竹楼屋顶为"孔明帽"。在三国、两晋时期，各民族融合主要表现为汉族"夷化"，因而汉族文化也就被吸收发展。到隋、唐时期出现的"西爨白蛮"、"洱海蛮"等白族先民，大量吸收汉族文化，对云南经济文化发展起了很大作用，为南诏、大理文化奠定了基础。因而三国以后，汉族木构架建筑，有可能在洱海、滇池地区开始使用④，并逐步形成今天别有风格的白族民居和纳西族、彝族等民居建筑。

唐代南诏崛起，臣属唐朝，实行奴隶制经济。公元746年南诏征服滇池地区的"西爨"后，强迫迁徙20万户。从比较先进的"白蛮"到比较落后的滇西，促进了当地社会经济的发展，使洱海地区成了南诏大理五百年政治经济文化的中心；另一部分比较落后的"乌蛮"由畜牧改为农耕，落户于以农业为主的滇池地区，也促进了社会经济的发展。公元829年南诏从成都掳来各类工匠数万人，带来了内地先进技术，并在建筑方面大规模使用奴隶劳动。近代出土唐代有字砖瓦，规格有五十余种，不少注有工匠姓名，可见当时建筑业的繁荣。著名的贸易城邑如南诏王都太和城（距今大理15里），"巷陌皆垒石为之，高丈余，连延数里不断"，现遗址犹存，城墙长三、四里，夯土筑城，有的还高出地面3米。城内小城名金刚城，圆形，现存面积三千余平方米的土台，推测当年避暑宫建在这夯土

台上⑤。这是内地秦汉以来高台建筑盛行后，对云南的影响。房屋建筑除垒石墙外，夯土墙也可能已在建筑中采用。大釐城（今喜州）"邑居人户尤众，……南诏常于此城避暑"。宋代大理国王都羊苴咩城（今大理）、拓东城（今昆明）、永昌城（今保山）都是"方回数里"，"闾阎栉比"，"人口尤众"。为了满足奴隶主穷奢极欲的需要，又建了宏伟的南诏宫殿和庄园。著名的五华楼建于羊苴咩城内，用"以会西南夷十六国君长。楼方广五里，高百尺，上可容万人"⑥。公元836年修建的大理崇圣寺（即三塔寺），基方七里，房屋八百九十间，寺前千寻塔高五十八米，方形平面，叠涩密檐，共十六层，是现存唐代密檐塔的典型和这里最高的砖塔之一。它和位于稍后的宋代"大理国"的两座小塔合成三塔，在点苍山东麓，"玉柱标空，金顶耀日"显得格外秀丽挺拔，经历多次强烈地震屹立至今，这是各族人民智慧的结晶。说明当时的建筑、石窟、砖塔等已达到较高的艺术和技术水平。和全国一样，云南唐代的建筑已经发展到比较成熟的阶段。

宋朝除奴隶制在边远地区存在外，大理政权统治的主要地区已进入封建农奴制经济，封建主大修宫殿、和庄、园林、寺塔。大理王的私庄被称为"白王庄"、"皇庄"，后来变成地名保留下来。景洪傣族佛寺曼飞龙塔建于南宋时期（公元1204年），八个小塔围绕大塔，轮廓丰富，雕饰精美，造型挺拔绚丽，色彩鲜艳夺目，屹立至今。昆明安宁曹溪寺大殿，斗栱硕大，出檐深远，是留存至今的宋代建筑。公元1276年元朝建立云南行中书省，并把行政中心从大理迁到中庆（今昆明），除滇池地区封建地主经济得到发展外，基本上保持封建农奴制，而边远地区奴隶制经济还占很大比重。昆明园通寺，是元朝所建（公元

---

① 转引自云南省博物馆《云南青铜器》第202页。
② 马曜主编《云南简史》第41页。
③ 史籍记载所称"南中"。主要包括今云南省及黔西和四川西南部分地区。
④ 建筑工程部建筑科学研究院《中国建筑简史》第一册第36页。
⑤ 云南日报编辑部编"云南概况"第249页。
　李昆声：《大理城史话》第10页。
⑥ 马曜主编《云南简史》第81、88页。

1320年），大殿廊院改为池塘，并在中轴线上用桥、亭相连，水榭环绕，颇具园林风格。这在我国寺庙建筑中是大胆的创造。西山太华寺、华亭寺也是元朝所建，历代维修的名胜古迹。建水文庙建筑群，占地百余亩，进门一大湖，布局新颖，建筑精美。宋代以前的住宅，虽已荡然无存，但在上述宫殿、寺庙、佛塔等建筑上表现出来的技术进步亦将使住宅建筑更趋发展。

明朝继承历代"以夷制夷"的政策和元代土官制度，推行土司制度——中央在部分少数民族地区分封各族首领世袭官职，以统治当地人民。宣慰使、宣抚使、安抚使等官隶兵部；土知府、土知州、土知县等官隶吏部；土司除对中央政权负担规定的贡赋和征收以外，在辖区内依然保存传统的统治机构和权力。后实行"改土归流"的政治措施，改由中央王朝直接委派有一定任期的官员（即流官）来统治，有些地区实行"土流兼治"，边远地区仍由土司统治。明、清以来随着社会生产力的不断发展，商品经济逐渐发展起来，促进了手工业和商业的发展繁荣，制糖、制盐，纺织、陶瓷、冶炼、造船等手工业均有所发展。明末清初开始出现资本主义萌芽，铜、锡、铅、锌等冶炼的发展大为突出，明代云南银、铜产量居全国首位。丽江白沙大宝积宫、琉璃殿、大定阁及壁画是明代（公元1403～1620年）兴建、绘制的。当时汉族、藏族、白族、纳西族等画家一起工作，融合了各族的艺术风格，寺庙造型精美，是省重点文物保护单位。昆明黑龙潭、黑龙宫建于明代（公元1394年），古木参天，繁花似锦，颇具盛名。昆明官渡金刚宝座塔，建于明代（公元1458年），基座是四门拱式的过街塔，上建一大四小五座喇嘛塔，十分挺拔秀丽，屡经地震仍留存至今。公元1659年吴三桂进军统治云南，维护农奴制、奴隶残余和土司制度，统治各少数民族，同时修建了安阜圆和莲花池别墅。为了利用宗教维护统治，还于昆明东北郊修建道观，以数百吨铜铸造金殿。民间住宅建筑也有较大发展。1962年我们在白族地区调查时，曾看到几幢明朝末年的白族住宅，如下关赵雪平宅、喜州三宅、周城一

宅，主要有以下三个特点[①]：1.屋面构造有篾笆瓦衣，铺在椽子上拴牢，再填苫背后铺瓦，有利于防风抗震，一直保存至今，而清代以后则未见此做法。2.梁柱粗壮，加工工整。喜州某宅主房三间七架，五柱落地，中柱径38厘米，梁下花牙子有丁头斗栱支承，这是民居中所少见的。3.梁架雕刻很多，简洁大方，举架的驼峰、栌墩、满雕卷草或云纹，梁头雕刻也多，大同小异，豪放流畅，技艺精湛。清代继续实行"改土归流"，加强清王朝对云南少数民族地区的统治，以中央集权取代土司政权，变奴隶主或农奴主统治为封建地主阶级统治，客观上促进了社会生产的发展。著名的昆明大观楼建于清代（公元1690年）为三层方形楼阁式建筑。筇竹寺建于唐代，现存者为清代建筑，后院"华严阁"斗栱增加了斜栱。寺内五百罗汉栩栩如生，神态各异，呼之欲出，实属珍品。景洪傣族佛寺很多，与缅甸、泰国寺庙风格类似，俗称"缅寺"。清代（公元1701年）所建勐遮县景真八角亭，为十层八面悬山屋顶，艺术造型独特，建筑艺术精湛，仅见一例，叹为观止，是汉族和傣族劳动人民智慧和技艺的结晶。这一时期的民居，也有很大发展，比寺庙建筑更加生动活泼，丰富多彩。昆明地区汉族的"一颗印"住宅[②]，也为附近彝族采用；通海蒙古族民居，各地回族民居也与当地汉族三合院和三间两耳民居基本相同[③]；洱海之滨的白族民居，绚丽多姿；丽江纳西族民居轻盈飘逸；傣族竹楼，彝族土掌房，都各具独特风格。我院在1962年调查的白族民居，绝大多数均为清末建造，也有个别属明末清初时期，依然留存至今。以上可以说明云南少数民族民居建筑形成和发展，与祖国的建筑技术的发展是紧密联系的。

对各少数民族民居传统的形成，除上述社会历史发展的因素和汉族建筑的影响外，还有以下两个重要原因：

---

① 云南省建工厅设计院，云南少数民族建筑调查小组："白族古建筑随遇记要"（赵琴执笔，油印本）。
② 刘敦桢《中国住宅概说》第43页。
③ 云南省历史研究所："云南少数民族"第262页，114页。

第一是自然条件和经济技术条件对少数民族民居传统形成的影响。

云南处于低纬度高海拔的高原上，地形错综复杂，西北高，多崇山峻岭，深沟峡谷；东南低，起伏较和缓，山区面积占全省总面积的90%以上，除昆明、大理、曲靖等坝子外，平坝很少。全省有记载的强震有700余次，20世纪70年代以来七级左右地震发生过四次，除东川、通海一线外，主要在滇西地区。云南为高原型季风气候，由于受纬度和垂直高差大的影响，气候类型较多。海拔2400米以上的高寒山区，长冬无夏，春秋较短；海拔在800米以下的河谷地区，终年如夏，一雨成秋；大部分地区"四季如春，一雨成冬"。年温差小，一般只有10～12℃，日温差大，可达12～20℃。雨量充沛，日照充足，大部分地区降雨量在1000毫米以上，特别是南部亚热带地区，潮湿多雨，有的湿度达70%～80%，并有山洪或洪水危害。干湿季明显，五至十月是雨季，降雨量占全年85%以上。全省资源丰富，盛产木材、竹子、茅草、卵石、石材以及砖瓦等建筑材料，为建筑房屋提供了物质条件。这些自然条件，和各少数民族经济、技术条件的不同，必然影响到民居的形式各异，云南少数民族民居，就是长期以来，和自然条件作斗争并适应上述自然条件和各自的经济技术条件中形成的。

云南各少数民族人民，历史上长期受残酷的阶级压迫和民族压迫，新中国成立前除经济文化比较先进的白族、部分彝族、纳西族等外，一般生活异常困苦，经济十分困难，建筑技术比较落后。因此，建房多是自己动手全寨帮助，就地取材，因陋就简建成的。云南古代在晋宁、祥云、剑川等地均有干阑式建筑，人住楼上，下豢牲畜，这是当时各族人民为了防御毒蛇猛兽，避免潮湿、洪水，利于通风散热，能够就地取材和节约建房费用而形成的[①]，这种干阑式居住建筑，经过长期演变，至今仍在滇西德宏州、怒江州、澜沧江下游亚热带地区流行，主要为傣族，景颇族，德昂族、布朗族，基诺族[②]和部分哈尼族、拉祜族、佤族、傈僳族、怒族[③]人民所采用。但是，有的已改用混凝土晒台，瓦楞白铁屋面，说明"竹楼"还是各民族人民为了适应当地自然条件和经济技术条件，而乐于选用的民居建筑形式，因而干阑式建筑，还有继续发展的趋势。井干式民居[④]，利于防寒，就地取材，容易建造，费用低廉，至今在滇西北森林密布的高寒山区，仍为部分纳西族、傈僳族、普米族、独龙族[⑤]、藏族[⑥]、彝族人民采用，称"木楞房"。土掌房，隔热良好，取材容易，修建简便，经济实惠，平屋顶作晒场，解决了山区平地很少，晒场难建的问题。因而至今在滇南气候炎热的元江、新平、红河、元阳、绿春等地彝族、哈尼族居住的山区，以及酷热的河谷地带，均处处可见到成村成寨的土掌房。甚至与彝族杂居的汉族、傣族群众，也普遍居住土掌房，这也有力地说明是自然条件和技术经济条件的影响。

自从唐代汉族建筑技术传入云南以后，滇池、洱海地区汉族的木构架、土坯墙、瓦顶建筑逐步发展起来，取代了这一地区早期的干阑、井干式建筑。经过长期的演变，气候温和的滇池地区形成汉族的"一颗印"民居。它的特点主要是四合院，两层，平面近方形，面东南或西南以利日照，毛石脚、土坯或夯土墙、木构架、瓦顶，有利于防盗、避风、抗震和适合汉族人民的生活习惯。洱海地区，白族经济比较富裕，技术水平较高，在汉族建筑的影响下，也采用木构架建房，平面有三合院、四合院。同时，为了适应地区自然条件，在平面，木构架和屋面构造上采取了许多防风、抗震措施，创造了白族民居特有的建筑风格。楚雄彝族民居也多为木构架瓦顶，而红河地区彝族、哈尼族居住的土掌房，亦有将正房改为瓦顶，将平屋顶改为钢筋

① 云南历史研究所："云南少数民族"第205页、286页。
② "思想战线"编辑部编："西南少数民族风俗志"第195页、333页。
③ 刘敦桢主编《中国古代建筑史》第328页，刘致平：《中国建筑类型及结构》第31页。
④ 刘敦桢《中国住宅概说》第29页。
⑤ "思想战线"编辑部编："西南少数民族风俗志"第196页、315页、354页。
⑥ 西南历史研究所："云南少数民族"第197页。藏族还有一层、二层平顶土木结构民居，有的组成小院。

混凝土的，以便防漏和减少维修。可见经济技术条件是决定建筑结构和形式的基本因素之一。

从以上情况可以说明：某种少数民族民居得以存在和发展，是因为这种民居更适应当地的自然条件和各民族的经济技术条件，因而，至今仍为各族人民所喜爱，并得到继承、发展和创新。这是有其历史的、经济的内在原因，而不以人们的意志为转移的。

第二是各少数民族的社会制度风俗习惯对民居的影响，和各民族间的相互影响。

从过去到现在各少数民族人民都有不同的风俗习惯，长期以来在不同的社会制度里，满足各自的风俗习惯、宗教信仰和适应自然条件中，创造了不同的居住建筑形式和风格，形成了各自的建筑传统。

在自然条件相近的地区，各少数民族居住建筑却不相同，即说明了各民族社会制度、风俗习惯和宗教信仰的影响。德宏州、西双版纳州等干阑建筑盛行地区，不仅汉族民居木构架建筑仍独立存在和发展，还影响到阿昌族[①]、傣那的住房，拉祜族也用汉族的木构架平房，并设床、桌等家具。而大多数傣族（傣泐）、景颇族、德昂族却普遍用干阑式建筑，同时又各有特点。如傣族，德昂族民居为高楼式，而景颇族多为低楼式，即使坝区也如此。平面布局自由，也随民族习惯不同而异，如西双版纳州傣族卧室两三代人分帐不分室，席地而卧，为大间，全家设一个火塘。德昂族长幼分室居住，多小间，还有几个小家庭同住一幢大房子，每家设一个火塘的。为便于室内两面分小间，木构架无中柱。滇西大理、丽江和保山地区自然条件差异不大，白族、纳西族和汉族建筑虽同样是采用汉族的木构架，但在建筑布局和风格上都有很大的不同。白族经济文化水平较高，喜爱艺术，民居建筑屋顶为歇山（少数悬山），屋脊生起，屋面反曲，有山花檐饰，照壁、门楼雕梁画栋，装饰精美，绚丽多姿，生气盎然。纳西族建筑是悬山屋顶，大博风板，山面悬点，下层土墙厚重，上层带形木壁，飘逸潇洒，风格迥异。但也有部分纳西族民居建筑与白族民居明显近似，是受白族民居的影响。保山汉族民居三间一耳，悬山屋顶，简朴无华，装饰甚少，小博风板，有的檩头钉瓦或小悬鱼封头防腐，也有硬山屋顶，装饰近似白族，但已大为简化。大理、丽江地区民居建筑室内均有家具，有的还有木雕精致的门窗，建筑技术和经济、文化水平都和汉族基本相同，是各少数民族民居中比较先进的。

彝族解放前在云南腹地是封建地主经济，民居已和汉族基本相同，而在滇南等地还残存着封建领主制，则仍习惯于在平屋顶上晾晒粮食、瓜果，从事副业劳动，保持着全部或局部土掌房的传统，两千余年而不衰，可谓其民族特色的体现。

西盟沧源、孟连等地佤族，新中国成立前具有农村公社土地制的特征，相信万物有灵的原始宗教，"剽牛"、"猎头血祭"等宗教活动频繁。西盟地区的"大房子"和一般住房不同，过去要大头人或多次参加"剽牛"的人才能修建。主要特点是屋脊两端安置有木刻的燕子和男性裸体像，前者是佤族崇拜的飞禽之一，后者则是他们信仰的祖神。这是宗教信仰对民居装修的影响。

景颇族解放前是农村公社土地制，有的向封建经济转化，也信仰万物有灵，耕作、婚丧、疾病、械斗时都要剽牛、杀猪、宰鸡进行祭祀。有些群众习惯在民居山面挑出山尖檐下，悬挂牛头或兽骨，以炫耀其狩猎本领，使古代干阑式建筑的倒梯形屋面流传至今。[①]

丽江山区、中甸、宁蒗、维西一带的纳西族民居，多是井干式建筑的"木楞房"。这一地区新中国成立前基本上是领主经济，木土司为了显示其威严，只许群众盖矮房，房门低矮，进门必须低头，谓"见木低头"（意为见木土司必须低头）。永宁纳西族民居规模较大，房间较多，以适应男女阿注[②]偶居生活。当地人多信喇嘛教，楼上设经堂，是念经、祭神和喇嘛居住的地方，这些都是宗教信仰和风

---

① 云南历史研究所："云南少数民族"第228页。
② 阿注，意"伴侣"，永宁母系家庭中，男女各居母家，过着不结婚的偶居生活，这种偶居关系称为"阿注"。

俗习惯对居民的影响。

以上说明在自然条件相同或接近地区，由于各族人民的社会制度、宗教信仰、风俗习惯、文化程度、艺术爱好、经济条件、生活水平不同，表现在民居建筑的布局和风格上也必然会有所不同。虽然各族人民相互影响，相互学习，这些差异正在逐步减少，但各民族悠久历史形成的传统，是必然要继承和发展下去而显示出各自的特点的[①]。

三、云南少数民族民居建筑的风格和特色

云南各少数民族民居建筑经过几千年的发展，形成了自己的风格和特色。

（一）结构

云南各少数民族民居建筑的传统木结构，有抬梁、穿斗、井干、人字木屋架、密梁平顶五种方式（近年来新民居还有豪式木屋架，及钢筋混凝土梁板、砖墙承重结构）。抬梁、穿斗式木构架为白族、彝族、纳西族等民居中采用，并常有在两端山间用穿斗式、中间用抬梁式的混合结构法。人字木屋架为傣族竹楼中所用。密梁平顶用于土掌房。这几种传统木构架结构除井干式外，在当时社会自然条件下，有几个特点：

1. 承重结构与维护结构分开。如同现代框架结构，可以适应灵活多样、各种形式的平面布局，满足不同的使用要求。

2. 适应地震区防震的要求。木构架节点用扣榫、银锭榫增强建筑构架的整体性，减少地震为害。

3. 便于就地取材和适应各地气候条件。承重结构用的木材、竹材，各地均能就地取得。维护结构可按气候冷暖的不同条件来选择用夯土墙、土坯墙、卵石墙、垛木墙、木板墙、竹笆墙等，适应性较大。

（二）平面布局

受汉族影响较大的少数民族建筑也和以木构架为主的中国古建筑体系一样，一般以"间"为单位组成三间单幢建筑（白族纳西族称"坊"，中为明间，旁为次间）再以这种单幢建筑组成各种平面形式的民居。如白族的"两坊"即曲尺形住宅，三坊组成"三坊一照壁"即三合院，四坊组成"四合五天井"即四合院。较大住宅则由几个三合院或四合院纵向或横向扩展组成重院。彝族哈尼族也大体相同。这种建筑是封闭的空间，对院外不开窗，或开小窗，有利于防风防沙、防盗。院内种植花木，造成安静优美的生活环境。

另一种布局，如同现代单幢花园式住宅，不以"间"为单位，平面比较灵活多样，有方形、矩形、椭圆形或不规则形。一户一幢一院，四周绿树掩映，矮篱围绕，环境幽静。傣族、景颇族、德昂族民居即是这样布局。材寨由纵横交织的道路和两旁一幢幢竹篱分隔的竹楼及小院组成。瑞丽姐东和景洪橄榄坝，寨内翠竹葱茏，花木扶疏，流水清澈，空气清新，比城市花园式住宅小区的环境，更具大自然的野趣和美丽，令人心旷神怡。

（三）建筑风格

云南各少数民族的民居建筑，经过长时期的实践、演变和发展，具有浓郁的乡土气息和民族风格，不仅在结构和布局上存在着迥然不同的特色，而且在外貌上也呈现出丰富多彩、百花争妍的景象。

1. 受汉族影响较深的白族、彝族、纳西族、哈尼族民居也和汉族民居特点一样，做到建筑功能、结构和艺术的统一。利用木构架的组合，和构件的不同形状及材料质感进行艺术加工，一般均较朴素、大方。大的民居则装饰丰富、比较华丽。如同汉族建筑一样，屋面均有举折、反曲、屋脊生起、起翘，厚墙收分，木柱侧脚，但又有新的特点。白族民居为硬山屋顶，檐口山尖用石板挑出；照壁门楼的屋脊四角起翘尤甚，形象生动，如鸟欲飞。厦廊中用栗色木柱、石雕柱础，格子门窗、木雕精美，风景大理石装饰照壁、墙面，卵石、砖瓦铺砌地面图案。院内花台上长满

————————

① 建筑工程部建筑科学研究院《中国建筑简史》第一册、第11、14页。

奇花异草，构成了丰富的内院空间和安静的生活环境。白色墙面上以白灰色相间的山花、檐饰彩带点缀，屋面优美、照壁秀丽；门楼或用青砖斗栱，或用木雕梁枋承托屋面，构成了白族民居绚丽精致、绰约多姿的建筑风格。

纳西族民居山墙，底层毛石脚夯土墙、收分明显、有如高台基，上层带形木壁、悬山屋顶悬挑1米、出檐深远、阴影浓厚，木壁山尖，大博风板，并有悬鱼。三合院四合院住宅，正房悬山屋顶做成中间高两侧低的形状。有的将上层山面后退形成柱廊。有的在外墙上开玲珑的漏窗数处。立面和屋顶均富于变化。在艺术处理上有独到之处①，显得下重上轻，既浑厚又轻盈，创造了纳西族民居轻盈优美的建筑风格。

2. 采用干阑式建筑的傣族、景颇族、德昂族、布朗族、基诺族民居，受汉族影响较少，别具特色。西双版纳傣族民居，俗称"竹楼"，底层架空，楼层为木板或竹笆墙，有的上部向外倾斜，由几个盖灰色小平瓦或茅草的歇山屋顶组成丰富的屋面形象，下层建偏厦（披屋面）遮阳，门廊、晒台相连，室内通风流畅，建筑不施油漆、装饰，主要显示材料质感，构成了通透、灵活的建筑风格。瑞丽傣族民居，底层虽已封闭利用，还是歇山屋顶，除有门廊与晒台外，又增加了悬挑阳台，显得更加轻巧灵活，不失傣族"竹楼"风格。布朗族民居与西双版纳傣族"竹楼"大体相同②。

景颇族民居，多低楼式，倒梯形悬山屋面，草顶竹笆墙，多从山面入口。也有的是瓦顶，或由正面设廊登梯而上。就地取材，加工粗糙，不施油漆，显示出粗犷简朴的建筑风格。

德昂族民居为高楼式，歇山草顶，竹笆墙，底层大部封闭利用，无装饰油漆，有些歇山屋面两端造成半圆形如同毡帽，造型奇异，表现出自由粗犷的建筑风格。

3. 全部或局部采用土掌房的彝族、哈尼族民居是毛石脚、夯土或土坯墙，密梁铺柴草抹泥楼面，平屋顶结构。房屋组合结合地形，高低错落，朴实优美，富于变化，形成山区彝族、哈尼族民居浑厚朴实的建筑风格。

4. 采用井干式建筑的少数纳西族、傈僳族、普米族、独龙族、藏族、彝族民居，多在高山林区，有平房楼房两种，是古代井干式建筑形式的残余，在内地除少量畜栏外已很少见。这种建筑显得原始，风格古朴粗野。

5. 采用平房的佤族，拉祜族民居用土坯墙或竹笆墙，草顶，建筑风格原始粗犷。

四、云南少数民族民居建筑的发展与创新

新中国成立后，少数民族民居建筑有所发展，尤其在农村，新建民居和村寨比比皆是。这些新民居，大部分由当地匠师和房主自己动手，按照传统做法进行布局施工，继承和发展了少数民族民居的优秀传统，具有浓郁的民族风格和生活气息，说明少数民族的传统民居，有深厚的群众基础，为各族人民所喜爱。在丽江城郊，退休干部、城镇职工新建住宅小区，也按民居传统方式建设，颇有特色。

大理地区农村，新建的白族民居均保持了原有风格，多为两坊，行列式排列，村前建一大照壁。除仍采用传统木构架，硬山瓦屋面，毛石脚、卵石墙外，山花、檐饰、彩带、马头墙、照壁、门楼等有的改用砖砌，外貌比传统民居简洁，但保持了明显的白族建筑风格。装修仍用已标准化、商品化的格子门。窗多改为玻璃窗，以增加采光面积。甚至不少民居还请匠师做雕花梁枋、石雕柱础，耗资数千元，历时一、两载建成。这些都说明白族农民对建筑传统艺术的酷爱和经济生活水平的提高。

傣族新民居有较大的发展和创新。在平面布局上，均采取了人畜分居。德宏瑞丽民居，底层封闭，贮农产品、工具、自行车，从事副业劳动。楼上堂屋一般均已取消火塘，改为矮茶几，放热水瓶。连建的单层厨房内有灶及存物壁龛，并在院内另建畜厩及厕所。西双版纳民居底层架空，贮物及养家禽，其他大牲畜亦另建畜厩。有的在楼上

① 刘敦桢《中国住宅概说》第35、53页。
② 《布朗族社会历史调查》第51页。

连接堂屋或经晒台建厨房，有灶、烟囱、自来水。楼上卧室有的已分为小间，长幼分室居住，有的设床、柜，橱、凳等家俱，不再席地坐卧。

在结构及用材上，许多新民居均用木柱、木构架、木梁、木门窗，有不少民居连通风极好的竹楼板、竹笆墙也改成了木楼板、木板墙，"竹楼"几乎完全发展成"木楼"了。在西双版纳，有的晒台改为混凝土面层，或用钢筋混凝土建造。瑞丽地区的许多屋顶，改用瓦楞白铁皮，不施油漆，楼房还增设气楼通风散烟，远远望去闪闪发光，颇为别致。

装修也有改进。瑞丽民居用胶合板及玻璃落地窗，挑阳台，折叠式木大门。门廊用垂直和向外倾斜的悬挑短柱支持，并增加了傣族纹样的胶合板镂空花饰。室内除增设了木家具外，还陈设着缝纫机、收音机，收录机等。

总的来看，随着人民经济生活的改善、群众要求的提高，民居建筑的使用要求、卫生条件和用料标准、装饰水平也随之提高。有些历史上洪水猛兽侵袭的因素，随着社会的发展而逐步消失，因而瑞丽傣族民居，底层已封闭利用。"干阑"式建筑的特点，正在逐步减少，但使用面积增加，应算是一种改进。当前西双版纳民居存在的问题是房屋面积过大；窗户甚少、采光不足；厨房在楼上，仍多为火塘，烟熏甚烈；木柱林立，用材较多，构造不合理，且易于倾斜，耐久性较差。这些都尚需改进。

景颇族的干阑式民居建筑，有的从低楼式发展为高楼式，人畜分居，另建畜厩。采用木构架、木楼板、木壁墙，悬山屋顶，以瓦代草，脊、檐等长。有的已取消火塘，厨房在平房内，有灶。有的纵向设廊，从一侧登上前廊，再入室内，卫生条件已有改善。

德昂族新民居用木梁柱、穿斗木构架、木壁、木楼面、歇山草顶，特点是无中柱，以扩大室内空间。楼上居室分为小间，家庭成员分室居住；楼下大部利用存物，部分开敞，用于养牛。厨房另建于楼下相连接的平房内，减少了烟熏危害，卫生条件有所改善。

丽江城郊的纳西族自建公助职工住宅小区，按传统民居方式修建，依山就势，成排布置。每户一般为两坊（曲尺形）或三坊，正房二层，厢房一层，以围墙门楼组成院落。仍用木构架、悬山瓦屋顶，有搏风板、夯土墙、木楼板，但改雕花门为普通木门、玻璃窗。院内种植花木，职工均甚喜爱。主要缺点是总图布置过密，两户的悬山屋顶相距仅一米左右，对防火不利。

哈尼族新民居的平面布置有的已人畜分开，厨房与正房分开，卧室与火塘分开，有利卫生、减少烟熏。部分屋面以瓦代草，有的以钢筋混凝土平顶代替土掌房平屋顶，并改用石墙，大玻璃窗，居住条件大为改善。

彝族新民居的平面布局也是人畜分开，厨房正房分开，卫生条件有所改善。部分屋面以瓦顶代土掌房平屋顶或草顶，个别有以钢筋混凝土平顶代替土掌房平屋顶，并增开玻璃窗或采光气楼，居住条件有所提高。

耿马近郊的拉祜族新民居采用平房，砖柱土坯墙，瓦顶，前外廊木柱、木门窗，豪式木屋架，与汉族建筑基本相同。

总之，云南少数民族民居优秀传统的继承与发展问题，在少数民族地区的农村，处理得较好。住房完全按农民的意志和传统方式，由当地工匠和农民自己修建，既继承了传统，又有不同程度的创新，深为广大少数民族群众所喜爱。只是在平面布置、建筑构造、新的建筑技术和材料（如钢筋混凝土）的使用上，还需有关部门及技术人员给予帮助，使民居更能健康地蓬勃发展。但在少数民族自治州、县的大多数城市中，所建住宅，多为一般三、四层平屋顶砖混结构住宅，公共建筑也与汉族地区基本相同，毫无民族风格与地方特色，有的建筑甚至光怪陆离，大煞风景。因而在少数民族地区的城镇，特别是历史名城中，修建公共建筑和职工住宅时，如何批判地继承少数民族民居的优秀传统与创新，创作出具有民族风格和地方特色的现代建筑，尚是一个值得探讨和实践的课题。

第二章

白族民居

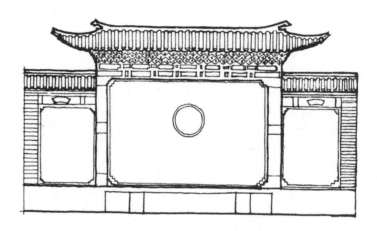

一、自然与社会概况

（一）自然条件

白族主要聚居地区位于云南省西部，属高原的西南峡谷区。点苍山、鸡足山雄峙洱海之滨，山川秀丽。大理，喜州一带，西倚苍山如屏，东临洱海如镜，风景如画；剑川的金华，也大体相似，西靠金华山，东望剑湖，有清澈山泉流经市区。

大理地区，以风大著称（如下关最大风速为 40 米／秒），雨量充沛，年降雨量在 1000 毫米左右，年平均温度 16℃，全年日照 2200 小时左右。这里气候温和，土地肥沃，主产大米、小麦、玉米、棉花等；著名特产苍山大理石，制作成精美的工艺品，誉满中外。

由于白族地区有如上述的风大特点，下雨时飘雨也深，民居建筑经过长期实践，积累了一些相适应的经验，形成民居的地方特点。如在朝向、布局上很注意避风，内院厦廊出檐较深，采用石板封檐等。

该地区地震次数多，震级高，对民居建筑也有较大影响，白族匠师们总结积累了不少建筑防震经验，有的建筑虽历多次地震，但仍然完好。

（二）历史情况

白族现有 112 万余人，80% 以上聚居于大理白族自治州，其余散居于昆明、元江、南华、丽江等地。白族自称"白子"、"白尼"，汉语意为白人，1956 年大理白族自治州建立时，正式以白族作为本民族的统称。

白族是历史悠久、文化较发达的一个少数民族，从洱海周围出土文物看，很早就与中原有着不可分割的联系。公元八世纪建立的"南诏"政权统治集团中有许多是白族首领，通行汉文，许多典籍都是从内地传入。"大理国"时期与内地经济文化联系更加密切。元朝设云南行省，大理地区设置大理路。明、清改土归流，由于内地与边疆经济文化交流的结果，白族地区的农业、手工业和商业都有了较大发展，与汉族地区已无多大区别，大多数白族人民、通晓汉语。新中国成立前，洱海地区工商业进一步发展，并出现了一些中小资本家。手工业相当发达，如剑川木雕、大理草帽都比较有名。

与内地经济文化的密切交往，对白族建筑影响较大。内地来的一些能工巧匠，曾与当地白族人民一起在洱海地区建造了许多宏伟工程，对白族建筑包括民居的发展起到了一定的影响。

（三）宗教风俗

千余年来，佛教在洱海地区广泛传播，寺院遍及各地，佛塔星罗棋布，洱海东岸的鸡足山寺院是我国五大佛教圣地之一，剑川石宝山石窟，亦颇具盛名。

白族还普遍崇奉"本主"，即一村或一方的保护神；在大理、剑川、云龙等白族地区村镇里，差不多都设有本主庙，定期祭祀。在本主神中除少数是崇拜自然之神，如驱散云雾神、河神等外，较多的是历史上被神化了的统治阶级代表人物，还有为民除害的英雄。

图2-1 大理观音堂庙门

图2-3 花园茶社

图2-2 大理观音堂庭园式前院

佛教建筑与民居有着密切的关系,如大理观音堂庙门处理手法和庭园式的前院布局(图2-1、图2-2)以及剑川光明寺的走马转角楼,有厦式大门,庭园绿化及房屋布局等都与白族民居相似。在民居中,正房明间楼层,一般

都有佛龛,有的雕饰还极为精致。

白族习惯红白喜事时在家宴客,故民居内院均有厦廊,以便宴客时摆设宴席,平时在此休息及做家务也十分相宜。

白族人民爱好花木,住房院内或房前屋后种植花草树木,特别喜种山茶;大理山茶的品种,远近有名,被誉为"滇中之冠"。此外群众闲时饮茶聊天的场所,也是花丛围绕的独特环境,称为花园茶社;1962年调查时,我们为之惊叹不已;遂将当时尚保留的大理中和镇永馥茶社和护国路花园茶社两处做了简单测绘,详见本章后所附实例十、十一,可惜现已不存。最近复建了一座花园茶社(图2-3)但其风格规模,与旧时相比,则还相差甚远。现在民居庭园中也开始种植花卉,晒台和廊上也有了盆花陈列。

二、民居建筑

我们调查的白族民居主要分布在大理及剑川两县(现大理已改为市),对大理县城、喜洲镇、金华镇的部分民居做了重点实测,对下关、周城、永和、中登等地的部分民居做了普查(图2-4～图2-7)。

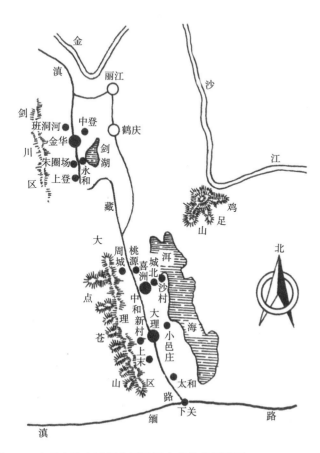

图2-4 大理白族自治州位置及调查点分布示意图

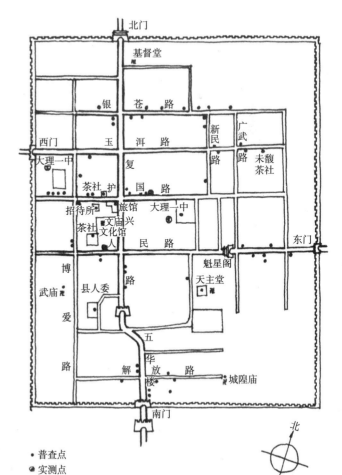

图2-5 大理县民居调查点
分布示意图

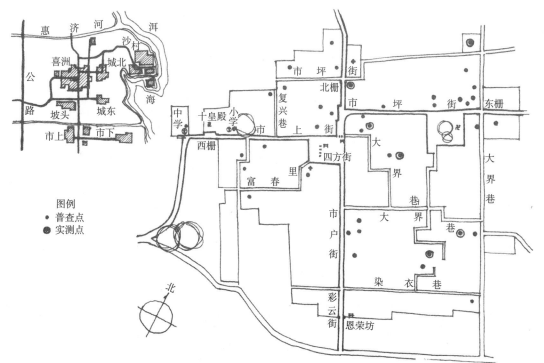

图2-6 喜洲镇民居调查点
分布示意图

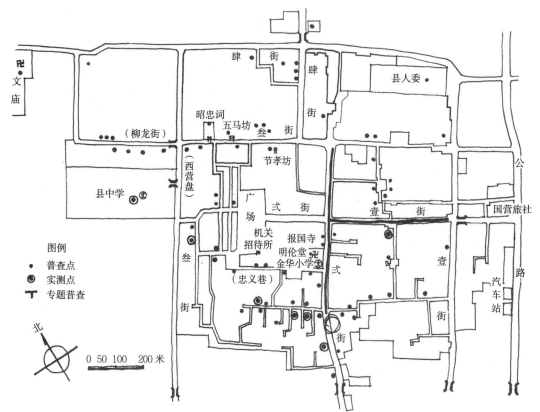

图2-7 金华镇民居调查点
分布示意图

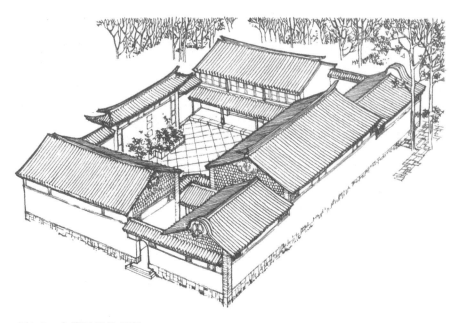

图2-8 白族民居外观图

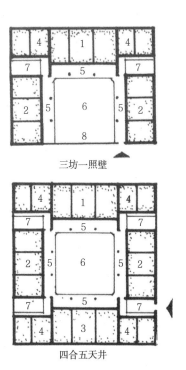

三坊一照壁

四合五天井

图2-9 白族民居典型平面示意图

　　白族民居有浓厚的民族特色，适应当地地形、风大、多地震等自然条件的特点，就地取材，因地制宜地创造了绚丽精致、绰约多姿的建筑（图2-8）。平面布局上，典型形式是"三坊一照壁"及"四合五天井"。"三坊一照壁"是由三合院与一美丽的照壁组成；"四合五天井"是四合院共有大小五个天井（图2-9）。在外形上，屋顶曲线柔和优美，屋脊有生起、两端鼻子缓缓翘起，屋面呈凹曲状；外墙很少开窗，喜爱装修，而且外墙山尖檐下，还作黑白彩绘；不仅内院木作喜雕刻，大型民居还重点装饰照壁和大门门头，极其绚丽精美。房屋朝向上注意避风并用硬山封檐以防风，构架上注意防震。这些特点组成白族民居浓厚的民族特色。分析其原因：一是白族历史悠久，文化较发达，很早与内地交往密切，唐朝曾派匠师来指导修建寺塔、庙宇，汉族的建筑技术对其有一定影响。二是建筑技术、艺术发达，水平较高；很早以前，剑川木雕就誉满全省；白族匠师们活动范围遍及白族自治州及州外一些地区；具有兴建民居较好的技术条件。三是白族经济较为发达，外出经商致富者较多，还有官宦之家也拥有雄厚的经济基础，在家乡营建华丽的大型住宅，自是情理中之事。调查所见，明、清代质量好、规模较大的古屋，还保存至今。大型民居能如此华丽精美，是与这样的社会背景分不开的。这些大型民居，对本民族民居起着重要的影响。四是该地历来风大地震多，民居必然力求适应，注意防风防震。基于以上情况，经过长期实践与创造，逐渐形成白族民居明显的传统特点。

图2-10 白族村落远景

图2-12 周城村方形广场旁的戏台及大青树

图2-11 喜洲镇外景

图2-13 周城村入口处的照壁

（一）村镇

位置多数选择在傍山缓坡地带的溪流附近。规模从几十户到一千多户不等，房屋比较密集，远望青瓦白墙，高低错落，景色秀丽（图2-10、图2-11）。

村镇布局常以本主庙与庙前戏台组成的方形广场为中心，这里亦是村镇的市场交易活动中心。道路通达四方，房屋互相毗连，沿街巷修建。周城村的广场两边，各有大青树一棵，枝叶繁茂（图2-12），村入口处并建照壁，上书"苍洱毓秀"四个大字（图2-13）。近年来，新建村镇

也常在入口处建照壁。地势许可的市镇，常将溪水引入；大理一带，苍山十八溪流入洱海，沿途引水入村者颇多。大理城区，周城公社的每条沿城街巷侧边，都有石渠清流，潺潺之声，不绝于耳（图2-14），洗涤物品，十分方便。加以人民爱种花木，因有"家家泉水、户户花木"之美誉。

滨海渔民村寨的主要特点，是由几条长30米左右的小巷组成。小巷一端通海，另一端通主要街道。这些小巷很少弯曲，便于拓修围网（图2-15）。

图2-14 周城村沿街水渠

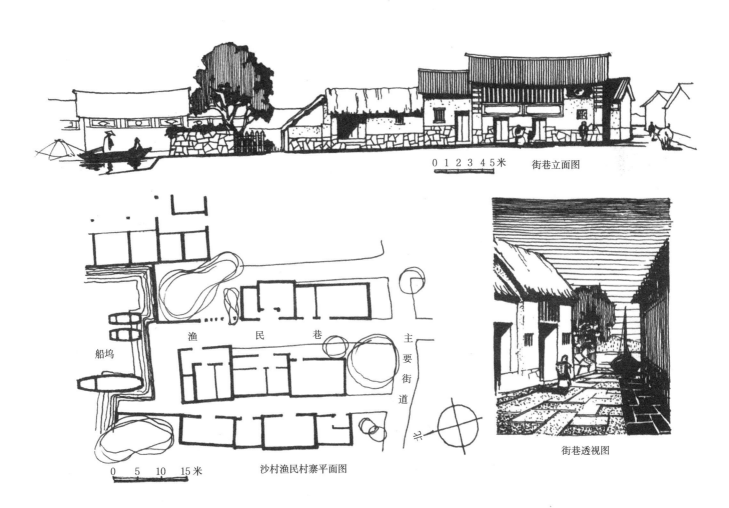

街巷立面图

0 1 2 3 4 5米

船坞

渔 民 巷

主要街道

0 5 10 15米

沙村渔民村寨平面图

街巷透视图

图2-15 沙村渔民村寨平面图及街巷立面图、透视图

（二）房屋

各户房屋规模、质量受经济条件的直接影响，产生多种不同的类型和规模，概括起来，可分为一般中小型民居与大型民居。中小型民居规模较小，装修简单，是一般劳动人民的住房，常以满足生活、生产上的需要为主。大型民居规模大，装修丰富，一般是仕宦、地富、商贾住宅，常不惜千金，追求豪华排场，以显耀其财富。

1.院落布置

白族民居院落布局为封闭式，房屋建于基地周围，院落围于其中。一般民居院落是晾晒农作物之地，大型民居的院落是种植花木，美化环境的场所。

正房朝向，绝大多数是坐西向东，是院落布局的一个突出特点。除在热闹市区的主要街道边外，这种做法一般都不受街巷限制。取正房向东，因而往往将山墙或后墙对着街道。据调查和分析，有以下原因：

（1）适应风向：这里常年风向是南偏西和西风，风力及频率都相当大，尤以下关为著。因此，避风是房屋布局的一个十分重要的问题常以正房背向主导风向。因而矜为"大理三宝"的第一宝。民间流传歌谣说："大理有三宝，风吹不进屋是第一宝⋯⋯"就是这么一回事。

（2）适应地形：云南横断山脉走向南北，该地区城镇多选择在傍山东麓的缓坡地带，就这样的地势建造房屋，从建筑和施工的角度上考虑，以靠山面东最为有利。

（3）风水：过去白族人民认为"正房要有靠山，才坐得起人家"，就是说要使房屋主轴线的后端正对着一个附近认为吉利的山峦，最忌对着山沟或空旷之处，而这一地带的山都在西边，所以形成正房一般向东，至于偏南偏北，则随所靠岗峦的位置而定。

2.基本单体

白族民居概括起来，一般由以下几部分组成：

（1）坊：民居以坊为单位，即一栋三开间二层的房屋（图2-16），是白族民居建造、分配、买卖的基本单位，

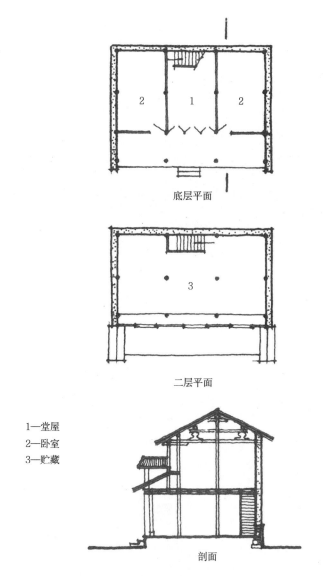

底层平面

二层平面

1—堂屋
2—卧室
3—贮藏

剖面

图2-16　一坊房屋的典型平面图、剖面图

称为一坊。布局及使用几乎已定型。底层三间，明间为堂屋，是待客处，次间是卧室，前有廊。楼层通常三间敞通不分隔，明间为供神处，其余做储存粮草之用。有的隔出一间做卧室，前无廊。廊子类型分三开间、一开间、个别为两开间，廊下光线明亮，是休息、家务活动场所（图2-17）。底层廊下前墙为木质，上部为通风格子窗，下部在堂屋用六扇可拆卸的格子门，两边卧室开格窗和单扇门一樘，一般在卧室与堂屋间，还另设直通门。楼层前墙一

三开间

一开间

两开间

图2-17　廊子类型图

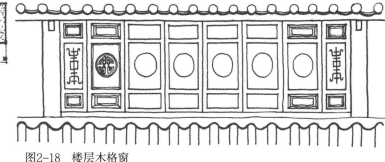

图2-18　楼层木格窗

一般为一排木格条窗（图 2-18）。大理一带，楼梯通常在堂屋后部，并利用楼梯上部空间做大佛龛；剑川一带楼梯常设于一端。

　　长期的实践使房屋尺寸已趋定型。开间尺寸：明间不少于"一丈二"，次间一丈一尺四到一丈一尺八，根据地势而定。进深（不包括廊）亦就地势决定，多数是一丈五到两丈。廊深尺寸常以能安排一桌宴席为准，柱中尺寸为五尺，柱至阶沿为二尺二寸[①]。现虽不再设宴席待客，但该地风大、飘雨深，特别来自洱海东岸的风，吹进的飘雨，称"过海雨"深度更大，自然条件的需求，使廊在民居中成了不可缺少的组成部分。

　　（2）厨房：根据家庭经济差异而有不同的设置方法。一般一坊房屋者，厨房常建于房屋的端部，或建于侧边或设置在次间的底层。有两坊以上房屋者，厨房常建于两坊房屋垂直相交的漏角天井中，天井中并有水井一口（图2-19）。

　　（3）照壁：白族喜将正房主要视野上的一面围墙，做成照壁，尺度比例匀称，外观十分优美。其形式分独脚照壁及三叠水照壁两种。独脚照壁又称一字平照壁，壁面等高，不分段，屋顶为庑殿式，仕宦人家，方能采用。三叠水照壁系将横长而平整的壁面，直分为三段，中段较为高宽，两端较为矮窄，形似牌坊（图 2-20）。三叠水照壁为最常见。照壁的宽度，等于院子的宽度。中段高度约等于

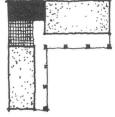

图2-19　厨房位置示意图

图2-20　三叠水照壁

------

① 所说尺寸，均为老尺。一老尺等于新尺的 1.13 尺，等于 37.6 公分。

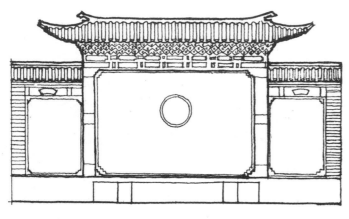

照壁立面图

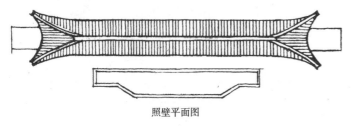

照壁平面图

图2-21 宽度等于三间正房面阔的照壁平立面图

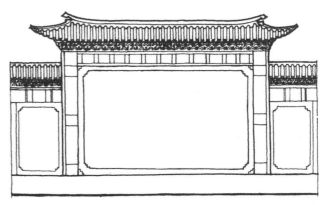

图2-22 宽度等于四间正房面阔的照壁立面图

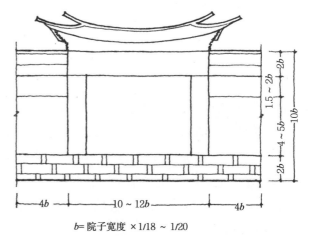

b=院子宽度×1/18~1/20

图2-23 照壁各部比例图

厢房上层檐口高;边段高度与厢房下重檐间的"封火墙"齐;因此照壁本身各段的高度比例,随院子的宽狭,有所变化。其中以照壁总宽度等于三间正房的面阔者,体量最为适(图2-21);总宽度约相当四间正房面阔者,亦觉敦厚优美(图2-22)。照壁体态匀称,装修精美,观之爱不忍去。照壁本身各部分常见的比例如图2-23所示。

(4)大门:根据户主经济能力的不同,大门规模、形式与质量有很大差别,大体可分为有厦门楼和无厦大门两大类。有厦门楼历史悠久,手法成熟,格式固定。一般是三间牌楼形制,其中分"出角"和"平头"两种。"出角"指有尖长的翼角翘起,檐下有斗栱装饰,有的极为精致华贵,过去限用于仕宦人家宅第,后亦为富豪宅第采用(图2-24~图2-27)。"平头"有厦门楼装饰较简(图2-28),农村一般民居大门多为采用(图2-29、图2-30)。无厦大门属于近期建筑,形式似无格律,手法也多变异,说明正处于尚未成熟阶段(图2-31~图2-37)

(5)庭院:白族住宅一般为封闭的院落。房屋中间围成较大的庭院,满足交通、采光、日照、通风及晾晒粮食等需要,又是美化居住环境的地方。在经济较富裕的住宅里,常在庭院中的照壁前修建条式花台,种植花木。台前及两端,再放可移动的石礅,其上陈列盆栽花木或盆景假山。在剑川地区则常在庭院四角建方形小花台,分别栽种玉兰、茉莉、丹桂、红梅等四季花卉,长年轮替开放(图2-38、图2-39)。

位于两坊房屋垂直相交的角上小院,称为漏角天井,主要用来解决采光通风等问题。

(a)

(b)

(c)

(d)

图2-24　有厦式门楼

（a）形式之一透视图
（b）形式之二立面图
（c）形式之三立面图
（d）形式之四立面图

图2-25　有厦式门楼形式之五

图2-26　有厦式门楼形式之六

图2-27　有厦式门楼形式之七

图2-28　有厦式门楼形式之八

图2-29　有厦式门楼形式之九

图2-30　有厦式门楼形式之十

（a）　　　　　　　　　　　（b）　　　　　　　　　　　（c）

图2-31　无厦大门　　　　（a）形式之一
　　　　　　　　　　　　　（b）形式之二
　　　　　　　　　　　　　（c）形式之三

图2-32　无厦大门形式之四　　　　　　　图2-33　无厦大门形式之五

图2-34　无厦大门形式之六　　　　　　　　　　图2-35　无厦大门形式之七

图2-36　无厦大门形式之八　　　　　　　　　　图2-37　无厦大门形式之九

图2-38　庭院绿化之一

图2-39　庭院绿化之二

3.平面类型

白族民居平面组合较为规整，即使在不规则地形上，也力求内院规整。大型民居平面形式主要有：三合院，称"三坊一照壁"；四合院称"四合五天井"；纵、横向拼联的三合院或四合院称重院。中小型民居亦有"三坊一照壁"的三合院，较多的是：一字形的称独坊房；曲尺形的称两向两坊；二字形的称一向两坊。其中以"三坊一照壁"，有其独特风格，为广大人民所喜爱，是白族主要的传统民居布局形式；其次如"四合五天井"及两向两坊，也是较常见的形式。

（1）"三坊一照壁"在白族民居中，数量较多，成了白族民居布局的主要形式。其典型布局是由"三坊"房屋（分别为正房、厢房）及照壁围成院落，庭院中种植花木（图2-40、图2-41）。

三坊房屋，各为如前述之"坊"的形式，即三开间两层。其位置及使用虽有主房、厢房之别，但其开间进深，在大理一带，几乎相等，而在剑川一带，厢房稍小。三坊的底层，都为居屋，楼层都为储存杂用，似乎储存面积过于宽大。

两坊相交处，各有一漏角天井。相交处的柱，有的各自独立，如图2-40所示，利于分坊分期修建；有的交接在一起，做法各异，如图2-41所示。

三坊一般各是三开间，院落则为3开间见方，照壁长也即三开间。调查仅见一例，主房为五开间，照壁长接近五开间，显得开阔舒畅。

照壁是这类住宅的特点之一，均为三叠水形式。在地富商贾的住宅中，照壁装饰得精美华丽，前砌花台，种植花卉，优美的建筑造型，又有花卉陪衬，更加增辉。

大门位置一般在住宅的东北角，具体位置各地稍有不同，如图2-42所示。大门形式以有厦门楼居多，仅因经济条件不同，有华贵与简朴的差别。城市住宅一般有后门一道，位于漏角天井中，农村民居，则很少设后门。

厨房位于漏角天井内，大理一带院落中漏角较为宽大，

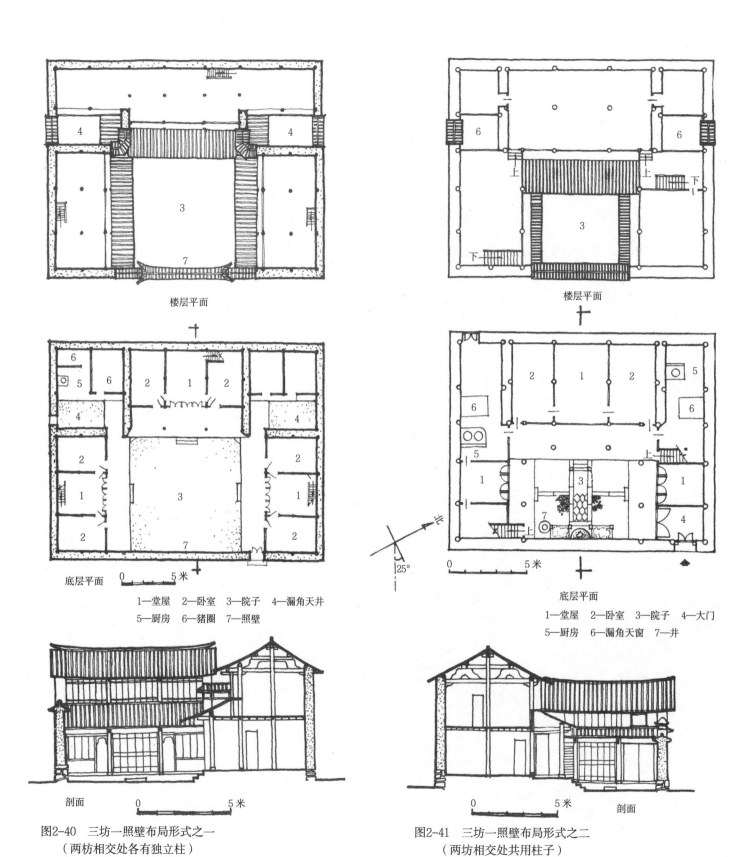

楼层平面

楼层平面

底层平面

1—堂屋　2—卧室　3—院子　4—漏角天井
5—厨房　6—猪圈　7—照壁

底层平面

1—堂屋　2—卧室　3—院子　4—大门
5—厨房　6—漏角天窗　7—井

剖面

图2-40　三坊一照壁布局形式之一
（两枋相交处各有独立柱）

剖面

图2-41　三坊一照壁布局形式之二
（两坊相交处共用柱子）

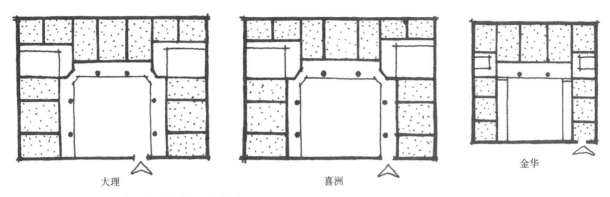

图2-42 三坊一照壁布局中大门位置示意图

大理　　　喜洲　　　金华

可建两间两层耳房；剑川一带则较为狭小，建一间两层耳房，厨房位于底层。

中小型民居中的"三坊一照壁"形式，平面布局与大型民居"三坊一照壁"相同，只是木装修、大门、照壁等做法简单。

"三坊一照壁"是白族人民喜爱的传统民居布局形式，有的受地形所限，不能建成完整的"三坊一照壁"时，也要争取建成内院整齐，使其与之大体相仿的格局。受经济条件限制时，或弟兄合建，或预留位置，分次建成。分析其原因，有以下几点：第一，正房习惯向东，正对正房的视线上，有一座较房屋稍低的照壁，可有较开阔的天空视野。东升的太阳，可比四合院较早射入正房和院落中，得到更多的阳光。第二，照壁白墙的反射，对室内光线不足问题，有所改善。第三，"三坊一照壁"所占基地深度，比四合院为小，因而更适应于斜坡地形。第四，白族人民习惯于廊上生活作息，又对艺术有特殊爱好，在正房的主要视野部位，建一座美丽的照壁，给生活增加不少乐趣。

这种类型的民居，因其舒适和美观，较能充分发挥各自的特点，常在大型住宅所采用。在富裕的经济背景和当地精湛的建筑技术艺术结合下建造的这类大型住宅，给人以舒适华丽、绰约多姿的印象。院内各处木装修，极其丰富华丽、千姿百态、互相争妍，其雕工技巧，十分精湛。

照壁也精心装饰，其比例匀称，形式优美，有活泼的屋顶，舒展大方的主体，大理石装饰的照壁中心，装饰疏密得体，重点突出，前有花台绿化陪衬，极其清雅秀丽，堪称美术佳品。大门装修，也极为突出，不仅体形活泼美丽，而且装饰得琳琅满目，密密层层，绚丽精致，美不胜收，宛如一件工艺美术品。这些住宅集中了白族建筑技术与艺术的精华，是劳动人民精湛技术艺术的结晶，从建筑技术与艺术的角度看，都是不可多得的资料。

（2）"四合五天井"，也是白族民居的典型平面布局之一，由四"坊"房屋组成，与通常所见的四合院不同处是除有当中一个大院外，四角还各有一个小院，亦叫漏角天井，大小共五个院子，故称"四合五天井"（图2-43）。各坊房屋，一般都为三间两层。漏角天井中都有耳房，其一的底层为厨房。

大门位置，仍在住宅的东北角。在大理地区，习用一个漏角天井做入口小院，再在厢房山墙上，开二门通达厢廊。在剑川地区有的将大门开在厢房次间上，以便安排宽敞的门廊（图2-44）。其他各处做法，除无照壁外，与"三坊一照壁"相同，装饰甚多，亦极其豪华富丽。

（3）住宅规模大时，常以"三坊一照壁"或"四合五天井"形式为单元，根据不同的朝向和地形，作纵向或横向拼接，组成重院。其体形规整，对称、严谨，是经济富

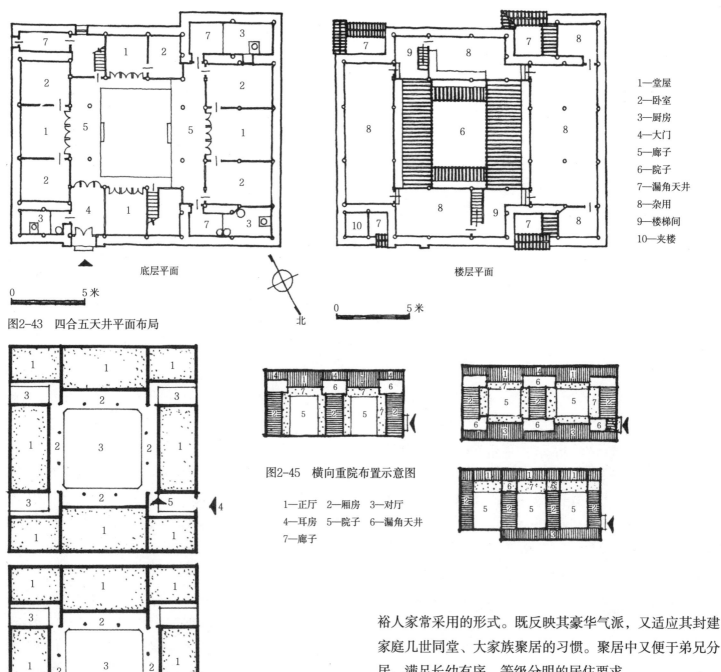

图2-43 四合五天井平面布局

底层平面

楼层平面

0   5米

北

0   5米

1—堂屋
2—卧室
3—厨房
4—大门
5—廊子
6—院子
7—漏角天井
8—杂用
9—楼梯间
10—夹楼

图2-44 四合五天井布局大门位置示意图

1—房屋
2—廊子
3—天井
4—大门
5—二门

图2-45 横向重院布置示意图

1—正厅 2—厢房 3—对厅
4—耳房 5—院子 6—漏角天井
7—廊子

裕人家常采用的形式。既反映其豪华气派，又适应其封建家庭几世同堂、大家族聚居的习惯。聚居中又便于弟兄分居，满足长幼有序、等级分明的居住要求。

如图2-45所示是两个"三坊一照壁"平面、两个"四合五天井"平面及一个三合院同两个四合院横向拼联组成重院的示意图。

如图2-46所示是一个四合五天井平面同一个三坊一照壁平面组成纵向重院的例子。

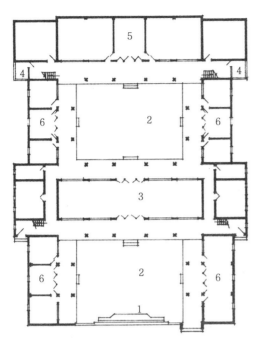

1—照壁
2—院子
3—过厅
4—漏角天井
5—正厅
6—厢房

图2-46 纵向重院布置实例图

图2-48 大理周村某宅独坊房

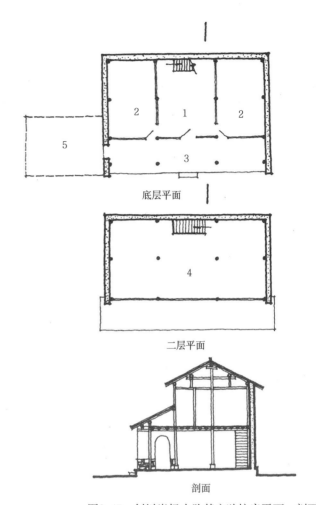

底层平面

二层平面

剖面

图2-47 剑川岩场小队某宅独坊房平面、剖面图

1—堂屋 2—卧室 3—廊子
4—储藏 5—厨房用地

图2-49 大理小邑庄某宅廊顶为钢筋混凝土结构

（4）一户仅有一"坊"房屋，用墙围成院落，称独坊房是最简单的平面形式。近年来社员新建民居，多为此种平面布局。房屋取东向或南向，廊子一般为三间，厨房或畜厩，多建于山墙侧。这类形式的典型平面，如剑川岩场小队某宅（图2-47）。如图2-48所示为大理周城村某宅独坊房。大理小邑庄某宅，廊的顶改用钢筋混凝土结构，上可晒粮食，这是一种新发展（图2-49）。

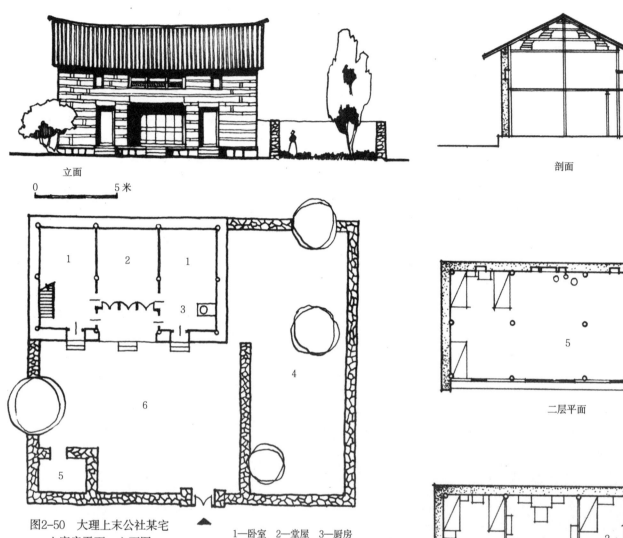

立面

0　　　　5米

剖面

+4.80
+2.60
±0.00
-0.45

图2-50　大理上末公社某宅
土库房平面、立面图

1—卧室　2—堂屋　3—厨房
4—菜园　5—肥堆　6—院子

二层平面

1—堂屋
2—卧室
3—廊子
4—厨房
5—储藏及卧室

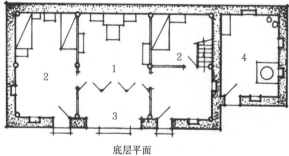

底层平面

图2-51　大理中阳和某宅平面、剖面图

大理一带农村中，新民居较多见的是倒座式独坊房亦称"土库房"。用苍山石砌筑，一般是一间廊如大理上末公社某宅（图2-50）。由于次间无廊，进深较大，有的隔为前后两间，并另建厨房，如大理中阳和某宅（图2-51）。

（5）两向两坊，由两"坊"房屋组成，一般是一坊向东，一坊向南，围成院落。两坊相交的漏角天井里建耳房，底层用做厨房。院内没有房屋的两边，有的建两座照壁，有的一边建照壁，一边添建其他矮小房屋。在农村一般两边均是围墙（图2-52）。大理周城某宅将厨房设在正房内，两坊相交处的空间用做猪圈（图2-53）。有的受经济力量所限，不能一次建成三、四合院，暂先建起两坊居住，而成此种平面布局。

此种类型民居，农村中较多，往往是两兄弟各住一坊。分析其原因：第一是比较适合广大农民的家庭经济能力及

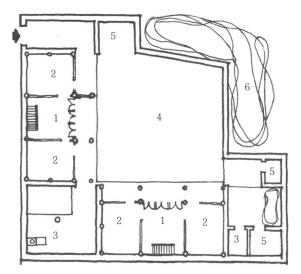

图2-52 两向两坊房平面布置之一

1—堂屋 2—卧室
3—厨房 4—院子
5—猪圈 6—菜地

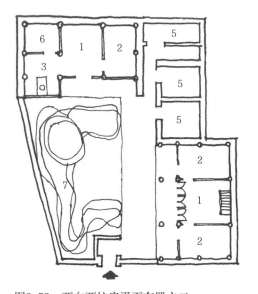

图2-53 两向两坊房平面布置之二

1—堂屋 2—卧室
3—厨房 4—院子
5—猪圈 6—储藏
7—菜地

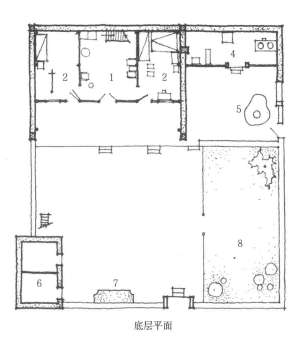

底层平面

二层平面

图2-54 预留一坊用地待建的两向两坊平面布置图

1—堂屋 2—卧室 3—廊子
4—厨房 5—水井 6—猪圈
7—花台 8—预留一坊待建位置
9—储藏 10—晒台

人口不太多的家庭居住；第二是各坊均可得到充分的阳光，院子作为农作物晒场。近年新民居，此种类型也不少。还有的先建一坊，另一坊预留空地待建（图2-54）。

1958年新建的大理中和新村民居，原规划都是一字形，但后阶段由农民添建辅助房屋，多半形成两向两坊形式（图2-55），可见两向两坊，经济实惠，深受欢迎。

（6）一向两坊是由两"坊"房屋平行修建，围成院落。这种形式往往是为了适应狭长地形，因此更多见于城镇临街民居。第一进房屋临街前半做店铺，后半做厅房，第二进为主房，如大理中和镇复兴路420号（图2-56）。护国路5号是街坊内部的此种类型民居（图2-57）。

（7）城镇沿街民居，常将沿街的一坊处理成商店铺面，其他房屋，仍不外上列形式。对铺面的处理手法及其与后部房屋的关系，有下列三个类型：①铺面都有沿外墙固定的柜台，台上设置活动扯窗（图2-58）。这种形式柜

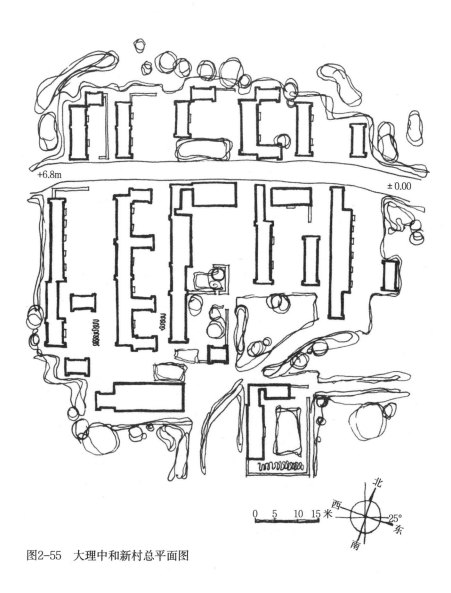

图2-55 大理中和新村总平面图

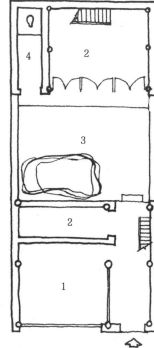

1—店面
2—厅房
3—院子
4—厕所

图2-56 大理中和镇复兴路420号沿街
一向两坊房平面布置图

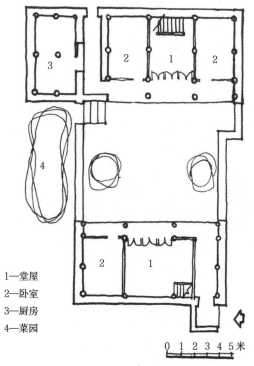

1—堂屋
2—卧室
3—厨房
4—菜园

图2-57 大理中和镇护国路5号街坊
内部一向两坊房平面布置图

台受开间限制，面宽小，深度也不可能太大，营业面积较小。发展趋向是取消固定柜台，改为活动条门或橱窗式。②在基地进深大时，常将铺面一坊房屋进深加大，以便店后隔出房间，做其他用途，如金华二街115号（图2-59）。③在热闹街区，正房朝向一般随铺面方向而定，在冷落街区，铺面位置随正房朝向而定。因此，在大理喜州、沙村和大理南门外，都常看到不少别具风格的小铺面，其位置是开在房屋后墙或山墙上（图2-60、图2-61）。

图2-58 用外墙做固定柜台的铺面

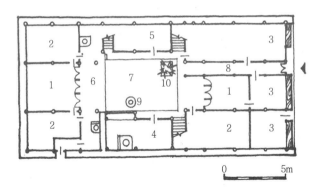

图2-59 金华二街115号带铺面的民居平面图
1—堂屋 2—卧室 3—铺面 4—厨房 5—杂物
6—廊子 7—院子 8—走道 9—水井 10—绿化

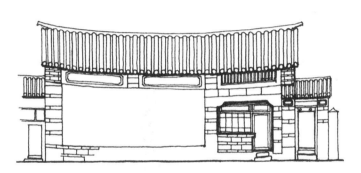

图2-60 开在后墙上的铺面

图2-61 开在山墙上的铺面

4. 剖面、构架与用料

（1）剖面及梁柱构架：

白族民居内院，一般底层都有厦廊，构成重檐屋面。调查所见，剖面及构架形式，约有七种（图2-62）。层高一般为七上八下，即楼层高七尺，底层高八尺（老尺），但也因建造者的要求和所备材料长度的不同，而有所出入。也有楼层高仅为50～100厘米的，称为闷楼式（图2-62 G）。农村平房民居，常在梁上架格栅，而不铺楼板，以备储放草料和悬吊需要风干的农产品。底层层高为2.4～2.5米，便于悬挂操作，充分利用了空间，如大理中和新村某宅（图2-63）。

民居以木梁柱构架承重，屋架形式为穿斗式和抬梁式，常用五架或七架，其特点是一般都用柁墩，不用瓜柱（图

2-64），这显示了与内地唐代建筑的渊源关系。另一方面，由于柁墩较稳定，要适应风力大、地震多的地区。剑川地区柁墩做法尤具地方特色（图2-65）。如图2-66所示屋架梁呈弯曲状，是运用木材的天然弯曲形状，所以没有一定的曲度，一般约高起20～30厘米。所见的曲梁，都是用做无中柱的举架大梁，显然是认为它的强度比直梁大，还可能有"拱"的力学因素在内，是白族匠师利用天然弯曲材料优势的技法之一。柱，一般用木料的自然形状，下粗上细，既不因硬将木料削成上下同样粗细而浪费工时，又自然形成收分，获得较稳定的效果。这样做，柱间横梁净空尺寸，就须根据具体情况，长短有别，但增强了结构的稳定性；竖柱有侧脚（当地称收分），在地震地区这是有利的。四周柱子，微向内倾。两边山墙柱"见尺收分"，

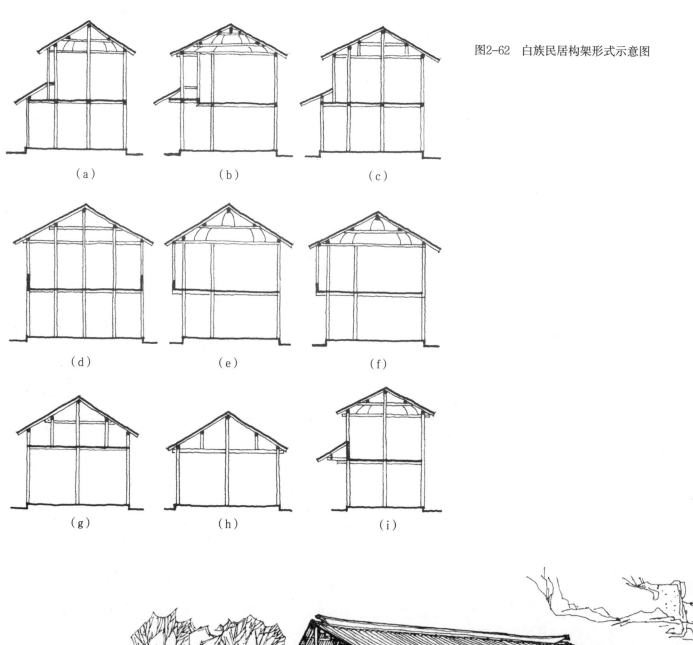

图2-62 白族民居构架形式示意图

（a）　　　　　　　（b）　　　　　　　（c）

（d）　　　　　　　（e）　　　　　　　（f）

（g）　　　　　　　（h）　　　　　　　（i）

图2-63 平房梁上架格栅做法示意图

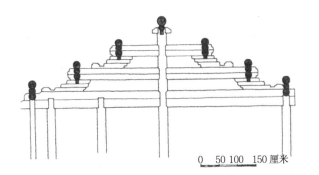

图2-64 白族民居梁架形式

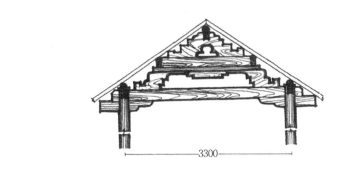

图2-65 剑川地区梁架做法举例

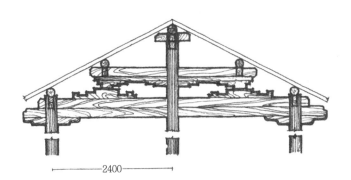

梁断面

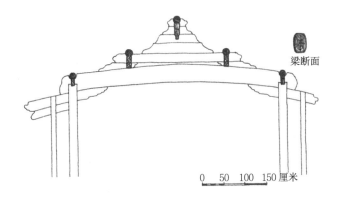

图2-66 用弯曲大梁的梁架做法

即柱子在面阔方向,每高一尺收一分,在侧面前后檐柱向里每高一尺收八厘,与宋"营造法式"规定相符。整个构架形式上小下大,有较好的稳定性和抗震性能。

屋脊有生起(当地称"屋脊起水"),用逐渐增加柱长而成,并非像后期建筑那样单是逐渐垫高次间屋脊檩子端部。所以大木作侧脚生起等竖柱之制,有力地证明了白族建筑受唐朝文化影响之深。但是,也有其民族特点,如《营造法式》规定,生起谓"三间生高二寸",白族的"起水"则为三寸,所以又称"加三"。这比《营造法式》规定还有超过,使屋脊曲线,更加显著,构成白族民居的曲线屋脊和凹曲状屋面,外形柔和优美,风格突出。

(2)墙

各部分墙体以夯土墙、土坯墙、卵石墙和条石墙为主。民居的大门楼翼墙,山花镶砖等,也只是表层砌青砖,里层仍砌土坯,即所谓的"金包玉"的做法。外墙角有的是金包玉的柱子,有的是彩画师所绘,完全用砖的实属少数。

①夯土墙和土坯墙是使用最多的,一般底层夯土,楼层砌土坯,外侧有收分。底层厚约80厘米,收到檐下,厚约60厘米。在大理地区,墙下部用块石勒脚,一般高出室外地面50~80厘米,转角处再加高25~30厘米。勒脚顶层平砌一皮厚约10厘米的条石板,上夯土墙。开始第一板,外侧夹杂大块石子瓦渣百分之七十以上,以上各板,也夹杂多量的小块石子及瓦渣等,故较耐久。在剑川地区,常在每隔两板或每隔3~5皮土坯墙的横缝内,砌入薄竹墙筋。据调查年代稍久的竹墙筋,皆已腐朽。经访问掌墨老师傅,则认为剑川地震频繁,新砌土墙,都很脆弱,此种墙筋,初时能起一定作用。这是劳动人民长期积累的可贵经验。

②"鹅卵石砌墙不会倒"被称为大理三宝之一(图2-67~图2-69)。卵石墙主要的是大量利用了随苍山十八溪中山洪奔流而下的卵石。大理地区用卵石墙的历史,在八世纪的《蛮书》上即有记载。有干砌、夹泥砌与包心砌

图2-67 卵石墙之一

图2-69 卵石墙之三

图2-68 卵石墙之二

三种做法。干砌以施工无法做假，费工，但坚固，用于勒脚、照壁及主房墙身等主要部位。夹泥砌用泥浆填缝，用于次要部位。此两种砌法，底厚60～80厘米，砌筑高度一般可达6米左右，有收分。包心砌是中间散填细小卵石，多用于临时围墙，底厚约1米，高不超过2米，两面收分很大。卵石墙砌筑经验的要点是：第一，卵石粒径一般为10～15厘米，大小搭配，多掺大块或长条状的。第二，

要错缝避免通缝，压填得好。第三，小头向外，大头向内，多用拉头，否则表面齐整，内里是虚的。第四，在墙两面同时砌筑的技师，要紧密合作，使两面大小卵石，配合密度匀称，搭接得好。第五，用手掌拍击刚刚砌好的墙，会颤动的，最坚固耐久，叫做"好墙如豆腐"。第六，墙角部分仍用较方整的块石砌筑。这样砌筑好的卵石墙，经数次地震考验，仍然完好。但终因这种墙砌筑难度大，质量难以保证，耐震性能较差，一般都不用来承重。

③条石墙所用苍山片麻岩是很好的条石材料。大理地区质量较高的民居勒脚及"倒座式"房屋，用这种条石砌筑的不少（图2-70、图2-71）。

（3）屋顶及檐口

屋顶用料有筒板瓦和草顶两种。由于砖瓦业比较发达和该地区多风，所以瓦房顶颇多，甚至有的筒板瓦下还有底瓦。大理农村草房，虽然四面临空，仍使山墙高过屋面60厘米左右。据访问，其主要目的不在于防火，而在于防风。近年来修建的新民居几乎全部为瓦顶。

调查所见，保留至今的明代住宅，都有"瓦衣"。用对开细竹条密编的篾笆，铺在椽子上，并用篾皮缚紧。瓦衣上面，填苫背泥，厚约5～6厘米，再上铺瓦片，板瓦边缘与苫背泥面之间的空隙，用石灰填实。这种做法，非

图2-70 条石砌筑的民居之一

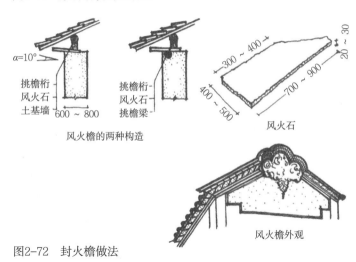

风火檐的两种构造

α=10°

挑檐桁
风火石
土基墙 600～800

挑檐桁
风火石
挑檐梁

风火石
300～400
700～900
20～30
400～500

图2-72 封火檐做法

风火檐外观

图2-71 条石砌筑的民居之二

图2-73 新民居封檐做法

但不易漏水，并且挡风，受震时也不易使瓦片滑落松动。这几栋明代住宅，在三百年当中，不知经历了若干次大地震和暴风的袭击，至今仍能基本保持现状，原因可能还多，但这种屋顶做法也起了不少防震作用，可惜现在一般民居，很少采用这种做法，处在地震一回修一回的局面中。

大理地区民居的硬山式"封火檐"很有特色。用一种称为"封火石"的特制薄石板，封住后檐和山墙的悬出部分，起到防风作用，外观又较为整齐光洁（图2-72）。硬山山尖有两种处理方法。主要房屋（正房及厢房）屋脊两端采用鼻子翘出手法。漏角天井中的耳房屋脊两端，封火墙高

出屋面，处理成鞍形或折角形，显示了白族民居檐口的特殊风格。如图2-73所示是新民居的封檐做法。新中国成立后曾有新建瓦屋顶建筑，因没有采用这种防风檐口，致使山墙悬出部分的瓦片，被大风吹掉。说明民居形式的形成是因顺应地区自然特点而产生，逐渐形成各自的民族特色。

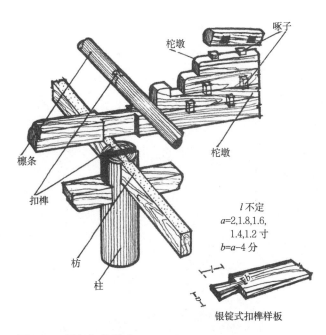

图2-74　梁架扣榫做法

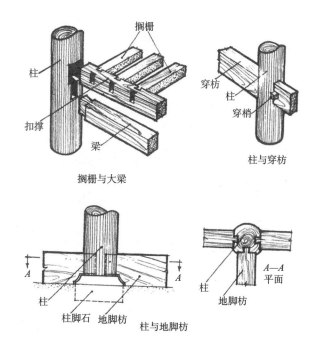

柜栅与大梁

柱与穿枋

柱与地脚枋

5.防震措施

大理和剑川都属九度地震区，3~5度地震，几乎每年无间。据1959年新编大理市志记载，从公元886~1925年就发生过摧毁屋宇的大地震二十六次之多。有名的1925年大理地震"全县人民死亡一千二百余人，伤者五百五十余人，房屋倒塌，仅东区和北区两地，即倒平一万间房屋之多。震后发生闭口疯症，患者身黑一半，手足收缩，一两小时即死"[1]，所以这一地带的人民，都很关心房屋的抗震问题。1951年剑川发生过九度地震，在党和政府的极大关怀和采取有效措施下，消除了历史上无法避免的震后继之而来的种种苦难，倒塌房屋也很快得到修复和重建。人民对这次地震记忆犹新，给有关房屋的抗震问题提出了许多实例和资料。从历次大地震的经验教训中，剑川、大理一带人民自发总结出房屋耐震的一些规律。

耐震性好的房屋，一般具以下特点：

（1）层高低矮；

（2）五柱落地；

（3）扣榫认真；

（4）土墙厚实；

（5）多用串枋；

（6）多用合柱。

层高低则摆动幅度不大，所以不易被震倒。但是剑川中学礼堂，高达五米，没有内墙，经过这次地震，不过是瓦片松脱和木架稍稍歪斜。经仔细观测，可能是由于它四柱落地，屋架柱梁间有斜撑，扣榫认真，土墙厚实等原因，才免于被震坏。[1]

五柱落地是指每榀举架有五根柱子落地，穿斗式屋架柱多则梁短，受震时接榫处的力矩较小，不易破坏。例如金华公社一街225号是一栋三间两层房屋，梁柱粗壮，建造不到三十年，受震后歪斜很大，其山墙架是三柱落地，分间架只有前后檐柱落地。但是它紧邻的222号和正对面的214号两所房屋，是清朝乾隆年间所建的老房屋震后就没有歪斜。两者同是三开间二层，不同的是后者山墙五柱落地，分间四柱落地。但因这种做法耗用木料多，有的又

① 《中国地震资料年表》1956年出版。

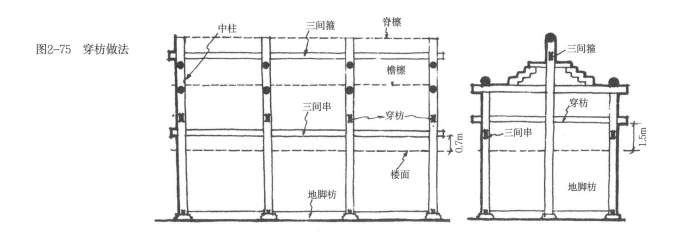

图2-75　穿枋做法

（图中标注：中柱、三间箍、脊檩、檐檩、三间串、穿枋、楼面、地脚枋、0.7m；右图：三间箍、穿枋、三间串、地脚枋、1.5m）

影响房间使用，所以房屋举架，并非都能如此。

扣榫认真很重要，是白族民居很重视的技法之一。除梁柱要使用扣榫外，桁条与桁条、楼楞与楼楞及柁墩间，都要扣好（图2-74），做工要认真，装上要严紧。若对扣榫制作不够认真，使扣榫成了形式，一经较大地震，就被抽脱或是拉断榫头，不起作用。

土墙厚实并有收分，这条较易理解。对刚性较差的旧式木架房屋，若有坚固的厚实土墙，夹持着构架，其抗震性能，必然加强无疑了。但是，土墙厚，占用结构面积太大。

白族工匠修建民居十分重视串枋的抗震作用。串枋是用断面约为5厘米×12厘米的整根挺直木枋，穿过木柱的对穿榫眼，将一排柱子串联来的一种抗震构件。在柱顶下约40厘米处，将各间中柱串联起来的叫"三间箍"。在楼面上约1米处，将一排檐柱串联起来的叫"三间串"。楼面上约1.5米处，将一榀举架上各柱串联起来的叫"穿枋"。地面处将各榀举架的各柱和各举架的前后檐柱串联起来的叫"地脚枋"（图2-75）。这样一来，一幢房屋，屋架顶上有三间箍，底下有地脚枋，中间又有三间串和穿枋，箍得如同雀笼一般，抗震能力不言而喻是加强了。有的房屋虽只是三柱落地，但有串枋，震后都没有明显的歪斜，足证串枋确有良好的抗震作用。可惜有串枋的房屋，为数还不是很多，因为串枋一般长达10米以上，要求断面小，

木纹直，强度大，因而选料和加工都有很大困难，造价也高。这就是串枋未被广泛采用的重要原因。

合柱是指两坊房屋相交处的柱，合用一根，或互为交叉，可增加各坊房屋间的联系，使其互相扶持，因而不易倾倒。如金华一街168号是一院"明二暗四"的两层楼房，层高很大（正房底层高3.3米），只有两柱落地，扣榫也不大好，没有串枋，但是由于厢房接在正房的边间上，成为"凹"字形平面，相接处有了两根合柱，受震后虽有显著歪斜，终于没有倒塌。临街的合柱铺面，也多类此情况。因白族民居的高度，一般都是两层，所以在不大的范围内，联系愈多，就愈耐震，是符合抗震构造规律的。

综上所述，白族人民对房屋木构架抗震，积累总结了许多宝贵的经验，为减少地震中的伤亡，做出了努力；但地震中由于土墙和卵石墙坍塌而伤人的问题，还待进一步解决。

我们曾到1951年剑川地震比较强烈的地区——西湖公社朱圈厂，专就房屋的受震情况作些粗浅的观察和访问，对土墙被摧毁的规律，初步认识如下：山尖部分，最易震倒；后檐口下面1米的部分，次易被震倒；离墙角棱线约等于墙厚的一条土柱，往往震垮或裂开；勒脚太矮的土墙，由于土墙下部容易受潮和擦伤产生凹槽，地震时容易整堵倒下。今后修建民居，应尽量解决这些问题，以增强土墙抗震性能。

图2-76　白族民居立面外观之一

图2-79　新建民居外观之二

图2-77　白族民居立面外观之二

图2-78　新建民居外观之一

6.外观与装修

（1）外观

白族民居外观具有明显的特色。立面造型因房屋功能不同，进深、高度不同，具有主次分明、高低错落的变化韵律。大型民居造型尤为突出。鞍形山墙和人字山墙互相陪衬，檐下装饰和山墙"腰带厦"的水平划分，以及轻快优美的凹曲状屋面，屋脊上高高翘起的鼻子等互相配合，越显得复杂多变，令人赏玩无尽（图2-76、图2-77）。

外观基本上是由素土本色墙面、檐下白灰带的装饰和灰色的瓦顶三种颜色，形成既调和又对比的素静色调。远望黑瓦白墙，互相交织着，辉映在青山绿水之中，别有一番情趣。

近年来新建民居（图2-78、图2-79）做法虽较简单，但很明显地继承着白族民居外貌和外墙粉饰的传统特色。

院内立面一般有"出厦"、"吊厦"和"倒座"三种不同的形式和互相异趣的处理手法。

出厦即在房屋底层前，出一步架为廊，上盖瓦顶成重檐式（图2-62（a））。因每坊房屋，都带有宽敞的廊子，三坊以上大型住宅的内院立面，给人以井然有序和聚而不促的感觉（图2-80、图2-81）。两坊房屋相交处的楼层上下

图2-80 白族民居庭院之一

图2-81 白族民居庭院之二

屋面之间，有别具一格的二分之一正六方或方形柱体"风火墙"。实际上此墙除有一定的防风防火的作用处，还起着遮挡两坊间的空隙和美化内院立面的作用（图2-82）。楼层一般开通排小条窗，或开窗一樘、其余部位则为板墙（图2-83）。有的将每开间直分为三段，安装带有挂落的空框，下部装高仅20厘米的细小矮栏杆，突出了白族民居内院立面的特殊风貌（图2-84）。底层明间，几无例外的都装尺寸定型、可在市场购买的格子门二扇。次间装支摘窗一樘或小条窗四扇，其余部位亦为木质裙板。一般民居中，木作部分保持其自然淳朴本色，不加油饰。大型住宅中，木作均油漆，色调分冷暖二类。冷色基调全用苹果绿油漆或在雕刻和线脚上施白、蓝、淡红等色彩漆，显得淡素清丽。暖色基调用浅或深褐色油漆，雕刻上施五彩金漆或仅在动物与花朵上贴深浅两色金箔，愈加显得华贵。

在白族民居中把无下重檐的挑楼式称为"吊厦"（图2-62（e）、图2-85）。剑川县委办公室为新中国成立前晚期建筑，系"三坊一照壁"形式，内院吊厦木装修，油漆色彩，均较华丽（图2-86）。漏角天井内地点狭窄，耳房常采用吊厦形式，但无走廊，楼上下墙为木格窗、木板壁，做法简单。

图2-82 两枋相交处的风火墙

图2-83 楼层通排小条窗

图2-84 楼层小条窗外装挂落及小栏杆

图2-85 一层是吊厦的三层楼房

图2-86 剑川县委办公室院内吊厦装修

倒座（土库房）的正立面的特点是窗洞小而墙面大，既像房屋的背面，又像仓库一般。"倒座"或"土库房"的名称或即由此得来。靠近苍山一带的农村，采石较近，墙体多为方整的片麻石块砌成，明间门窗过梁，长4米上下，仍用整块条石。立面的基本色调是石料的浅灰本色，有的部分用贴砖锒出线脚，再加黑白彩画（图2-70、图2-71）。离石场远的地方，底层用卵石墙，上用土坯墙及

木装修。有的楼层在木底板上，钉贴面砖。这种形式由于简化了大量的木外檐装修，因而在技术上利于自备工料，节约造价。因其建造方便，所以大理下关一带，新建农村民居大量采用这种形式。

（2）装修

喜爱装饰是白族民居最显著和最突出的特点之一。大型宅第，固然尽力装饰，而一般民居也常常在重点部位，加以装饰。

民居装饰部位，计有大门门头、照壁，墙面、门窗、梁柱、天花、地坪等处。装饰种类有木雕、泥塑、石刻、彩画、大理石、镶砖等。

①大门门头是全宅重点装饰部位之一。白族匠师为此创造了多种形式，如前介绍，分有厦门楼和无厦大门两大类。大型民居大门头以有厦出角式，最为华丽多彩。尖长的翼角翘起，檐下斗栱装饰或为木质，或为瓦质粉纸筋灰

图2-87　大理喜洲杨宅有厦门楼装饰

的泥塑，纯属装饰性，以增壮丽气势。最为华丽者，在宽度不到2米的大门上，架设斗栱至六垛六跳之多，并有斜栱衬托，看上去像藻井斜栱样的密密层层，已经是够华丽了。但白族人民喜爱装饰，似还不满足于此，所以木质斗栱的端头，并非简单的"昂头琴面"或"四瓣卷刹"之类，而是将跳头雕成"龙凤、象、草"，斗碗雕成八宝莲花，外饰油漆。有的全部施以棕色油漆，或索性用木质本色，让它"淡扫蛾眉"愈更突出了雕刻素质的精妙。有的施彩色贴金油漆，更显得富丽辉煌。斗栱以下是重重镂空花枋和在"八字墙"各个面（翼墙）上的砖砌格框内，嵌以风景大理石，或彩塑翎毛花卉，或画人物山水，或题诗名句（图2-64），把一座小小门楼装饰得琳琅满目，美不胜收。保存至今的以大理喜洲杨宅，门楼装饰最为出色（图2-87）。这种门楼装饰甚多，华丽得乃至近于淫靡，尤以斗栱部分，终嫌过于细碎，并且技术条件要求很高，造价极其昂贵，据说相当于三开间两层一"坊"房屋的造价，只有富豪宅第，为显扬其豪华而修建。但是，白族匠师和

劳动人民的聪明才智和建筑的熟练技巧，是相当令人钦佩的。

无厦门头多用砖雕、泥塑、镶砖等手法，也装饰得琳琅满目。

一般民居大门，多为有厦式。近年来新建民居的大门也有一定的装饰，多为传统的三叠水屋面，有厦大门形式。以薄砖银砌装修门头的各个部位，曲线柔和的屋脊屋面下，配以灰白粉刷，淳朴大方，又保留了白族门楼特色。

②照壁在大型民居中，其比例适度，形式优美，堪称美术佳作，令人百看不厌，亦是重点装饰的地方。尤以院内，照壁屋脊两端鼻子高高翘起，檐角如飞，屋面呈凹曲状，檐下或用斗栱，或用两三重小垂花柱子挂枋，都极俊秀清丽。额联部位及两侧边框，用薄砖分出框档，框中饰大理石，或题诗词书画，或塑人物山水和翎毛花卉。此种泥塑是先用缠麻铁线银入墙内，然后在麻上粉纸筋灰塑成，成为介于浮雕与圆雕之间的一种雕塑艺术，因而能使乌翅与花枝颤巍巍地伸出框外，倍加生动。壁面正中有两种装饰方法，一为银一块高级的圆形山水大理石块，围以泥塑花饰边框；一为直排四块方形大理石，每块刻一大字贴金，内容不外喜庆吉祥或显示家声的语句。其余壁面全粉白灰，条石勒脚，不加粉饰。装饰线条部分的主要色调为黑、灰，间以淡蓝、淡绿。斗栱部分，以淡蓝、淡绿和白色为主，极为清雅秀丽（图2-88～图2-91）。照壁背面装饰，大为简化，仅有檐下斗栱，额部及两侧边框，砌出框档而已（图2-92）。

一般民居照壁装饰简朴，有的仅为一简单的围墙。

在白族民居中将一片围墙演变成如此优美的照壁，是祖国建筑遗产中的一粒珍宝，可惜很多都被破坏，几乎无一能保存其原貌。

③墙面装饰也是白族民居特色之一。土墙外加粉刷，可耐风雨侵蚀，增加墙的耐久性，又增加美观，功能需要和审美要求结合。这些装饰，逐步发展，只是因经济力量的不同，粉饰有繁简之别。粉饰部位分檐下、山尖、窗口

图2-88 照壁装饰之一

图2-90 照壁中心镶嵌大理石及泥塑边框

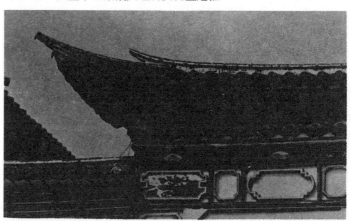

图2-91 照壁檐角装饰

图2-89 照壁装饰之二

图2-92 照壁背面装饰

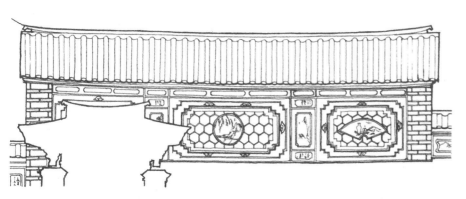

图2-93 后墙檐下装饰

图2-94 山墙装饰

等处。后墙檐下 120 厘米左右的一段土坯墙上，砌入薄砖以划分出框档。一般横分为三段，全部粉纸筋灰，以黑灰两色画出框档线脚和六方砖与空斗墙等图案。过去大型民居上，外墙檐下部位，装饰更为丰富，不仅有线脚、画框，框内还绘出山水风景并题诗词（图 2-93）。有的还在分界处，绘成单扇或双扇窗，有时还运用透视角度绘成半开闭之状。

山墙上一般都有腰带厦，也起着保护土墙和美观的双重作用，厦以上全部山尖，都用黑白彩画装饰。大型民居的山尖，多用描绘大山花，其余部位绘成砖块图案。山花图案，气势奔放流畅，自具风格。或用浮雕式泥雕，施以橘黄为主调的色彩，愈加雄浑古厚，气派十足了（图 2-94 ～图 2-97）。

（a）

（b）

图2-95 山花图案之一

（c）

图2-95 山花图案之一（续）

（a）

（b）

图2-96 山花图案之二

（c）

图2-96 山花图案之二（续）

图2-97 山花图案之三

近年来社员新建民居，墙面装饰虽较简单，但继承了这种传统做法，后檐下、马头封火墙等部位，粉出框档，山墙有腰厦和粉饰（图2-98～图2-101）。用薄砖镶砌山花，既经济、美观，淳朴生动，又起着保护土墙耐风雨的作用。

图2-98 新民居山墙装饰处理之一

图2-99 新民居山墙装饰处理之二

图2-100 新民居山墙装饰处理之三

图2-101 新民居山墙装饰处理之四

民居外墙很少开窗，少数的在山墙或后墙开小窗（图2-102）。有时将洞口装饰组织在檐下装饰图案之中（图2-103）。

内院廊子两端的墙面装饰，白族叫作"围屏"。它是内院墙面装饰较重要的地方，仍用薄砖砌出框档。大型民居还在框内镶高级大理石和精制泥塑并题诗词（图2-104~图2-106）。

图2-104　廊下围屏墙面装饰图

图2-102　山墙上开窗处理手法

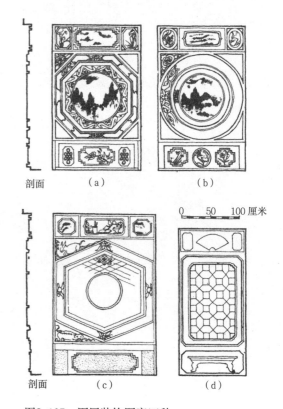

剖面　　（a）　　　　　（b）

剖面　　（c）　　　　　（d）

图2-105　围屏装饰图案四种

图2-103　后墙上开窗处理手法

图2-106 围屏装饰实例

④白族匠师木雕技术高超。剑川木雕，被誉为鬼斧神工，名满全省。民居中的木雕艺术，比较集中地表现在门窗装饰上。正房明间底层安装的六扇格子门，又是门窗装

饰处理最重要的地方。不论大型民居或小型民居，都用雕花门，只是雕工、油彩有繁简精粗而已。格子门的形式和比例尺寸，已成定型，普通雕工做的格子门，雕好后背赴市场出售。大型民居的格子门，系专门制作，雕工极其精美，内容多为"西厢故事"、"八仙过海"、"渔樵耕读"、"四景花卉翎毛"以及"博古陈设"等。用3~5厘米左右厚的柯松、楸木或青皮树板材，分二层、三层、四层甚至五层透雕，雕刀有40余种之多。如用四层雕法，先从正面开始，第一层雕仙佛人物、第二层雕云霞飞鸟、第三层雕葡萄图案、第四层雕斜"卍"图案。其中并掺用圆雕手法，使相邻两花纹的尖端部分，离开些许，远看去但见密密丛丛，前后穿插，上下透脱，叹为绝艺（图2-107~图2-110）。如图2-108、图2-109所示的木雕，并油饰彩色，局部贴金。这样的格子门，每樘费工有达千日，虽为富豪之家，也只逢年过节来客时，才装上以供玩赏，另备一套较次的供平时应用。可惜这些格子门，几乎全遭破坏，能完整保存下来的十分稀少。

图2-107 门窗雕刻装饰

透气花格窗

美人框式
小条窗

木质裙板
槛墙

0　50　100　150厘米

图2-108 格子门装饰花纹之一

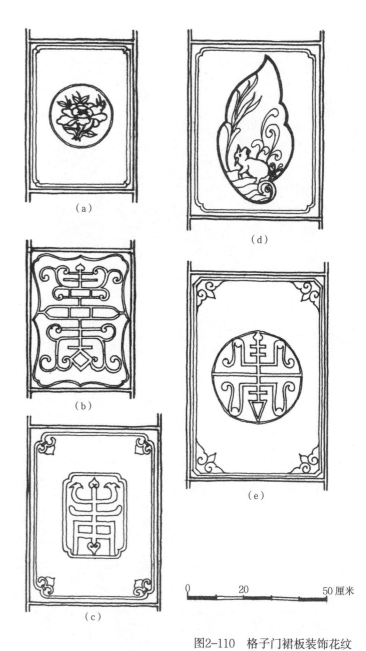

（a）

（d）

（b）

（e）

（c）

图2-110 格子门裙板装饰花纹

图2-109 格子门装饰花纹之二

0　　　　　20　　　　　50厘米

图2-111　次间格扇及支摘窗

次间门窗，较古老的民居中一般为"丁工花"式的支撑窗。较近期的民居中则趋向小条窗，槅心部分作圆块浮雕，或作方眼格，或装"美女框"式玻璃窗。窗上部都有透气花格，下部槛墙做成木质裙板，板上亦有浮雕（图2-111 ~ 图2-113）。

楼层窗常为小条窗。

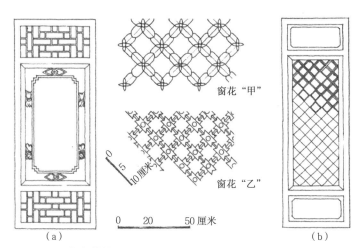

图2-112　窗扇装饰花纹

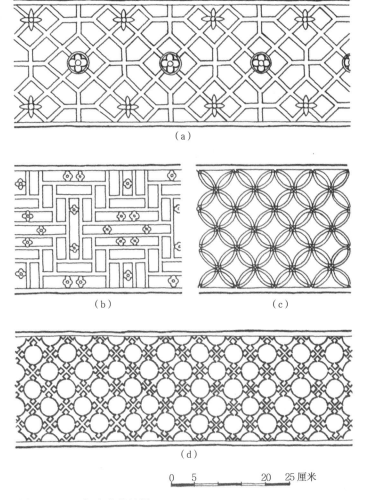

图2-113　通气窗花格纹样

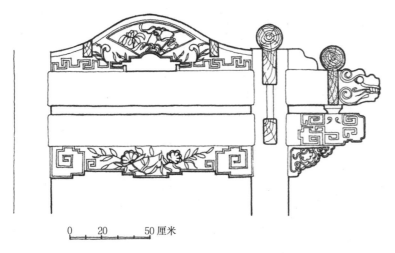

图2-114 明间廊下插梁雕饰花纹

⑤梁柱的装修有梁头、花枋、柁墩等部位。主房明间廊柱上的插梁露头，是雕刻装饰处理重要部位之一。

大型民居梁柱等木雕，极为精美，较古的房屋多雕成回文、云文、鳌鱼、夔龙、夔凤之类（图2-114），往后演变成较为生动的龙、凤、象、麟之类，更近期的房屋进而雕成奔跑着的兔子、麒麟。还有的用拼贴方法加厚梁头的左右两面，使其更加圆浑饱满，异常生动（图2-115～图2-117）。剑川有的挑梁，往往做成阑额枋上加坐斗的形式。廊柱插梁下面的花坊、房屋及门头、檐口、枋、雀替等，多施两面透雕，甚至封檐板也雕成几何图案。我们看到的明代住宅，其举架的柁墩和驼峰，都满施雕饰，一律是大卷草或云纹，刀法深透，轮廓明确，气派流畅，技法精熟。后期的柁墩、驼峰都不施雕刻，仅把轮廓做成折线形。从上面介绍可以看出，由于白族木雕技巧历史悠久，在民居木作上，饰以雕刻的范围很广。少数大型宅第，木雕技巧精练，形象优美，可谓佳品。

这种多装饰的特点，在一般民居上也不例外，只是稍简而已。调查所见一般民居的梁头、枋、柱础等，均据其家庭财力状况，饰以简单的装饰。近年所建新民居中有些梁头和枋上，均有简单的雕花并有雕花雀替。

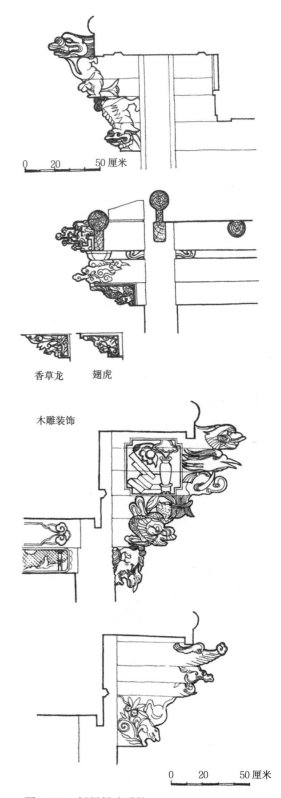

香草龙　翅虎

木雕装饰

图2-115 插梁挑头雕饰

图2-116 大理民居梁头雕饰之一　　　　图2-117 大理民居梁头雕饰之二

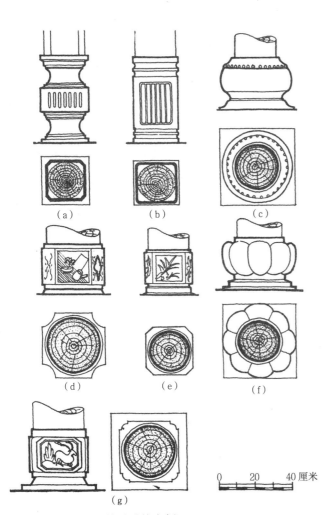

（a）　　　　（b）　　　　（c）

（d）　　　　（e）　　　　（f）

0　　20　　40厘米

（g）

图2-119 新民居石柱础雕饰实例

柱础装饰种类繁多,也显示了白族高超的石雕技艺（图2-118）。新民居石柱础，亦有简单的雕花（图2-119）。

图2-118 石柱础雕饰形式

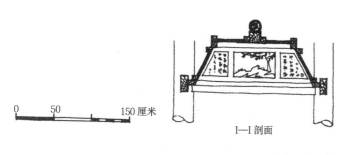

0 50 150 厘米

I—I 剖面

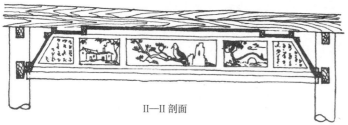

II—II 剖面

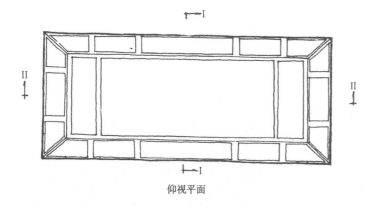

↦—I

II ┼

II ┼

↦—I

仰视平面

图2-120　井式顶棚构造图

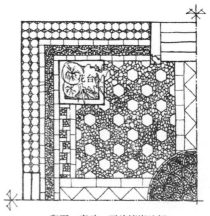

花台

卵石、青砖、瓦片镶嵌地坪

青石板地坪

图2-121　院内地坪做法两种

图2-122　大理喜洲民居廊下带花纹大理石铺砌地坪

　　⑥中小型民居一般都不装顶棚，在一些大型住宅中，则有"平綦"、"方井"和卷棚三种顶棚式样。平綦分格，中部为正六边或八边大框，两端对称分排小条窗形式。贴板上彩画苍洱风景、古今故事和题格言佳句。方井顶棚用于主房明间廊上，为一长方形的平底大井，四壁倾斜，上题格言书画（图2-120）。卷棚全用木质，拱格细小，净距仅5厘米左右，看去极其精致，全部漆成赭黄色。此种天花较少见。

　　⑦白族民居的装饰也表现在地坪上。在大型民居中，院内地坪多用石、砖、瓦等材料，精心铺砌，利用材料的质感色泽不同，拼出简洁美观的图案。剑川金华一带民居，院内地坪，用小卵石配合砖与石板组成地毯式地坪。大理一带院内常铺60厘米见方的青石板下垫6～7寸砂以滤水，故虽无下水道，大雨时也不积水，效果很好（图2-121）。个别宅第廊子地坪上铺30厘米见方的大理石板，每块上有简单的线刻"兔含灵芝"、"狮子滚绣球"之类花纹，这显然也是为了起到防滑作用，外观亦较华丽（图2-122）。农村民居院内多自然土地坪，以种植果木。

三、实例

（一）喜洲公社市坪街93号宅

这是一位华侨在家乡修建的绚丽精美的住宅。平面是传统的"三坊一照壁"形式。主房面东，除有正规的"三坊一照壁"院落外，左前部增建了一个漏角天井，右侧有杂物后院，大门外又有一个长形小前院，各在不同的位置，具不同的功能。并在正对大门的围墙上建一小照壁，为主内院创造了隐避、恬静、舒适的生活环境；又构成高低错落、活泼优美的外观轮廓。

照壁、大门、内院及外观装修，都采用了白族的传统做法，建筑技术高超，艺术精湛，极其华贵绚丽，颇具白族民居的特点和传统风格。

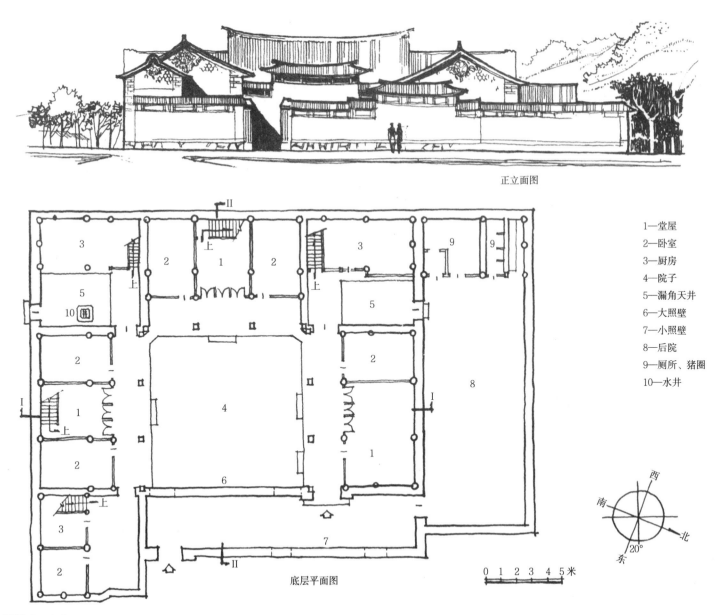

正立面图

1—堂屋
2—卧室
3—厨房
4—院子
5—漏角天井
6—大照壁
7—小照壁
8—后院
9—厕所、猪圈
10—水井

底层平面图

实例（一）A

透视图

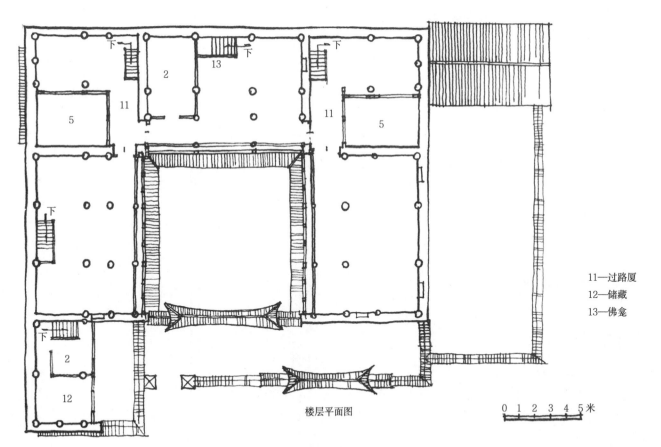

11—过路厦
12—储藏
13—佛龛

0 1 2 3 4 5米

楼层平面图

实例（一）B

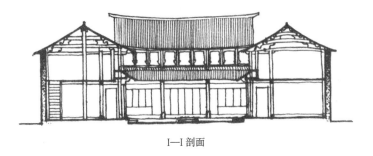

I—I 剖面

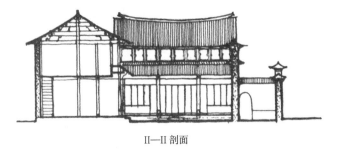

II—II 剖面

0 1 2 3 4 5 米

实例（一）C

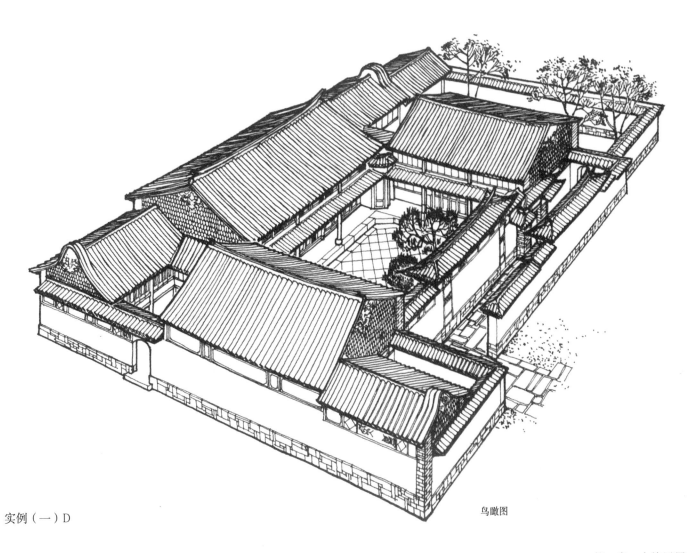

实例（一）D

鸟瞰图

（二）喜洲大界巷 21 号

这是一幢大型住宅，共有四院，作纵向连接，当地一般称"五重堂"。平面布局规整严谨。正房及过厅东向立面都是"倒座式"，但过厅后面（西向立面）仍有厦廊。所有过厅明间前后均安装六扇格子门。房屋装修颇为华贵绚丽。

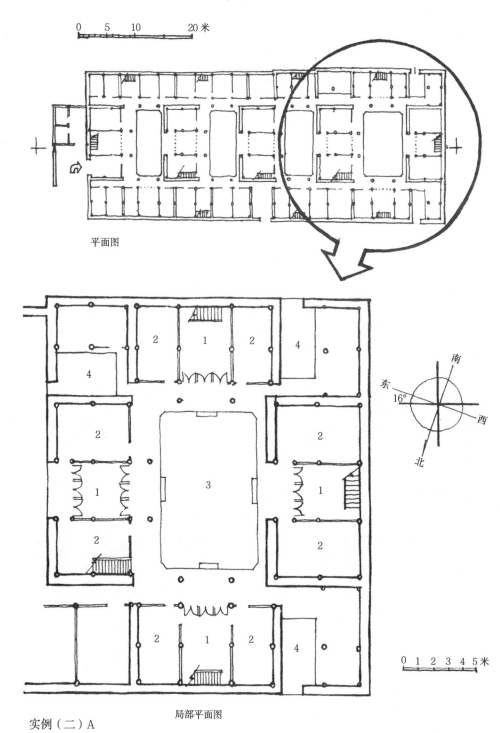

0 5 10 20 米

平面图

1—堂屋
2—卧室
3—院子
4—漏角天井

0 1 2 3 4 5 米

局部平面图

实例（二）A

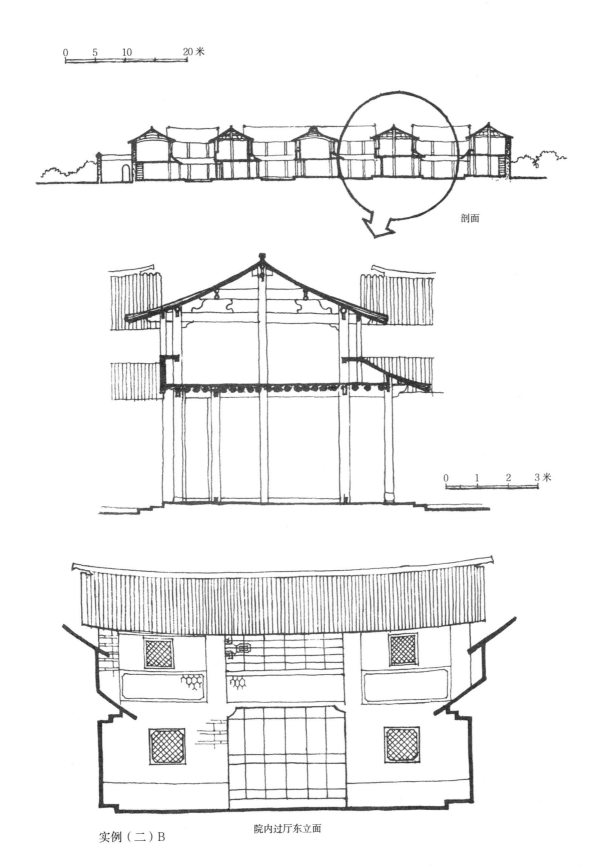

剖面

0 5 10 20 米

0 1 2 3 米

实例（二）B   院内过厅东立面

（三）剑川金华二街71号

这是一户安排紧凑的重院，前院是一个典型的"四合五天井"形式，后院是一个曲尺形小院，有照壁一座，纵连而成。因主房习惯向东，故安排于两院相连处，面东。为不使主房做成过厅穿堂至后院，因此采用了不同一般的做法，通过漏角天井至后院，保持了前院的完整，别具一格。后右角有一杂物院，亦由漏角天井进入，布局紧凑、合理。木构架做工认真，历经多次地震，至今完好。

房主很重视院中绿化，照壁前山、水、花卉、竹木十分丰茂，是一座环境优美的宅第。

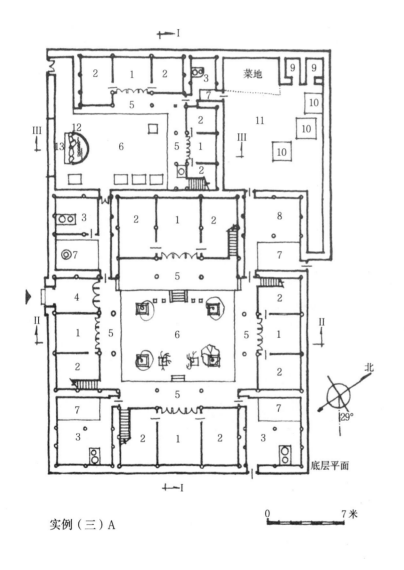

实例（三）A

0   7米

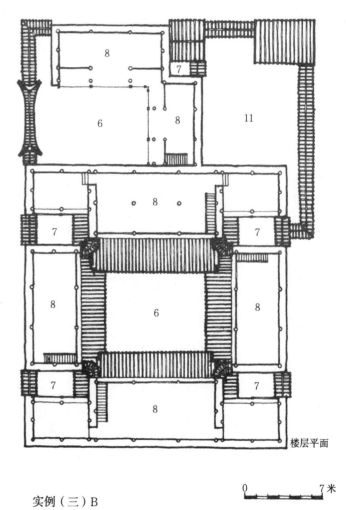

实例（三）B

0   7米

1—堂屋　2—卧室　3—厨房　4—大门
5—廊子　6—院子　7—漏角天井
8—杂物　9—猪圈　10—鸡笼
11—杂务院　12—假山水池　13—照壁

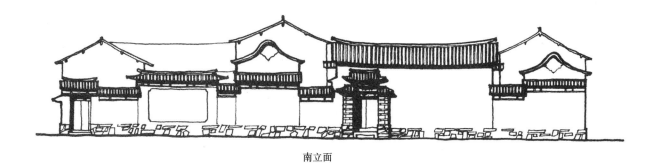

南立面

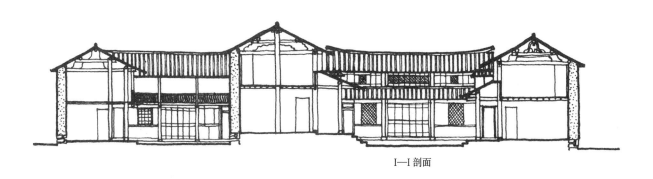

I—I 剖面

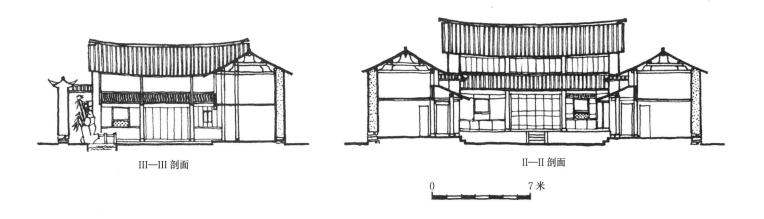

III—III 剖面

II—II 剖面

0   7米

实例（三）C

（四）剑川金华西营盘 155 号

本宅是一个小型的"四合五天井"住宅，正房朝向东，偏南。为通向四个漏角天井，南、北两厢房和对厅的前檐隔断墙都弯曲装置，让出走道。同时北厢房的后檐也装木质隔断墙、明间并装隔扇，可由院内直穿进入北面另一院内。这种布置在规则中含有灵活，不觉刻板。大门仍按习惯置于东北角的漏角天井处。

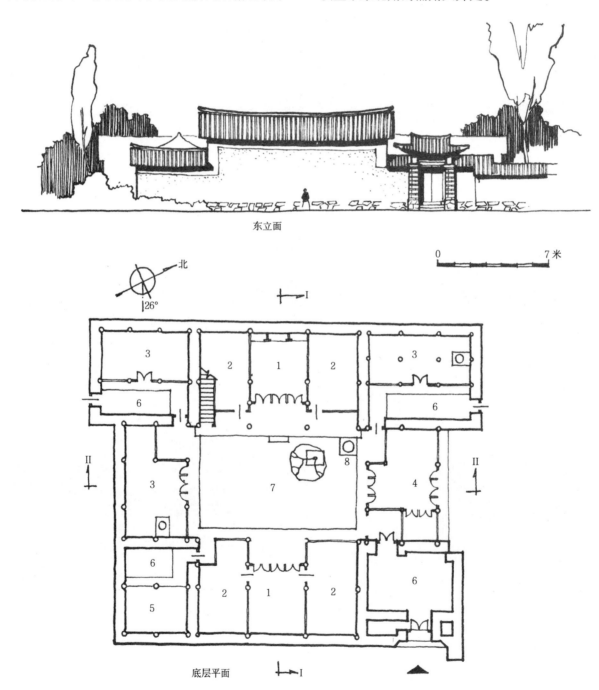

东立面

0　　　　　　　　7 米

北

26°

底层平面

实例（四）A

I—I 剖面

II—II 剖面

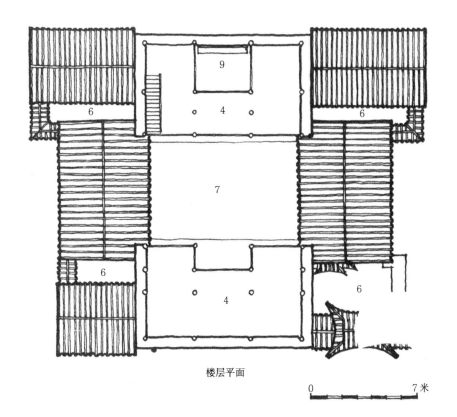

楼层平面

0　　　　　　　　7米

实例（四）B

1—堂屋　2—卧室　3—厨房
4—杂用　5—猪圈　6—漏角天井
7—院子　8—水井　9—佛堂

（五）喜洲大界巷 37 号（将军第）

本宅是由两个"四合五天井"横向拼联而成的重院。主房朝东。南、北两院中间共有一坊厢房，并且在前，后檐都装隔扇门，变成了穿堂过厅，是连接两院的主要交通要道。楼层各坊之间互相联通，更是四通八达。大门设在东北角的漏角天井内，但开向北面。这里的耳房也改成南北向，成了大门内的门廊。

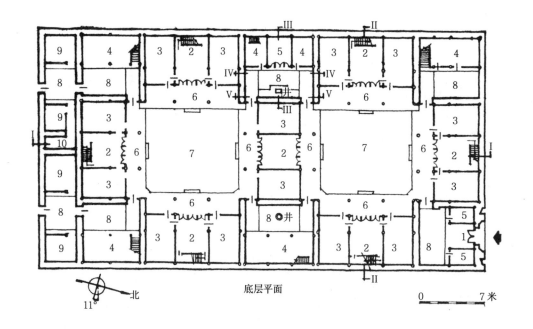

底层平面

北

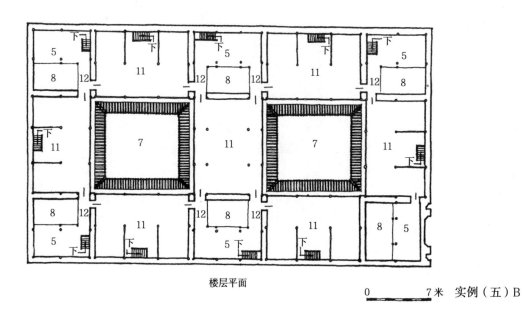

楼层平面

0　　　　7米

0　　　　7米　实例（五）B

实例（五）A

1—大门　2—堂屋　3—卧室
4—厨房　5—储藏　6—廊子
7—院子　8—漏角天井　9—猪圈
10—厕所　11—杂用　12—过路厦

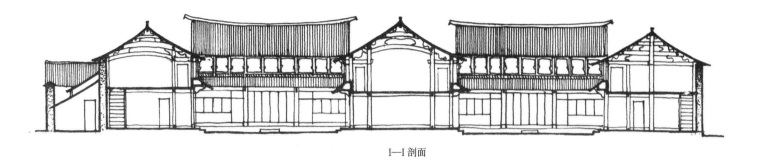

I—I 剖面

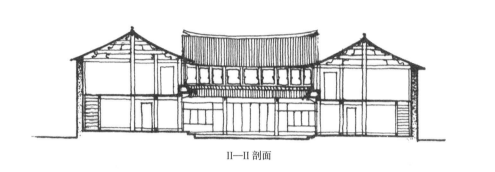

II—II 剖面

0   5 米

实例（五）C

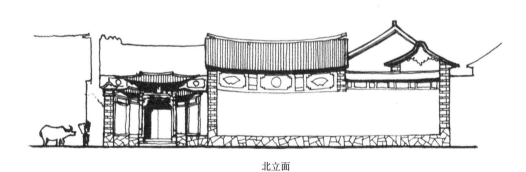

北立面

0   5 米

III—III 剖面   实例（五）D

（六）喜洲大界巷 5 号

此为一幢小型住宅，有一坊闷楼式房屋，无厦廊，仅
将楼层挑出起厦廊作用。左右是厨房及畜厩。是适合小家
庭的经济实惠的住宅。

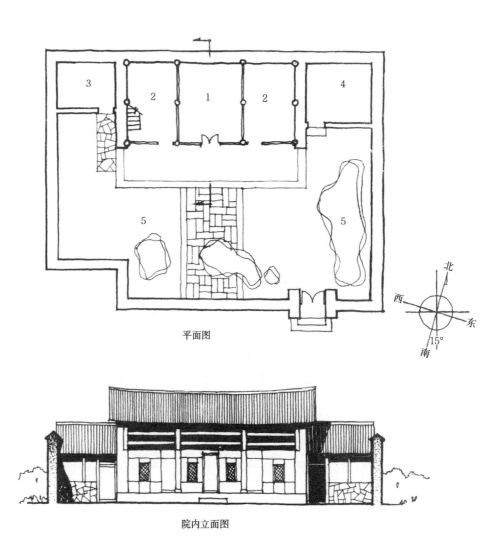

平面图

院内立面图

实例（六）

1—堂屋　2—卧室　3—厨房
4—猪圈　5—菜地

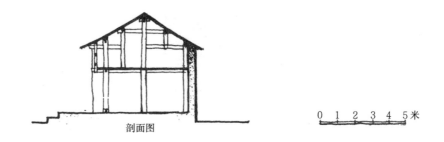

剖面图

0 1 2 3 4 5 米

（七）沙村 6 号

是仅有一坊房屋的小型住宅，厨房设在廊的一端。在不规则的地形上，将大门凹进，组织了一个方正的小院。大门上有偏厦，屋面高低错落，活泼亲切，是一个小巧宜人的住宅。

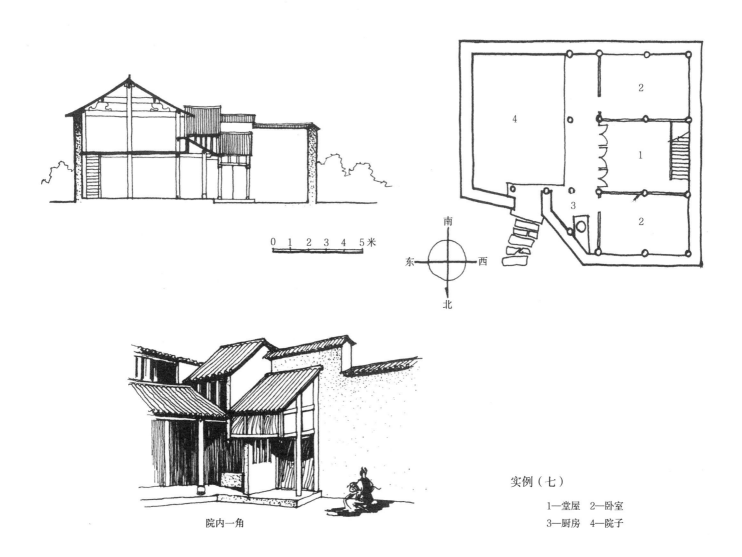

0 1 2 3 4 5米

南 东 西 北

院内一角

实例（七）

1—堂屋　2—卧室
3—厨房　4—院子

（八）大理小邑庄某宅

本宅是独坊房，前面两间廊，草顶，楼下居住，楼上储存杂物。在主房旁另建单层杂务用房。利用左右邻居的墙及前面邻居房屋后墙围成院落，从东侧夹道出入。

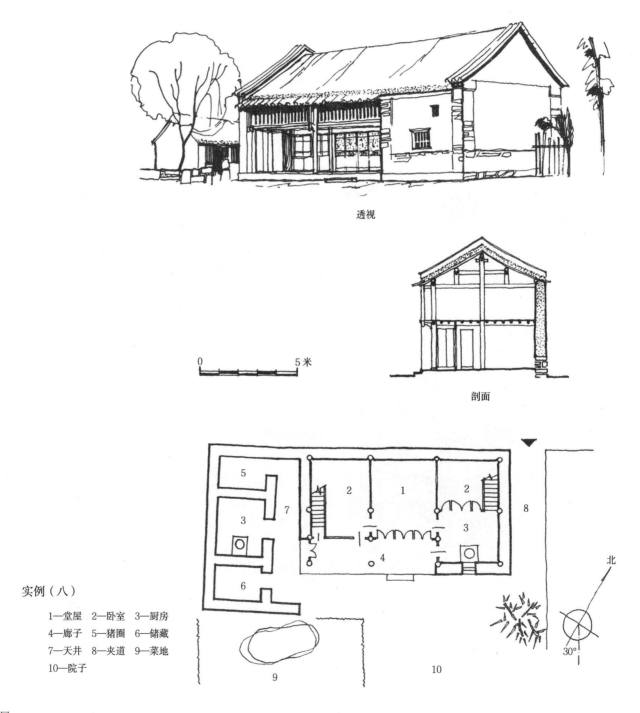

透视

0　　　　　　　5米

剖面

实例（八）

1—堂屋　2—卧室　3—厨房
4—廊子　5—猪圈　6—储藏
7—天井　8—夹道　9—菜地
10—院子

北

30°

（九）大理喜洲市坪街某宅

本宅为土库房式独坊房，在西侧加建两层杂用房、东侧加建两层厨房后，形成曲尺形平面。主房东南向，明间设廊，两次间进深较大，使其中卧室可分成前后两小间。楼层前檐木装修外用钉面砖的处理方法，对木装修施工质量要求较低，易于施工。

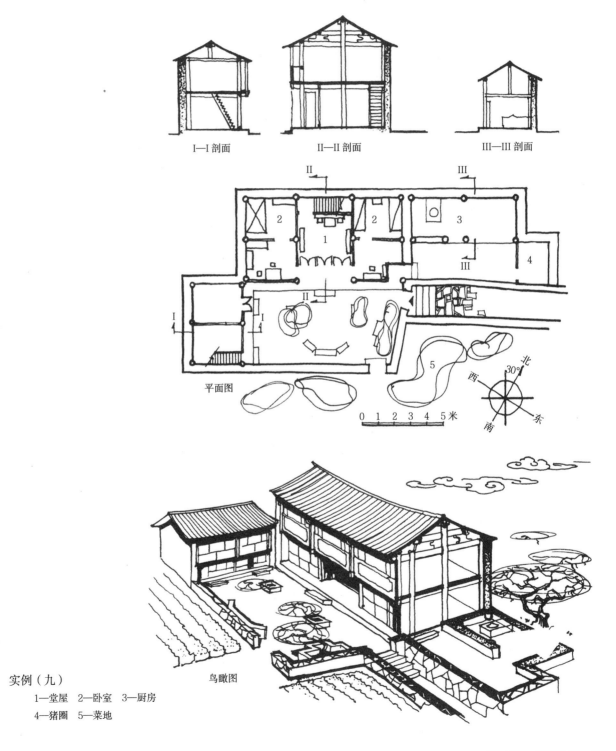

I—I 剖面　　　　　　II—II 剖面　　　　　　III—III 剖面

平面图

0 1 2 3 4 5 米

鸟瞰图

实例（九）

1—堂屋　2—卧室　3—厨房

4—猪圈　5—菜地

（十）大理中和镇永馥花园茶社

大理人民喜爱花木，住房院内，房前屋后，多种花卉树木。喝茶聊天的茶馆内也花木丛生，别具一格。一般茶社适应不同兴趣的需求，分为两部分。一是室内茶座，为群众聚坐处，以谈古说今为主的场所；一是露天茶座，以花木环绕，是幽静地区。如永馥花园茶社，除有三间房屋的聚坐式室内茶座外，绝大部分是露天茶座，花木围绕，绿树成荫，攀藤植物、绿篱等分隔成许多组幽静的雅座空间，三五友人会集于独特的绿丛环绕中品茶畅谈，别有风味。

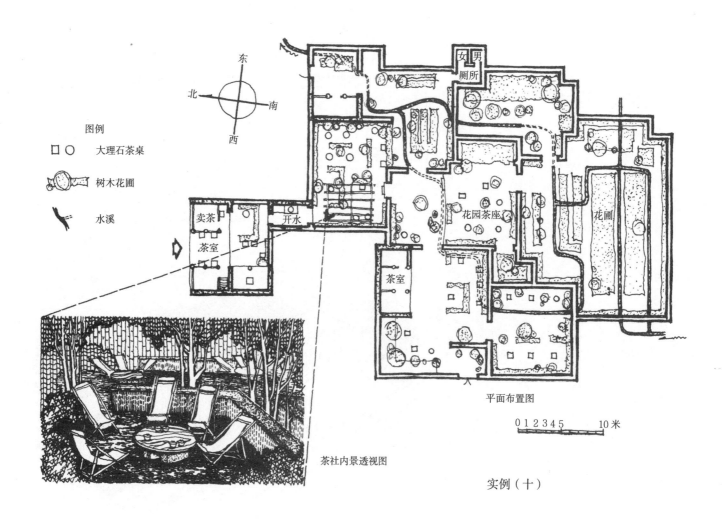

图例

☐ ◯ 大理石茶桌

🌳 树木花圃

🌿 水溪

茶社内景透视图

平面布置图

0 1 2 3 4 5　　　10米

实例（十）

（十一）大理中和镇护国路花园茶社

此花园茶社规模较小，亦分成室内茶座与露天茶座两部分。室内茶座相对来说较大，约占茶座的一半，穿过室内茶座，进入后部的花园茶座，以绿篱、竹、木分隔为许多幽静的小区也极雅致。

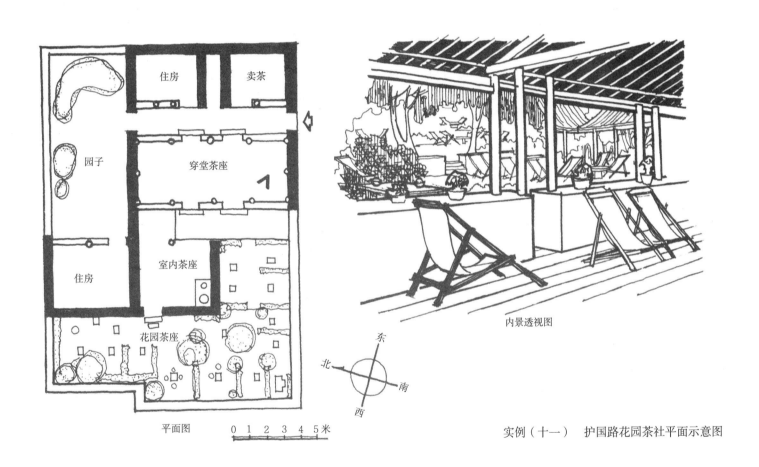

平面图　0 1 2 3 4 5 米

内景透视图

实例（十一）　护国路花园茶社平面示意图

四、结语

白族历史悠久，很早就与中原有着密切的联系，建筑技术和艺术受汉族影响较深，是云南各少数民族建筑中发展最成熟、水平最高的。白族匠师在云南亦有很高声誉，几层镂空木雕，被誉为"鬼斧神工"，加以经济基础较为丰厚，民居建筑绚丽精致，绰约多姿，具有独特的民族风格。平面布局不受一般正房朝南的习惯限制，结合地形和风向，正房面朝东，采用"三坊一照壁"布局，内院视野开阔，正房可获得较多日照。经济上注意了就地取材，充分利用资源丰富的卵石、块石、大理石、木材等建筑材料。木构架的连接，多用串枋和扣榫，加强整体性以防震，用硬山石板挑檐的处理等以防风。建筑艺术上，创造出精致的装修，轻盈的屋面、优美的照壁、华丽的大门门楼等，使白族民居颇具特色。一般民居在经济力量许可范围内，也喜欢弄点格子门、木雕、柱础之类，说明了白族人民对装饰的深刻爱好。"大理人民爱好艺术，为具有艺术天才之人民，自古已然"，"大理人民对艺术既有甚深之嗜好，故其寺、塔、庵、观，以及私人住宅，皆有种种之装饰壁画及彩画，或为图案，或为风景，或为人物，或为花鸟，或为宗教故事……"。[①] 可见白族民居的装饰，是大有来历的，与他们对服饰、舞蹈、歌唱等其他艺术的热爱，也有着不可分割的联系。近年来新建民居，虽不像旧民居那样华丽，但在民居习用装饰部位，如格子门、梁枋、柱础、外墙檐下、山墙大门、照壁等处，都有简朴大方的装饰，继承了民居建筑艺术的传统，说明白族人民喜爱艺术，至今如故。民居上的这些装饰，是白族劳动人民的创造，是劳动人民建筑技术长期实践经验的积累，是祖国建筑历史的宝贵遗产，对特别精美的民居加以保护，是值得考虑的问题。白族匠师技术精湛，中央有关部门，曾把他们的五层镂空精制木雕和墙面泥塑花饰，带到首都展览。今天，我们如何将白族建筑的优秀传统和技艺继承下来，为社会主义建设服务，是极为主要的问题。

白族民居一般很少开窗，通风采光较差，院内也未设厕所，是应改进的。此外大型民居装饰甚多，固然华丽精美，可是造价昂贵，不宜普遍推广，应推陈出新，创造新的具有地方特点的建筑风格。

---

① 见"大理古代文化史"云南大学教授徐家瑞著。

第三章

纳西族民居

图3-1　丽江大研公社民居

纳西族是历史悠久、文化发展较早的少数民族之一，人数在云南省少数民族中居第二十位。从古至今，纳西族中涌现了不少的学者、教授、名家，它的文学、艺术、建筑、绘画闻名中外。

云南省纳西族共有 23.6 万余人，占全省人口的 0.73%。其中丽江纳西族自治县有 16.8 万多人；中甸、维西、宁蒗三县各有万余人；永胜、德钦、贡山、兰坪、剑川、鹤庆等县也有散居。四川省的盐源、盐边、木里和西藏自治区芒康县的盐井一带亦有纳西族分布。

丽江得名，因依傍于金沙江上游曲折的江湾之中，又因金沙江别名"丽江"之故。貌似大砚，研砚相通而得名的大研镇，占地 1.5 平方公里，位于丽江市的中心，是地区行政公署和县人民政府所在地，是一个古老而保存较为完整的古城。全镇居民现有五千一百多户（图3-1、图3-2）。这一古城，为我们研究纳西族民居提供了丰富的和难得的资料，是这次调查的重点。此外，追根溯源，我们调查了与中甸藏族交界处的龙蟠公社纳西族民居，还调查了与白族交界处的七河、九河公社纳西族民居。其中既包括纳西族古老文化发源之处、又有新中国成立后经济获得蓬勃发展的社队民居。在一些半山区及高原坝区至今还保留着纳西族祖先所居住房屋式样的地区，如太安，宁蒗等地也做了调查（图 3-3）。

一、自然与社会概况

（一）自然条件

丽江纳西族自治县，位于云南省的西北部，地理位置在东经 99°～100° 26′，北纬 27° 45′～26° 32′，海拔 2400 米。

纳西族聚居地区属于青藏高原的南端，山川秀丽，风景优美。丽江黑龙潭、中甸白水塘素得人们赞美。永宁的泸沽湖，好像滇西北高原上的一颗绿宝石，湖周蜿蜒一百多里，湖中盛产鲜鱼，是世界上少见的无污染湖。玉碧银峰、高耸入云的玉龙雪山，海拔 5596 米，宛似一条似晶莹辉亮的玉龙从碧空矫健飞来，雄伟地屹立在丽江坝子的北面，巍峨壮丽。玉龙山又以"植物仓库"闻名于世，山麓四周，

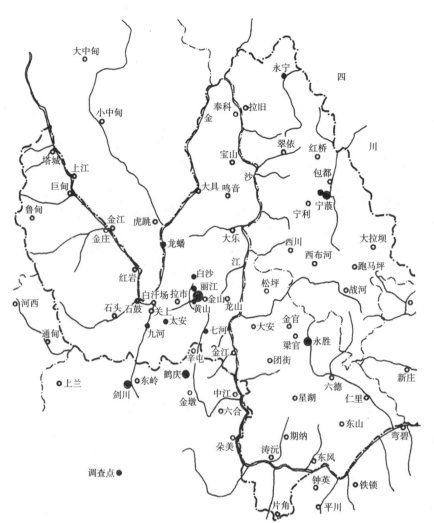

大中甸

永宁

四

小中甸

奉科

拉旧

金

川

塔城 上江

宝山

翠依

红桥

巨甸

鲁甸

金江

虎跳

大具 鸣音

沙

包都

宁蒗

宁利

金庄

龙蟠

大乐

大拉坝

西川

西布河

跑马坪

河西

红岩

白沙

丽江

松坪

战河

石头 石鼓

白汗场 拉市

金山

龙山

石头 石鼓

关上 太安

九河

大安

金官

七河

梁官

永胜

通甸

辛屯

金江

团街

上兰

东岭 鹤庆

剑川

金墩

中江

六德

仁里

新庄

星湖

东山

六合

朵美

涛沅

期纳

弯碧

东风

图3-2　丽江古城民居调查点分布图

钟英

铁锁

调查点 ●

片角

平川

密布着云南松、云松和红杉；山上还生长着极丰富的中草药，多达五百多种。纳西族的民间中医在两百多年前，就曾编过《玉龙本草》。从玉龙雪山上融雪流下来的"黑白水"，淙淙潺潺，灌溉着数十里的沃野，并已被用来发电，为丽江工农业生产和群众生活服务。

全县由于地形复杂，气候、雨量差异很大。平均年降雨量在800～1200毫米。县城所在的丽江坝子，年平均气温为12.6度。最高月平均气温为17.09度，最低月平均气温为5.8度，四季变化不明显，冬暖夏凉。全年主导风向多为西风，仅6～9月为无风期，但有时刮东南风。年日照数约有2500小时，为全省之冠。无霜期约七个月，而高寒山区无霜期仅三个半月。故丽江市的气候被称为立体气候。但不论高山，河谷还是坝区，有共同的特点——干湿季分明、季风显著、日照比较充分。由于是立体气候，农业也随之而形成立体农业，可谓"一山有四季，隔里不同天"。农作物中小麦、水稻的种植由来已久，《东巴经》[①]中已有记载。

———————————

① 东巴经——为约一千多年前，古纳西人用象形文字写成的经书。"东巴经"记录了纳西族古老的神话故事，叙事长诗、民谣、谚语及生活风貌等，是研究纳西族的历史、社会发展、生产生活习俗，语言文字及与其他民族关系的宝贵资料，是世界公认的民族文化遗产。

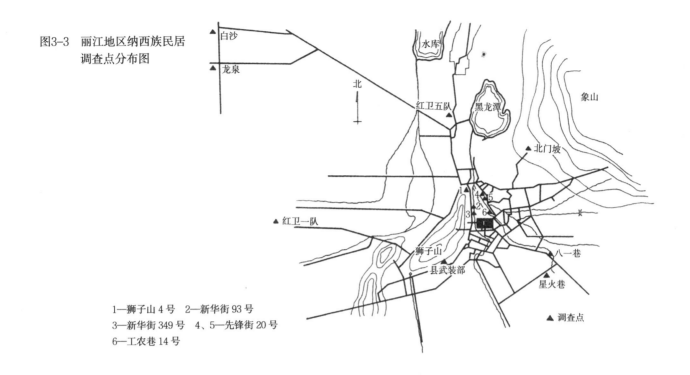

图3-3 丽江地区纳西族民居
调查点分布图

1—狮子山4号　2—新华街93号
3—新华街349号　4、5—先锋街20号
6—工农巷14号

全县境内森林资源丰富，森林面积约有625万多亩，占土地总面积的85.39%，是云南重点林区。木材有针叶林、冷杉、云杉等。1955年以来，遂步推广栽种苹果树，丽江市已成为新兴的苹果之乡。

境内天然牧场较为宽阔，全县林中空地、荒山、草场，共有150多万亩，适宜畜牧业的发展。黄牛、骡马的繁殖条件较好。丽江马的饲养有一千多年的历史，《东巴经》就专门有一篇题为《马的来历》。

矿产蕴藏有铜、铁等，沿金沙江的14个公社均可采淘沙金。

（二）历史情况

"纳西"是新中国成立后本民族统一的族名，古文献上称纳西族为"么些"。其族原属于我国古代游牧民族氐羌，以后逐渐迁徙发展。古羌人"子孙分别，各自为种"，为今天藏彝语族各民族的先民。从汉代越嶲郡的"牦牛种"，蜀汉汉嘉郡的"旄牛夷"，晋代定莋县（今盐源县）的。"摩沙夷"，到唐代"磨些江"（金沙江）流域的"磨些蛮"，为今天纳西族的先民。"牦"、"旄"、"磨"，可能是古纳西语"牛"的音译，"沙"、"些"即纳西语"人"、"摩沙"、"磨些"、"么梭"，当即纳西语"牧牛人"的音译。汉语沿用至新中国成立前。

从象形文《东巴经》记载的血缘家庭及永宁纳西族还保持对偶婚和母系家庭残余来看，纳西族同世界上别的民族一样，经历了漫长的从母系氏族过渡到父系氏族的原始社会。大致在公元3世纪开始进入奴隶社会。公元7世纪（唐高宗时），么些部落集团首领叶古年，夺占"濮缚蛮"的丽江坝。从鹤庆直到金沙江口以东的永胜、宁蒗、盐源、盐边等广大地区，已有了众多的"磨些部落"。他们"地多牛羊多，一家即有羊群"。牲畜不仅成为商品，而且已经当货币使用，把三千、两千的羊群赶到南诏去贸易。到了11世纪，这支丽江地区的么些奴隶主集团，通过不断的掠夺和战争，逐渐扩张。到了13世纪初叶牟琮（麦宗）时，已形成比较集中的强大势力。据《大元一统志》记载，当时丽江地区的社会经济，已是农业为主。农产品、手工业品、矿产、畜产等已达数十种，"土地肥饶，人资富强"。公元1253年，忽必烈分封丽江麦良和永宁和字等纳西族奴隶主集团，1275年置丽江路军民总管府，后罢府置宣抚司都是麦良子孙承袭，到明代发展为滇西北较大的土司（木氏土司）。这时，纳西族社会已向封建农奴制过渡。从元初（1253年）至清雍正元年（1723年）"改土归流"的四百多年，纳西族地区处于元、明、清中央皇朝直接管辖下，先后分封了若干纳西族土司。明末清初，丽江纳西族地区出现了土地买卖和租佃关系，产生了地主经济。1723年木土司被"改土归流"，丽江地区的社会经济得到进一步的发展。

纳西族在新中国成立前早已进入了封建社会，但各地社会经济发展不平衡。丽江县（今丽江市）和维西县南部及永胜县的内西地区是地主经济，并出现了资本主义因素；中甸今香格里拉县的三坝、虎跳江和金江等地区，仍保留着领主经济的某些残余；宁蒗、盐源、木里及维西北部地区，则基本上是领主经济；但是总的看来，纳西族地区主要是地主经济占主导地位。在地主经济区，以农业为主，畜牧业是主要的副业，手工业和资本主义商业已有发展，仅丽江大研镇一地，大小商户就达到1200户。

尽管地主经济地区的农业、手工业以至资本主义商业较领主经济地区有较大的发展，但由于旧的生产关系的束缚，生产力的发展表现出严重的缓慢和停滞。

纳西族在历史发展的长河中，通过与临近的白、汉、藏等兄弟民族的友好交往，其建筑形式也深受其影响。

（三）宗教风俗

历史上纳西族主要信仰东巴教。但喇嘛教也有相当的影响。有的还信仰佛教、道教。

东巴教是纳西族创立的多神教，是一种受藏族钵教影响的原始巫教（永宁叫"达巴"）。它保留了许多原始巫教的残余。例如信仰多神，崇拜自然。山、水、风、火等自然现象均被东巴视为神灵。

东巴教的特点是没有寺庙，也没有系统的教义，没有统一的组织，没有教主，更没有形成一个"特殊的阶层"。而且东巴多为一般平民百姓。习东巴者一般多为世袭，也有拜师授业的。

除东巴教以外，喇嘛教在纳西族中也有一定的影响，信仰的人也比较多。丽江一带信奉红教；中甸、永宁等地信奉黄教。和尚庙和喇嘛寺可能是明代传入的。丽江是和尚和喇嘛交汇的地方。红教喇嘛寺从西藏、青海往南传，传到丽江。禅宗的和尚庙由昆明、大理往北传，也传到丽江而止。所以纳西族有当喇嘛的，也有当和尚的，还有一部分信仰道教的，成为多宗教、多信仰的民族。

纳西族人民的节日有许多和汉族相同，如清明、端午、中秋、春节等，火把节则与周围的白族、彝族大体相同。

纳西族有自己的独特节目——祭天。祭天是纳西族最隆重的节日，一年两祭，新春大祭，七月小祭。

立夏节春麦饵块，并在房院四周撒卜灶灰，用意是炎夏已至，防止毒虫进屋，并示驱邪。农历腊月二十四日"送灶神"，主要活动是打扫庭院，是扫净旧岁的不洁，干干净净迎接来年新春的意思。

永宁纳西族还有七月泸沽湖畔的"海坡会"，这是青年男女社交活动的节日。

纳西族主要是一夫一妻制的父系家庭。但在宁蒗、永宁和左所一带，还保存着母氏族社会的残余。在母系家庭中，世系按母系计算，子女从母居，属于母方；通常由妇女任家长，财产有女性继承，妇女在家庭中有较大的权力。在婚姻关系上，实行"阿注"（伴侣，朋友）异居，即男子在晚间到女"阿注"家过偶居生活，次日清晨返回自己母家。因此，民居也与此相适应，房屋的规模比较大，房间的数量比较多。

丽江纳西族家庭内，一般由主妇当家，经济财物、来往礼品等项，全由主妇掌管支配。男主人则只主管重大家务如房地产业、婚丧大事等。纳西族多数女子仍保留纳西装束，背披羊皮披肩，缀有刺绣精美的七星，象征着"披星戴月，勤劳勇敢"。

（四）社会、自然条件对建筑的影响

1.民居的传统形式的形成

纳西族民间住房因地而异，从《东巴经》《丽江府县志》的有关记载来看，纳西族古代住宅，最早为井干式的木楞房。在《东巴经》里记载了这样的故事：在很古的时候，有个叫普称乌璐的农民，在冒米玻罗山下开了许多荒地，种了许多庄稼，秋天收得很多粮食。

有一天，普称乌璐请一个木匠，一个铁匠，一个裁缝来吃饭，他恭敬地招呼三位客人排坐上首，并致词说："敬爱的木匠，我开荒种地用的木犁、木耙、木锄是你做的，我住的木楞房子是你盖的……"我们在太安和永宁调查的木楞房，都是故事中讲的这种形式（图3-4、图3-5）。

图3-4　木楞房的外观之一

一直到明代，才开始有瓦房出现，清初又发展为砖木结构的瓦房，多为"三坊一照壁"式的格局。

这种形式的农舍，也较为普遍，正堂屋一坊，厢房一坊，畜厩一坊，畜厩上就是草楼。从剖面上看，常为一高两低，即正房高而两边厢房低矮。正房对面为较低的矮墙（照壁），用白灰砂浆或草泥浆粉面。但大型住宅的照壁为砖、大理石贴面、出挑线，瓦檐起山，彩画精细，独具匠心。

大门入口一般都设置于东、西向的侧角。

纳西族具有不闭关自守，不盲目排外，善于学习和吸收其他民族先进文化的特点。自唐开元以来，即开始接受中原文化的影响。从明代嘉靖年间以来，相继有木公等云部诗集，收在《古今图书集成》等集部之中。清代光绪年间丽江曾创办过"白话报"宣传变法维新，抵御外侮。在民居建筑中，纳西族通过与白族、藏族的通商交流，吸收了白族民居中的"四合院"、"三坊一照壁"的建筑特点。据当地民间所传，现在纳西族民居中普遍采用的建筑形式之一——蛮楼，就是纳西商人从藏族那里引进来的。

丽江气候温和，冬暖夏凉，无霜期时间长，良好的自然气候条件使"三坊一照壁"院中各坊可不受朝向的

图3-5　木楞房的外观之二

限制。

2.等级制度、生活及风俗习惯对建筑的影响

纳西族早在公元3世纪进入奴隶社会，就出现了明显的阶级分化和对立，以致后来有"官姓木，民姓和"的姓氏区分官民。

据传，土司规定，只有官家、大商人才得修建"走马廊"式的楼房，只许穷人盖矮房。木土司为了显示自己的威严，规定过去的木楞房门的尺寸比较矮小，宽约80厘米，高约170厘米，谓"见木低头"（意为见木土司必须低头）。

另外，土司房屋为高楼大厦，雕梁画栋，门窗银镂；而规定民房的梁头不得画麒麟，只许画狮子头；挂方不得画凤头，只画白菜头等。

纳西族过去有许多禁忌。不能跨越堂中的三脚架；进房后背不许靠神位坐；祭天坛、祭祖先时不准嬉笑打闹，也不许外人参观。这样，纳西族的火塘均设置在堂屋的正前方，在墙上挂有灶神的标记。永宁纳西族地区更为明显。

纳西族佛龛、供桌均设置在楼上，一般不住人。永宁纳西族在厢房的楼上专有一间设置经堂，喇嘛就住在此地，这样就保证了祭神时的肃静。

另外，对正房的屋面高度也有要求，三开间时，应取一样高；如为四开间时左面一开间应跌落；如为五开间时，左右两开间均应跌落。纳西人的俗语说："屋面建在一样高时平时易着火灾。"

在房屋的总平面布置时，大门不能正对道路（指主要大路），他们认为这样不吉利。如确实难免时，则应在门上书写对联以除邪。上联"泰山石难当"，下联"箭来石敢挡"，横联"弓开弦自断"。

山墙的悬鱼也不能正对别人的房屋正面，否则，要用狮子模样，放在屋檐中间或墙壁上。

入口大门不能正对正房的六扇格子门，民房只能开侧门。只有土司、有一定地位的人、学识在进士以上的人家大门才能置于正中。

房屋的层高忌讳用 6.5 尺，纳西族人认为这是做棺材的尺寸，是不吉利的象征。

二、丽江纳西民居

（一）树寨

纳西族的村寨多数建在坝区、河谷或半山区，少数在山区。傍山临水，因地制宜，规模不一。位于半山区、坝区山脚的寨子选址于向阳之地，正房均是背面靠山，正房的入口及分户大门都面向坝子，视野开阔。坝中的寨子均是坐北朝南（汉族民居则为坐西向东）。丽江古城城址的选择科学明智，古人是煞费苦心的。冬天，有象山、金虹山挡住秋冬季节从玉龙雪山刮来的西北寒冷雪风侵袭。古城东南面开朗辽阔，春迎东风，花木复苏。夏季东南风畅通，驱除城区热气。加之，还有千河万渠水流调节，所以，古城气候温和，"冬无严寒，夏无酷热"。夏天，丽江古城气温要比新城低 3～5℃，而新城是行政、机关、商业的中心，但当地人却不辞上下班步行数十分钟的疲劳而愿居住在古城。

纳西族村寨的布置还有以下几个特点：

第一，村村寨寨有流水，家家户户有水流

为了用水方便，纳西族多是泮水而居（图3-6）。住房多建在溪流旁，有些村寨则筑沟引水，通过村寨，使与街道平列，余流则利用灌溉农田（图3-7）。丽江古城就是从黑龙潭流出的玉泉水名曰玉河，经连通新城与古城的交通咽喉玉龙桥后变为三岔河（称为东河、中河、西河），流经古城，又分出无数条沟、渠流至大街小巷、千家万户（图3-8）。有的穿越厨房，有的引入院落水池，方便了人们用水的需要（图3-9）。又如白沙公社，白沙大队和龙泉大队也是例子（图3-10、图3-11）。

图3-6 许多人家泮水而居

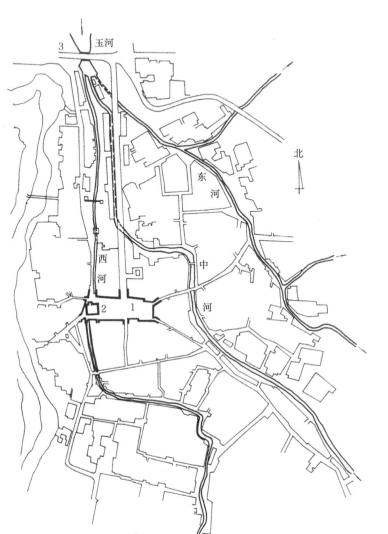

图3-7 村寨之中常筑沟引水

图3-8 丽江古城水系图

1—四方街 2—科贡楼 3—玉龙桥

图3-9 借水入宅

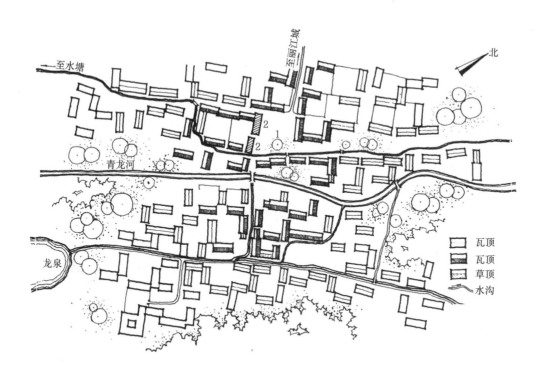

图3-10　白沙公社白沙村水系图
1—四方街　2—商店

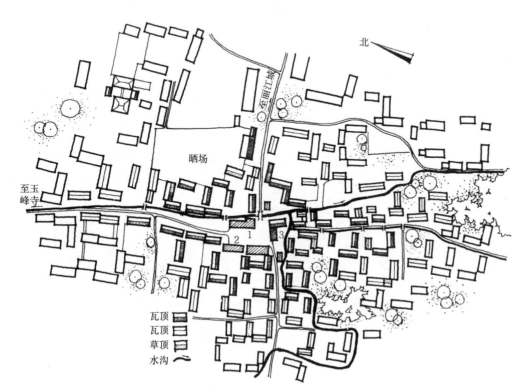

图3-11　白沙公社龙泉村水系图
1—四方街　2—商店　3—科贡楼

第二，围绕一个中心布置房屋

无论是丽江古城或是坝区村寨，民居的布置均是围绕一个中心布局。每个村寨都有一个面积不大、平坦方整的广场称为"四方街"。这是商业服务、集市贸易的地方。主要街道从这里放射，分出无数小街巷道。然后民居也从这些街道两旁向外伸展，形状很不规则。丽江古城及白沙公社中的"四方街"旁现还保存着建有的塔楼（科贡楼），是全镇的最高点，可以眺望全城（图3-12）。

街道路面、桥涵比较简陋。村落中多是土路，少数的大道铺有高低不平的石板。唯丽江古城街道路面齐整，统一清洁，均为五彩石铺砌，人们日复一日地走路摩擦，大雨之后，五彩缤纷，耀眼夺目。

第三，统一的住宅朝向

从统计调查的资料来看，坝区住宅的朝向（正房）多数为正南北向，即坐北朝南。其原因可能为下列三点：

①多数正房楼上为储藏粮食及堆积杂物之地，可以获得充足的阳光。北面均不开窗。

②厦子（指正房前廊）是进行手工副业、操持家务、晾晒杂物、接客待友的主要活动地方，应有好的日照和充足的光线。

③正房是主要生活居住的地方，应获得良好的自然通风换气。

（二）房屋

1. 平面布置

（1）完整多样的平面组合：民居房屋的规模如何、房间的多少、院子的大小取决于家庭人口的多少和经济条件、地形地貌等因素。纳西民居的平面组合形式为方形或长方形，外形较为规整，常见的有下列形式（图3-13）。

①"三坊一照壁"；

②四合同及"四合五天井"；

③两重院；

④两坊房；

⑤一坊房。

图3-12　丽江古城四方街

"四合五天井"及两重院多为土司、大商人所建。两坊房、一坊房多为贫民所建。常因受经济条件所限，将所缺的二坊或一坊留出扩建位置而围以土基、土筑围墙。这类形式当地称为"缺了耳朵"，是不完整、不正规的形式。而大量的、常见的为人们所喜爱的形式是"三坊一照壁"。这种形式，用比较高的一坊正房、两边各为一坊稍低的厢房与次低的围墙（照壁）组成院落（内院）。这样有许多优点：第一，各家一门关尽，生活、搞副业在院内活动较为方便；第二，有利于日照、通风；第三，便于饲养家禽、牲畜；第四，便于绿化，美化环境；第五，利于防止偷窃。

在各类形式中，正房均为三开间，即一明两暗的传统布局。中间一间开间较大为堂屋，供起居、接待客人。左面一开间为老人住宿，右面一间为新娶儿媳卧室。楼梯多数置于左面开间里。正房前面均设有三开间厦子（前外廊），这是一家人生活、起居、待客、搞副业必不可少的地方。

①"三坊一照壁"：即为正房一坊，在两侧各一坊（厢房）加上正房对面的矮墙（照壁）组成一个内院（图3-14），其平面形式完整，呈长方形或正方形。正房与厢房的厦子为公用一根柱，房屋层高较高，梁柱断面尺寸较大，雕梁画栋，照壁精美。丽江古城先锋街20号（图3-15），是

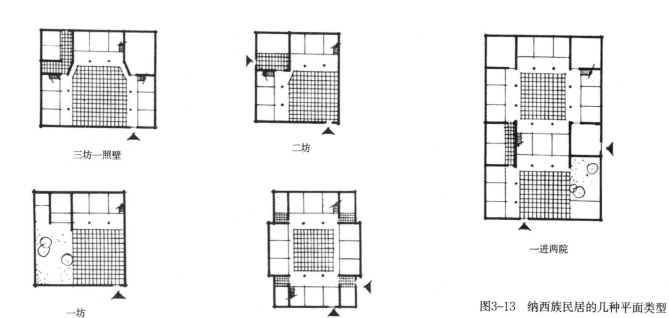

三坊一照壁

二坊

一坊

四合同

一进两院

图3-13　纳西族民居的几种平面类型

图3-14　"三坊一照壁"典型民居鸟瞰图

一座比较典型的"三坊一照壁"住宅。正房坐北朝南，西厢一坊房比东厢一坊进深大，因而建筑高度也较大，而且一层明间格子门置于朝西一面，因而整个平面并非完全对称。同样，正房西侧的耳房面阔也大于东耳房。但此宅仍不失为一个"三坊一照壁"的典型例子。

丽江白沙公社龙泉大队某宅是一个左右完全对称的"三坊一照壁"住宅，建于一个高台边上。大门则在高台下边，通过一个附属的小院，登上台阶，才能进入住宅院落（图3-16）。

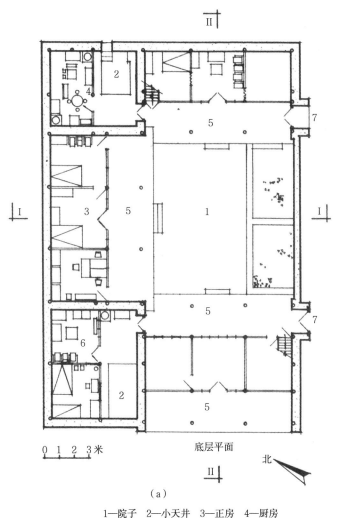

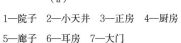

底层平面

北

（a）

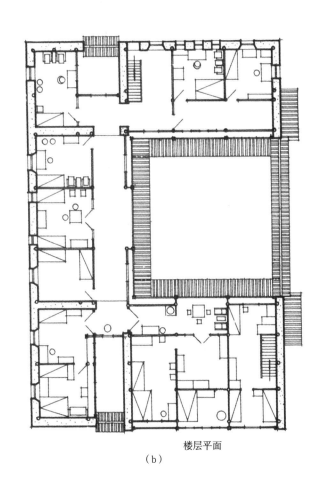

楼层平面

（b）

1—院子　2—小天井　3—正房　4—厨房
5—廊子　6—耳房　7—大门

图3-15　丽江古城先锋街20号平面图、剖面图

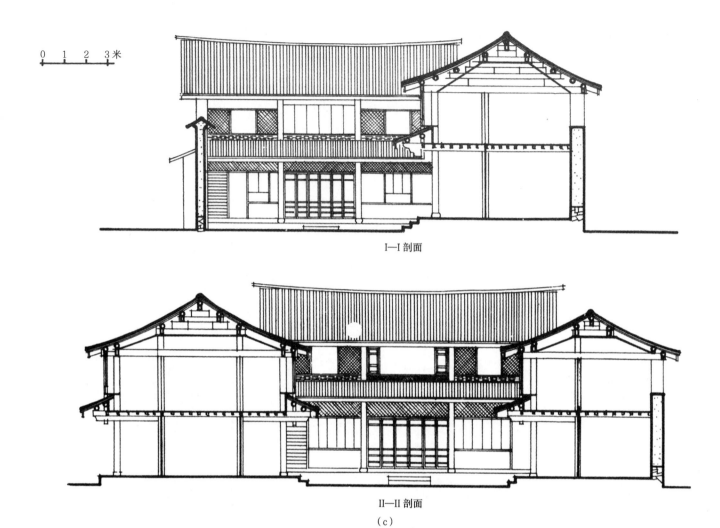

0 1 2 3米

I—I 剖面

II—II 剖面

（c）

图3-15 丽江古城先锋街20号平面图、剖面图（续）

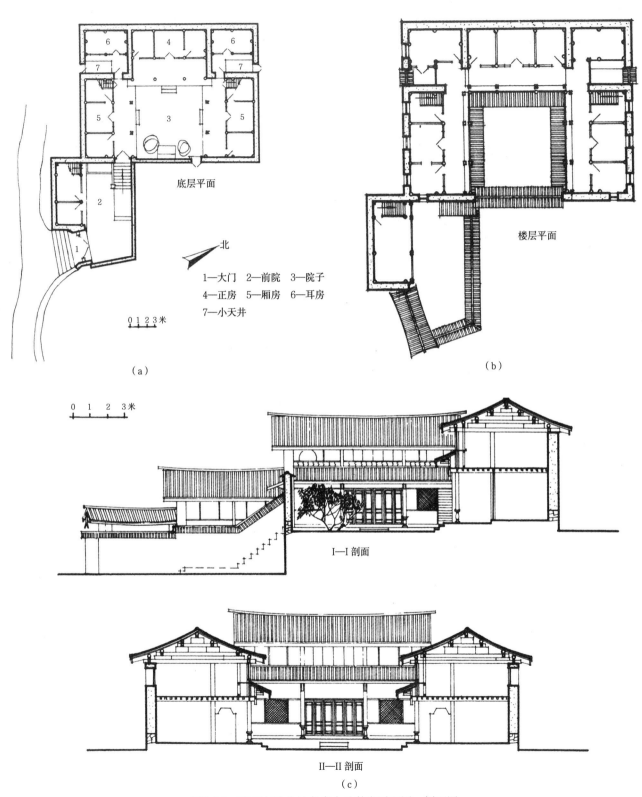

底层平面

北

1—大门　2—前院　3—院子
4—正房　5—厢房　6—耳房
7—小天井

0 1 2 3米

（a）

楼层平面

（b）

0　1　2　3米

I—I 剖面

II—II 剖面

（c）

图3-16　丽江白沙公社龙泉大队某宅平面图、剖面图

在广大农村里由纳西族匠师所建的这种形式的民居，平面自由变化，不规则，装修较少，而造型处理重点是正房。正房为三间，前面设有廊（厦子），为劳动、副业、生活的中心。正中堂屋供接待宾客、休息；两边均为卧室。正房楼层一般为贮藏、杂物、佛龛，也有少数设卧室的。厢房的底层一般为厨房、畜圈，楼上为饲料储存，有的也作

为卧室。厢房高度较低，多数采用闷楼形式。

丽江七河公社共和大队中心一队某宅也是一座"三坊一照壁"式的住宅，但这三坊并不是由一正房和两厢房组成，而是由一正房、一对厅（倒座）和一个东厢房组成，在西厢房的位置则是院墙。正房带前廊，对厅带吊厦，两者总进深相同，但正房高度较大。东厢房的进深和高度都

1—堂屋　2—卧室　3—厨房
4—药房　5—诊疗室　6—柴库
7—畜厩　8—院子　9—天井
10—水井　11—厕所　12—草料库
13—粮库

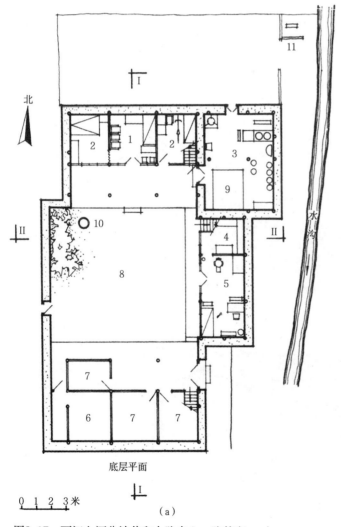

底层平面

0 1 2 3米

（a）

图3-17　丽江七河公社共和大队中心一队某宅

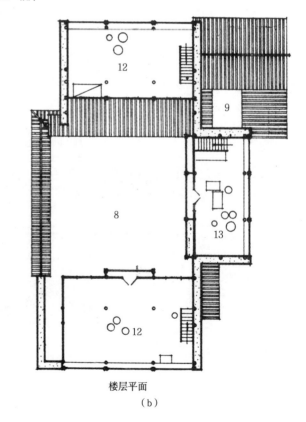

楼层平面

（b）

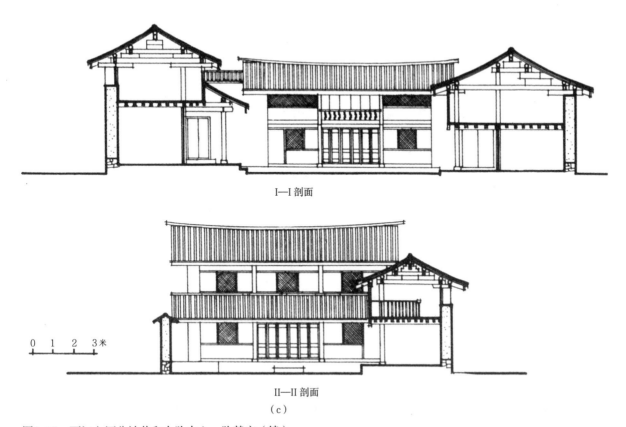

I—I 剖面

0 1 2 3米

II—II 剖面

（c）

图3-17　丽江七河公社共和大队中心一队某宅（续）

是最小，主次关系仍很明确。厨房设于正房东侧的单层耳房中（图 3-17）。

　　丽江龙蟠公社新联大队某宅是一个小型的、非典型的"三坊一照壁"式住宅。它由坐北朝南的三间二层正房和西侧三间二层的畜厩，以及东侧三间单层的厨房组成。东侧厨房的室内地坪最高，正房室内地坪次之，西侧的畜厩室内地坪最低，适应地基由东向西的倾斜。该公社是一所既灵活又规整，紧凑而适用的住宅（图 3-18）。

　　龙蟠公社新联大队下新一队某宅（图 3-19），黄山公社五台大队某宅（图 3-20）。也是"三坊一照壁"式灵活布置的小型住宅实例。

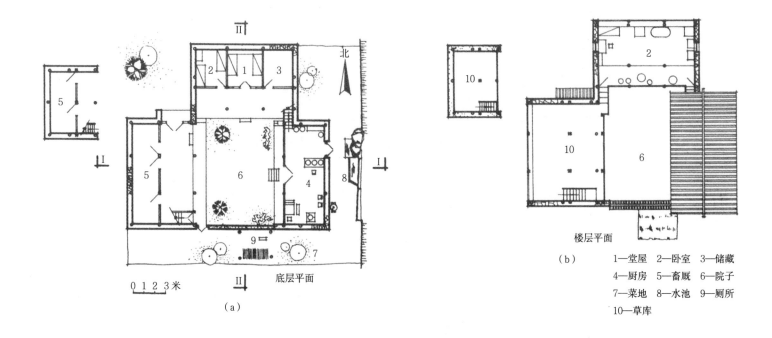

底层平面

0 1 2 3 米

（a）

楼层平面

（b） 1—堂屋　2—卧室　3—储藏
4—厨房　5—畜厩　6—院子
7—菜地　8—水池　9—厕所
10—草库

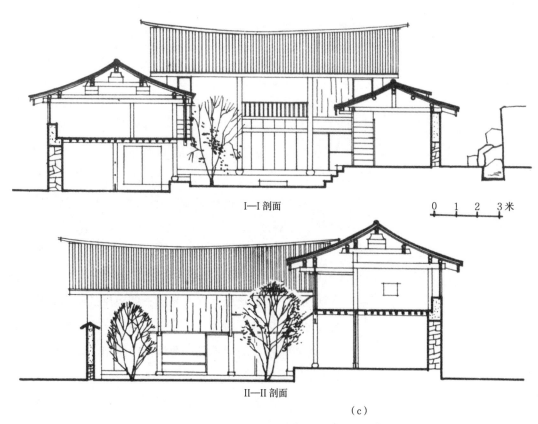

I—I 剖面

0　1　2　3米

II—II 剖面

（c）

图3-18　丽江龙蟠公社新联大队某宅平面图、剖面图

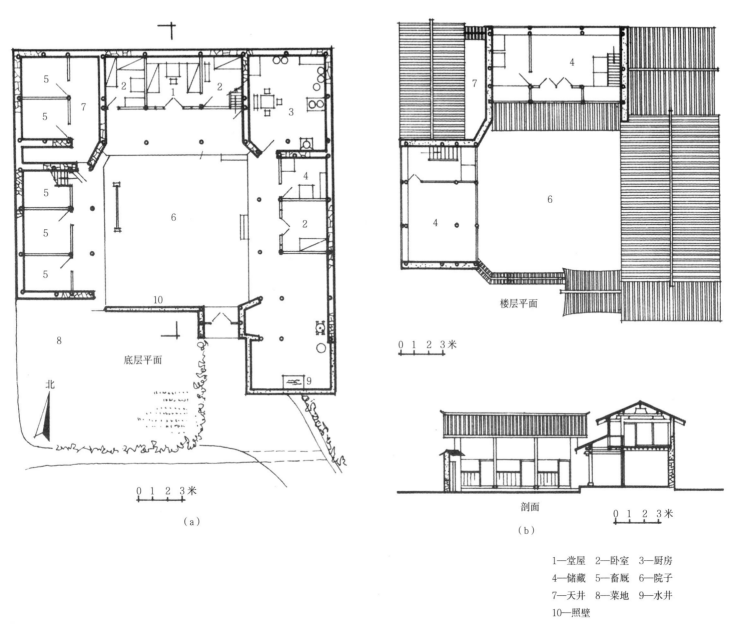

底层平面

北

楼层平面

剖面

1—堂屋　2—卧室　3—厨房
4—储藏　5—畜厩　6—院子
7—天井　8—菜地　9—水井
10—照壁

图3-19　龙蟠公社新联大队下新一队某宅平面图、剖面图

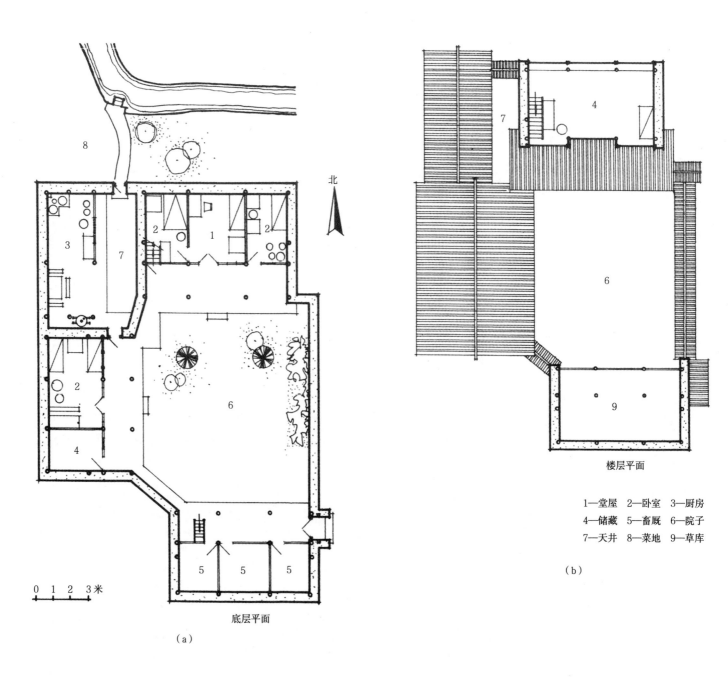

北

0 1 2 3米

底层平面

（a）

楼层平面

1—堂屋　2—卧室　3—厨房
4—储藏　5—畜厩　6—院子
7—天井　8—菜地　9—草库

（b）

图3-20　黄山公社五台大队某宅平面图

②四合同：这种形式住宅为富商、官家所采用，至今保存较少。旧城先锋街工农巷14号牛铁山宅（图3-21）为1856年的战乱火灾中幸免保留下来的二幢房屋之一，迄今有200多年的历史了，结构坚实，造型美观、装修朴素。据介绍其一直未作大的修理。这类平面形式为四边房屋围成封闭式庭院，平面规整，趋于方形。利用屋面高低错落，厦子的有无，使庭院开朗宽敞。结构上廊厦有共用一柱的或设置插入距为双柱的。一般以主入口的正前方为正房，其高度较高，厦子较宽、装饰较多，是庭院的重点。又如黄山公社白华大队队部（图3-22），是紧凑的"四合五天井"布局，但缺了东北方向的小天井。正房三间两层，坐西朝东，东面的对厅只有两间，留出北侧一间位置建一大门。南厢房前后有廊。整个平面比较规整但不完全对称。

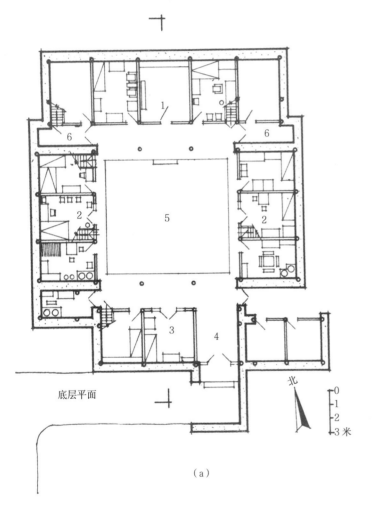

底层平面

（a）

图3-21　丽江大研镇先锋街工农巷14号平面图、剖面图

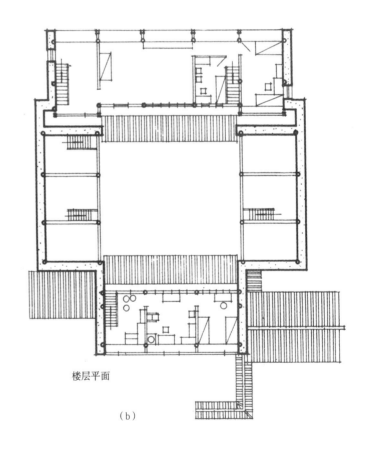

楼层平面

（b）

1—正房　2—厢房　3—对厅
4—大门　5—院子　6—天井

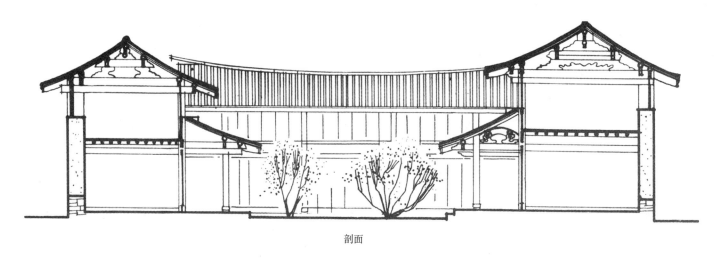

剖面

0 1 2 3米

(c)

图3-21 丽江大研镇先锋街工农巷14号平面、剖面图（续）

北

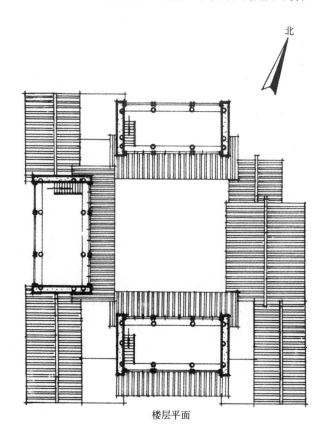

楼层平面

图3-22 丽江黄山公社白华大队队部平面图

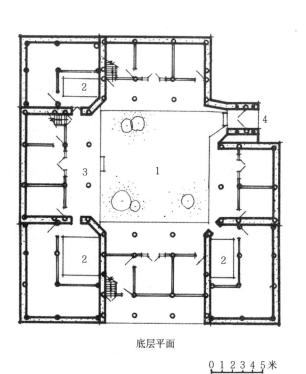

0 1 2 3 4 5米

1—院子 2—小天井 3—正房 4—大门

③两重院：这类形式多是用于较富裕人家的宅第，后多改为多户使用。这类形式是用一个花厅（双面厦房）将建筑群分为前院和后院。花厅为主人接待贵宾、举行家宴的地方。在庭院的划分上，前院多为杂务、佣人用房；后院则为主人、家人主要休息、生活之处。有的前后院室外地坪有高差，使之屋檐高低错落，主次分明，如丽江古城七一街星火巷某宅（图3-23）。

丽江古城先锋街39号是两个"四合五天井"横向拼联的重院，但两个院子大小不一，拼联时轴线也不重合，因而平面布置参差错落（图3-24）。

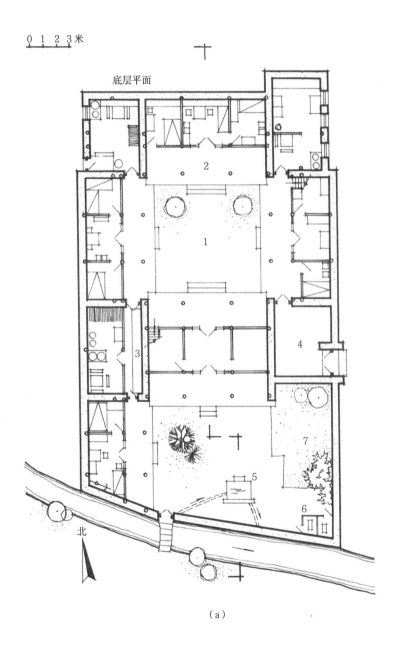

0 1 2 3米

底层平面

2

1

3

4

7

5

6

北

（a）

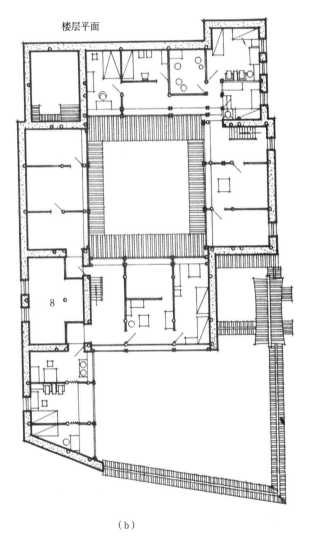

楼层平面

8

（b）

1—内院　2—正房　3—小天井
4—大门　5—水池　6—厕所
7—菜地　8—厨房上部

图3-23　丽江古城七一街星火巷某宅平面、剖面图

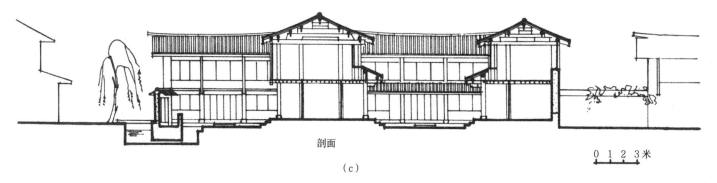

剖面

0 1 2 3米

（c）

图3-23　丽江古城七一街星火巷某宅平面、剖面图

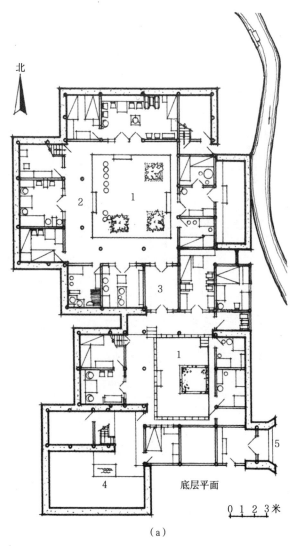

北

1—内院　2—正房　3—两面厅
4—水池　5—大门

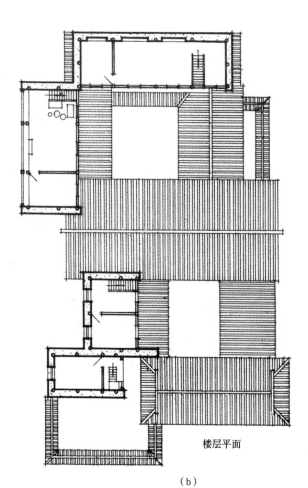

底层平面

0 1 2 3米

（a）

楼层平面

（b）

图3-24　丽江古城先锋街39号平面图

④两坊房：在纳西民居的平面形式中，除"三坊一照壁"形式最多外，其次就是属"两坊房"这种形式。但其宅址仍按"三坊一照壁"规模布局，预留出其他一坊，在以后经济许可时最终建成"三坊一照壁"形式。在城市中，多是正房一坊加上厢房一坊组成曲尺形。正房三间，中间为堂屋，两边为卧室，楼上也为卧室。厢房多为厨房及辅助用房。丽江古城先锋街宣宅的平面（图3-25）是一个由正房和厢房组成的两坊房形式。正房南侧是一个单层耳房，正房北侧同厢房相交的漏角处是一个三层小楼，使立面上有了丰富的变化。

在农村，两坊房多数仍为曲尺形的，但有的厨房在漏角处，也有的漏角处是畜圈等（图3-26、图3-27）。还有两坊为平行排列布置的（图3-28），其正房底层仍为堂屋，两边为卧室，楼上为储藏；厢房下为畜圈，二层为饲料库等。它们在所缺的一坊上仍用土基围以约2米高的围墙，成为独家独院。

另外，经济十分困难的人家，也有先建正房"一坊房"的。

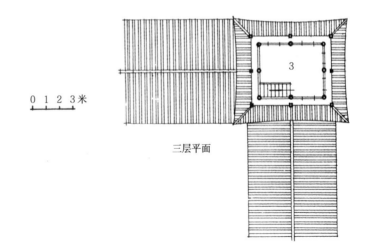

三层平面

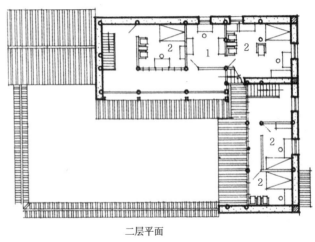

二层平面

（b）

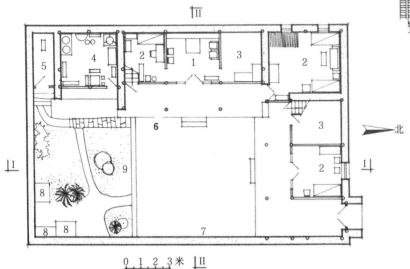

1—堂屋　2—卧室　3—储藏　4—厨房　5—厕所　6—院子
7—照壁　8—鸡舍　9—预留建一坊房的用地

（a）

图3-25　丽江古城先锋街宣宅平面图、剖面及外观图

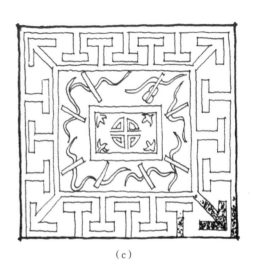

（c）

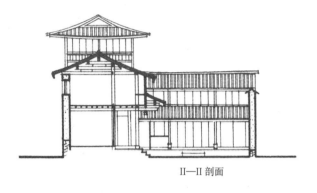

II—II 剖面

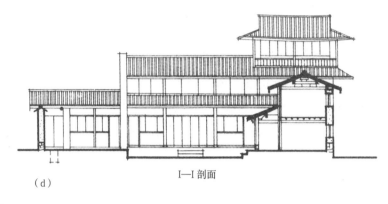

（d）

I—I 剖面

0 1 2 3米

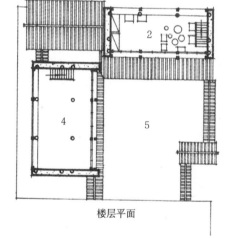

楼层平面

（e）

图3-25 丽江古城先锋街宣宅平面、
剖面及外观图（续）

图3-26 丽江大研公社红卫
六队某宅平面图

1—堂屋 2—卧室 3—厨房
4—储藏 5—院子 6—鸡舍
7—水井 8—照壁

北

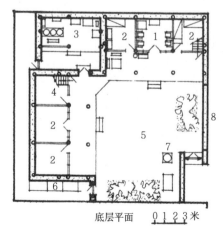

底层平面 0 1 2 3米

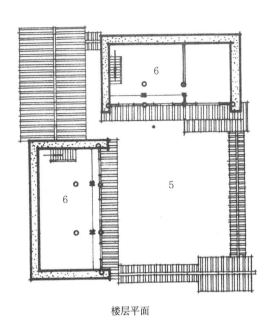

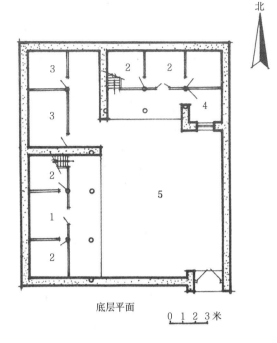

楼层平面

底层平面

0 1 2 3 米

图3-27 丽江大研公社红卫一队某宅平面图

1—堂屋　2—卧室　3—畜厩
4—厨房　5—院子　6—储藏

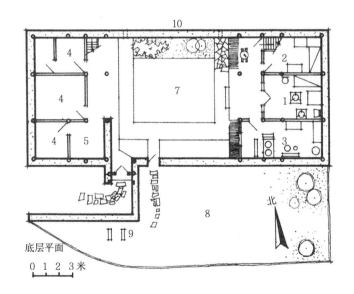

北

底层平面

0 1 2 3 米

图3-28 丽江九河公社南高寨某宅平面图

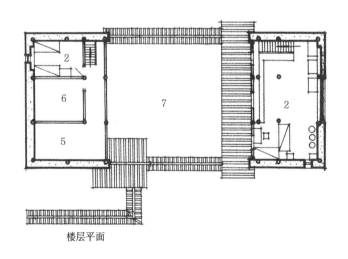

楼层平面

1—堂屋　2—卧室　3—厨房
4—畜厩　5—草库　6—柴库
7—院子　8—菜地　9—厕所
10—照壁

在上述的各种平面布置形式中，由于厨房、畜厩位置的不同而带来了平面形式的多样和变化。如黄山公社白华一队和宅（图3-29），三坊一照壁，将厨房设于另一厢房内，宽敞、通风好，可在里面就餐。同时将畜厩、饲料库另设一坊置于照壁之外，达到人畜分隔，卫生而方便。又如大研公社红卫一队马宅（图3-30），院落较小，将畜圈的一坊用墙分开，另设门与主入口相通，使院落卫生而不相互干扰。

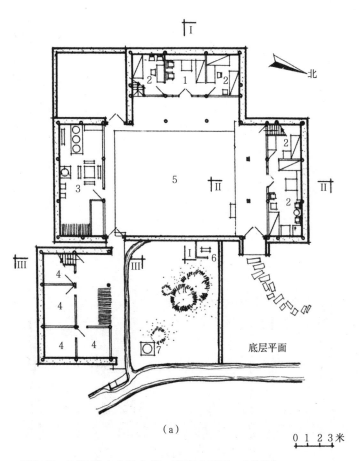

（a）

0 1 2 3 米

图3-29 丽江黄山公社白华一队和宅平面、剖面图

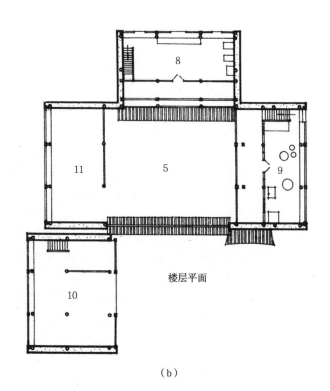

（b）

1—堂屋　2—卧室　3—厨房
4—畜厩　5—院子　6—厕所
7—水井　8—粮库　9—储藏
10—草库　11—厨房上部

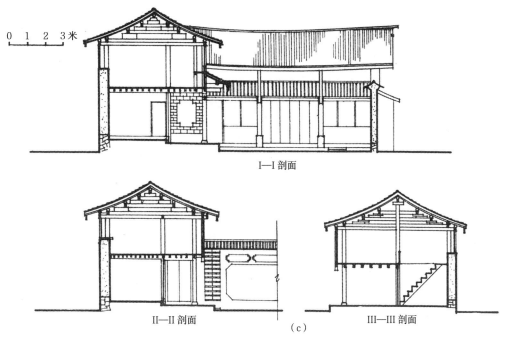

I—I 剖面

II—II 剖面   (c)   III—III 剖面

图3-29　丽江黄山公社白华一队和宅平面、剖面图（续）

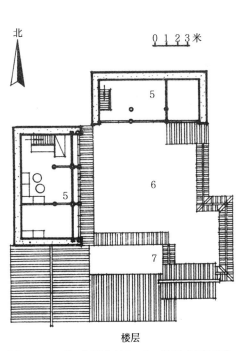

楼层

图3-30　丽江大研公社红卫一队马宅平面图

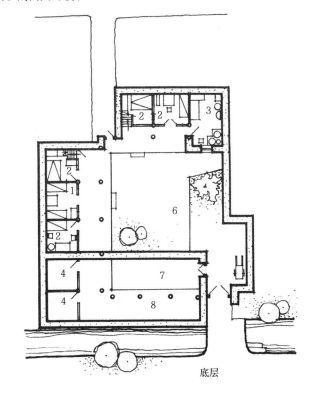

底层

1—堂屋　2—卧室　3—厨房

4—畜厩　5—储藏　6—院子

7—天井　8—柴棚

丽江古城沿街商店，沿河修建，为利用地形、临近水面，带来民居的层数、开间数、布局及细部处理的变化也是丰富多样的。如丽江古城新华街93号对面（图3-31），街面与河面高差约3米，一栋房屋巧妙利用地形，合理照顾了街景的要求，房屋在街面上看为二层，与其他房屋协调，河面看为三层，将厨房置于下部，临水靠河，使用方便。临街层为商店，三层为卧室。因一家经济能力不足由两家合建。又如新华街349号（图3-32），利用地形高差使一层为厨房，街面一层加大房屋进深，前为铺面、后为卧室、底层厨房出入口架桥而过。有的将厨房跨河而建或悬挑出

河面以增加使用面积，真有江南水乡的意蕴（图3-33）。又如原某商人住宅，也是利用地形，因地而建的典型。"三坊一照壁"院落置于一平台上，临街一坊利用约4米高差的半地下室作为一层铺面（图3-34、图3-35）。还有填平与路面标高一致而修建房屋的。如旧城七一街八一巷杨宅（图3-36、图3-37）。该宅一面临水，筑有整齐的约2米高的石墙基以挡土、浑厚有力。朴实的土基墙，远挑的山尖显得轻巧，玲珑，合理地解决了河面与街面高差的矛盾。

丽江纳西族的厕所设置在院落菜地的僻静处。永宁纳西族院内则不设厕所。

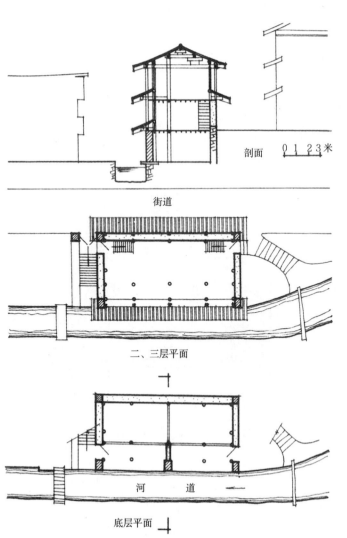

图3-31　丽江古城新华街93号对面临河房屋平面图、剖面图

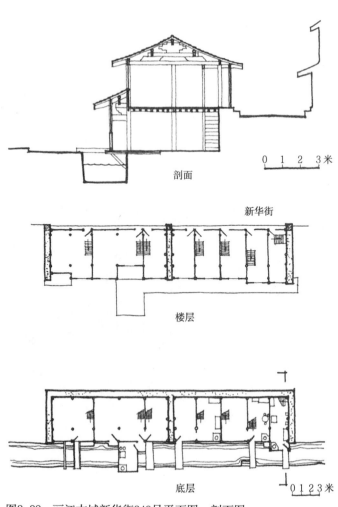

图3-32　丽江古城新华街349号平面图、剖面图

图3-33　厨房枕水而建

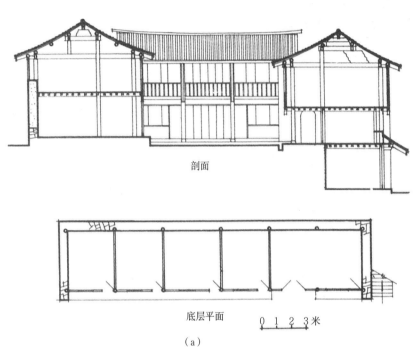

剖面

底层平面　0 1 2 3米

（a）

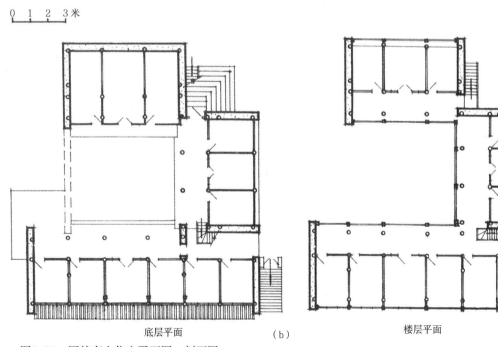

0 1 2 3米

北

底层平面　（b）　楼层平面

图3-34　原某商人住宅平面图、剖面图

图3-35 原某商人住宅，高台下为三层的外观

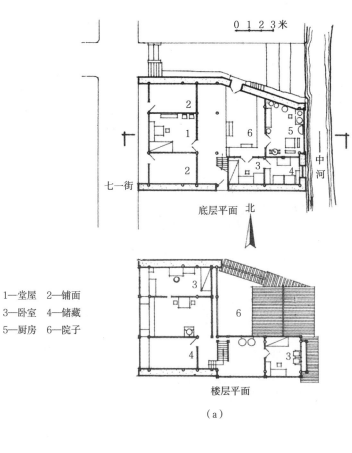

0 1 2 3 米

七一街

中河

底层平面 北

1—堂屋　2—铺面
3—卧室　4—储藏
5—厨房　6—院子

楼层平面

（a）

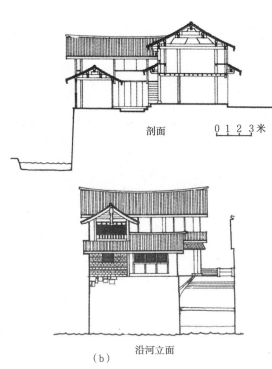

剖面　　0 1 2 3 米

沿河立面

（b）

图3-37 丽江七一街八一巷杨宅临河外观

图3-36 丽江七一街八一巷杨宅平面图、立面图、剖面图

（2）小巧玲珑的庭院

纳西族民居中每家的内院都是经过精心组织、合理安排的。家家户户都栽植有几树苹果、几株花木、几个花桩盆景，素有"丽郡从来喜植树，山城无户不养花"之称。门窗多雕有各种花鸟图饰，看时似闻珍禽啼鸣，真是鸟语花香，沁人肺腑，清新宜人。难怪被誉为"庭院中的花园"（图3-38～图3-41）。

图3-38　纳西民居院内绿化之一

图3-39　纳西民居院内绿化之二

图3-40　纳西民居院内绿化之三

图3-41　纳西民居院内绿化之四

（3）灵活变化的分隔及使用

纳西族的居住习惯，一般都是楼下住人，楼上作为储藏、仓库之用。特别是年老的人一定住在底层，如楼下居室不够分配时，则把年轻人移至二层。分隔墙多数为竖向企口木板，置于梁柱之间。也有少数用竹篱或竹篱裱纸来作隔断。有的竖向不到梁底，横向不到柱边。还有用家具进行分隔的。总之，采用的方式比较多，隔断的平面位置比较灵活，完全视需要而定，有的挑出、有的凹进，大小不等、位置不限。

（4）式样一致的家具及布置

无论是丽江市的纳西族或是较为原始的永宁纳西族，均是分室居住。在卧室里设置有一张或两张尺寸较小的、统一规格的单人床，靠墙安置，布置随意。单人床宽度为70～80厘米，长度为175～185厘米。

此外，卧室里还放置有两个或多个小平柜，柜长约70厘米，宽约50厘米，高约45厘米,用作存放衣物和嫁妆。柜面一般不存放物品，可兼做坐凳。

每家楼上都有1～2个长约2米、宽约1米、高约70厘米大木粮柜，用作储存粮食及食物，其位置在楼梯栏杆边。

图3-43 纳西民居别致的山墙

2.立面及装修

（1）外观

正房背面从檐口落至楼面的小方形柱，略有曲线、两端升起山的屋脊线，尺度较大的出檐及厚实的封火板和别具一格的山墙构成了纳西民居建筑外观轻盈、优美的显著特点（图3-42）。纳西民居的山墙多数为悬山式。（只有少数是从白族那里引进了硬山处理）两边是封檐裙板即博风板、也称封火板，既保护外露的桁条又收到了装饰效果（图3-43）。封火板正中的"悬鱼"，朴实，美观，起到了盖缝及装饰作用。"悬鱼"式样根据建筑的等级、性质、规模质量而定,基本形式为直线和弧线。一般着重外轮廓线的大方，只有少数官家住宅在"悬鱼"上雕有花饰。近年来新建的民居中有垂有两条鱼形的（图3-44～图3-46）。微微呈弧的封火板及垂有较长的"悬鱼"，在阳光照耀下，将深深的阴影，投于色彩雅淡的山尖木板上，显得格外的轻巧、优美（图3-47～图3-49）。封火板宽度最大约40厘米，最

图3-42 纳西民居优美的外观

小者约25厘米。"悬鱼"长度为80厘米,纳西人称为是"吉庆有余"的象征。它是区分纳西与白族、藏族民居的明显标志。悬山挑出长度规定为3尺。山墙及前后墙体上部的三分之一处理多样。很少自下而上全部使用砌体(砖、版筑或土坯),多数三分之一为木板,为保护木板,使屋面挑檐加长。外墙墙体注意收分,上小下大,呈梯形,利于抗震,也增加房屋的稳定性。常见的墙上部三分之一处理手法有:大多数是檐下为竖木板,墙中有腰檐隔开;在腰檐上设栏杆花饰;或者将土基墙收进,减薄到顶处理。

图3-46 封火板正中的悬鱼之三

图3-44 封火板正中的悬鱼之一

图3-47 纳西民居的山尖处理手法之一

图3-45 封火板正中的悬鱼之二

图3-48　纳西民居的山尖处理手法之二

图3-49　纳西民居的山尖处理手法之三

（2）内院立面

纳西民居院内各坊建筑的立面造型由平面形式所决定。土司、官僚住宅多是走马廊式，其立面处理各坊均同，唯正房的开间、进深加大罢了。在村镇中，一般民居是正房有宽敞的檐廊，正面是六扇或四扇雕花格子门，两边为镂空图案花窗，楼层对应开有六扇或四扇较实的花窗及两边较小的花窗，比例匀称，构图完整，收到了盘实、明暗对比的效果（图3-50～图3-52）。院内墙壁多用三合泥或石灰粉刷，朴素大方。对外墙面一般不作粉刷。照壁的装饰程度与建筑等级相适应，有钱人家仿白族民居照壁形式，较为豪华；一般人家较为朴素。

（3）细部构造

建筑上，纳西族的雕刻、彩绘颇有特色。六扇或四扇屏门，雕有多层的象征吉祥的花禽鸟兽镂空图案，每扇各代表一个故事，显得十分华丽（图3-53）。窗多为六角形、圆形或正方形的连续图案镂空花饰，非常精细（图3-54）。柱多数是圆形的，极少者为方形，均置于各种不同形状、雕有花饰的石柱础上（图3-55）。梁头雕有不同花饰，也有挑枋彩画，设置雀替的（图3-56）。

图3-50　纳西民居院子内景之一

图3-51 纳西民居院子内景之二 　　　　　　　　　图3-52 纳西民居院子内景之三

图3-53 屏门雕刻花纹图案

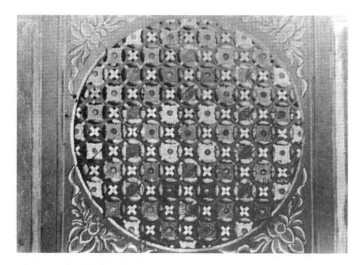

图3-54 窗子镂空花饰

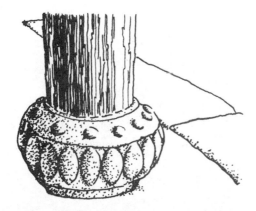

图3-55 纳西民居石柱础

图3-56 纳西民居梁头雕饰

廊、厦及天井地面多为瓦片、卵石、碎砖石嵌成各种图案，朴素、大方、美观。室内镶嵌很少，多数为素土地面（图3-57～图3-59）

图3-57 廊下地面镶嵌花纹

图3-58　院子地面镶嵌花纹之一

图3-59　院子地面镶嵌花纹之二

3. 用料及构造

（1）几种常见木梁架的断面尺寸及名称如图3-60所示。

纳西民居中常用的梁架形式有下列几种（图3-61）：

①明（民）楼：又分为明楼骑厦（大、小）两种及一般明楼。

②蛮楼：分为蛮楼吊厦、蛮楼骑厦、冲天蛮楼、蛮楼骑厦吊柱。

③闷楼。

④两面厦。

以上各种形式，山墙处均设山柱。

（2）空间的争取及利用

纳西族民居中在争取、利用、扩大庭院及居室使用、储藏面积中有以下几种手法：

①利用结构厚度以增加储藏面积，无论是土筑墙或是土基墙，墙厚均在70厘米以上。一般在墙中设壁橱，或做成台状做隔板用，有的在台上放置书柜、杂物、佛龛等。

②用骑厦或吊厦的方式，向外扩大空间，以增加楼层的使用面积，然后将窗往外移，窗台下做成橱。

③天井比较小时，将正房的室内外高差加大在1米以上，厢房层高适当降低或作成平房，以取得内院空间扩大的感觉，增加光照。

④在卧室上部搭阁楼，以增加储藏面积，放置杂物。

⑤以小尺寸的家具设置，增加居室的空间扩大感。

（3）结构、材料及施工方法

纳西族民居的结构形式以土木结构居多数，用木梁架承重。柱脚均有纵横地栿梁拉结，支撑于条形毛石基础上。梁柱连结为穿斗式的。为增加搭接长度，在梁的下部或挂方的下部设有替木。为利于抗震，房屋纵横的高度方向上均有收分，正房中开间金柱上桁条作"勒牛勒马挂"[1]的加强措施处理。

四周围护墙分为土坯（300毫米×15毫米×120毫米），土冲墙，乱石墙等，因地制宜，就地取材。土冲墙用于坝区。乱石墙用于金沙江边村寨，那里石多土少，当地人讲，"平基的石头用来砌墙还用不完"，土需要从很远的地方运来。

楼面是木格栅上铺设木楼板，楼楞为断面ϕ10～12厘米圆木，间距40～70厘米，上部稍砍平。

---

① 勒牛勒马挂是指正房中跨屋面前大惊下面附加一根桁条。

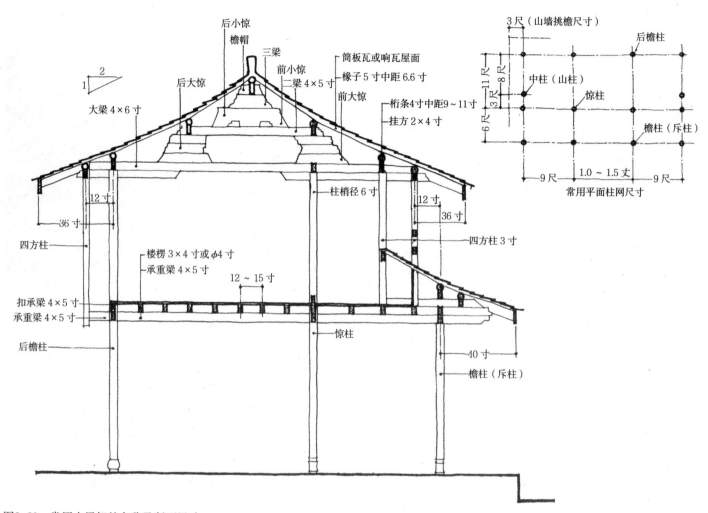

图3-60　常用木梁架的名称及断面尺寸

屋面多数为座泥砂浆的筒板瓦，少数为冷摊小膏瓦。少数民居的堂屋、厦子设有纸板吊顶或木板吊顶。

除门窗为正规油漆（调和漆）涂刷外，其余木构件不刷漆，用烟熏以防腐，个别地板刷以自制的猪油腻子。

纳西民居将承重构件与围护结构分开，梁架、厚重土墙注意两个方向上收分，屋檐下三分之一墙体改作轻质墙体以减轻自重，主要受力桁条下部的加强措施等处理，使得纳西民居有利于抗震防震。丽江古城所遗留有二三百年历史的房屋经受了多次地震考验至今完好无损。

近年来，农村建房的户数越来越多，他们备料2～3年，靠互相换工，亲朋支援进行修建，经济能力不足时逐年完善。城镇居民、机关干部家属在国家的支持下，自力更生，也建起了许多传统民居式的新房。这些民房，其结构形式仍为土木结构，因钢材、水泥从省城或外省运去，费用很多。木材就地取材，土坯靠自己做，这样，一幢三开间正房（二层）总造价为300～1000元不等。建房地址，农村由队统一划给，一般是16米×16米、18米×18米。这是按"三坊一照壁"的规模决定的，但由于经济条件限制，很少一次建成"三坊一照壁"的。城镇中划地稍小，多数是两坊房，但仍留有大小不等的内院作为绿化用地。

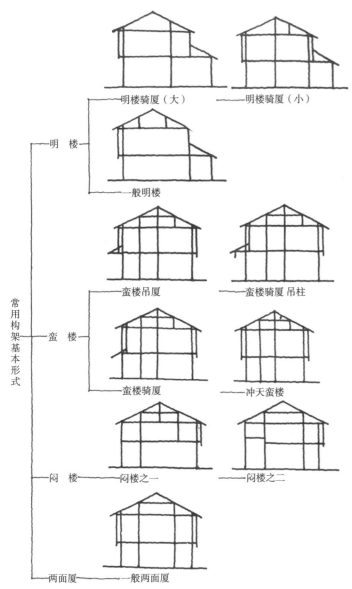

常用构架基本形式

明楼 ——明楼骑厦（大）　——明楼骑厦（小）

——一般明楼

蛮楼 ——蛮楼吊厦　——蛮楼骑厦 吊柱

——蛮楼骑厦　——冲天蛮楼

闷楼 ——闷楼之一　——闷楼之二

两面厦 ——一般两面厦

图3-61　常用木梁架基本形式

图3-62　纳西民居定型的梁架

图3-63　纳西民居屏门上的定型花窗

建房时，当地匠人心中有图纸，开间、进深都比较定型，梁、枋断面都比较统一（图 3-62），只要建房人告诉将建几丈几尺，匠人就可算出用料来。此外，柱础、格子门，门窗镂花等已有定型产品在市场出售，可以说是设计、施工、材料定型化的楷模（图 3-63）。

4. 近年来的发展

从纳西族近年所建的民居看，在平面、用料、造型、结构等方面均有改进、提高，用地更趋紧凑（图3-64）。

（1）平面：为改善内院的卫生条件及居住环境，将畜圈与居室分开，有的另建畜圈，有的畜圈另设一坊，设独立出入口。

此外，有的把厨房与正房隔开，附设于正房的一端，或另建开间及进深都较小的房屋做厨房（图3-65、图3-66）。

还有，把正房的楼梯放于厦子的一尽端，使卧室宽敞、增加居室面积（图3-67）。

（2）用料：在新建房屋中有的把屏门和格子窗的花饰用玻璃代替，以增加室内光线（图3-68）。有的房屋将土地坪或拼花的厦子地坪改为混凝土抹光地面（图3-69）。

总之，在新民居中，普遍达到了平面更为合理、造型更为美观、用料更为经济、占地更为紧凑的效果。

图3-64 纳西新民居外景

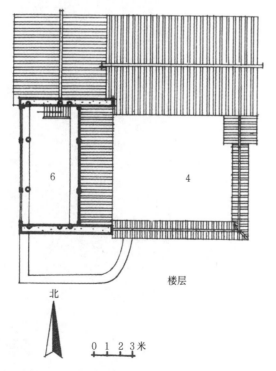

楼层

北

0 1 2 3 米

图3-65 丽江大研镇北门坡某宅平面图

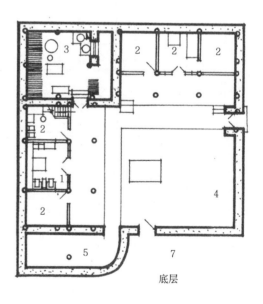

底层

1—堂屋 2—卧室 3—厨房
4—院子 5—作坊 6—储藏
7—菜地

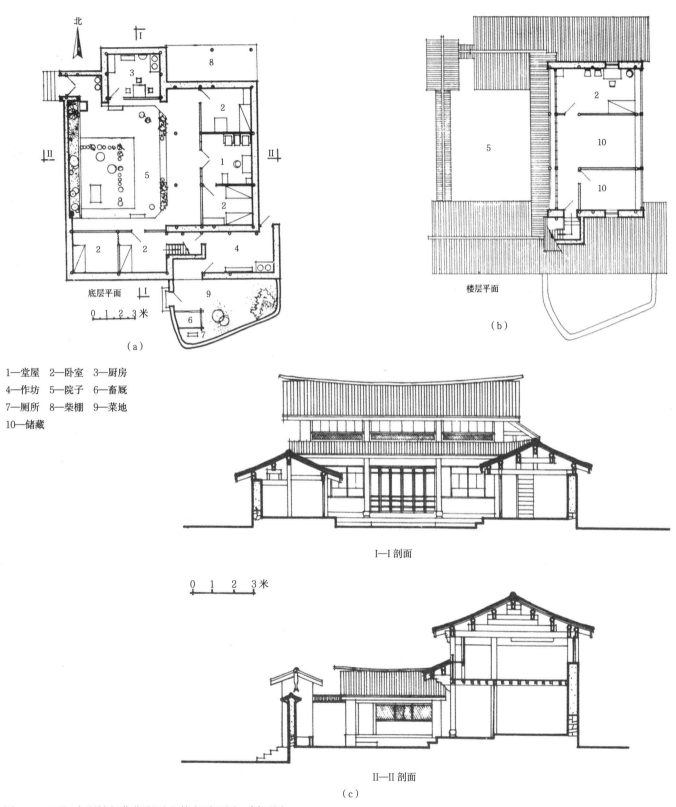

北

8

3

2

1

2

5

2   2

4

9

6

7

底层平面

0 1 2 3 米

（a）

1—堂屋　2—卧室　3—厨房
4—作坊　5—院子　6—畜厩
7—厕所　8—柴棚　9—菜地
10—储藏

2

5

10

10

楼层平面

（b）

I—I 剖面

0 1 2 3米

II—II 剖面

（c）

图3-66　丽江大研镇新华街狮子山某宅平面图、剖面图

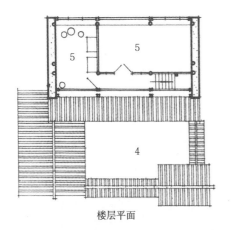

楼层平面

北

底层平面

0 1 2 3 米

（a）

1—堂屋　2—卧室　3—厨房
4—院子　5—储藏　6—鸡舍

图3-68　屏门上的玻璃窗

图3-69　廊子下的混凝土地坪

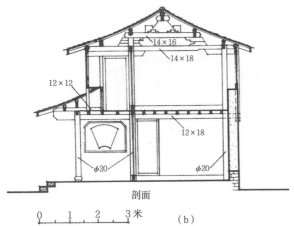

剖面

0 1 2 3 米　　（b）

图3-67　丽江大研镇北门坡和宅平面、剖面图

三、宁蒗井干式建筑

丽江元代府志记载，古纳西人住在全是木制的木楞房里，在林区这种建筑具有就地取材、不受经济条件限制等优点。它虽然施工简单，是建筑的雏形，但具有朴素的自然美，有利于抗震。木楞房是丽江纳西人的称谓的木罗（luò）房。（木楞子）是宁蒗摩梭人 [1] 的称谓，意思是用木头叠起来。永宁摩梭人语称斯鲁伊夸。此类建筑就是刘敦桢先生在《中国住宅概说》一书中指出的井干式住宅。"井干"原意是水井上的栏木。汉武帝造"井干楼"，仿井干的形式，积木而成。张衡《西京赋》的"井干叠而百层"，概括地描绘了"井干式"建筑的形象。在徐霞客想到而又终于未到的地方，在马可波罗记载过的那个"女儿国"永

宁地区，居住着被人们称为纳西族的祖先。原始社会的活标本的永宁纳西族——摩梭人，人数共有1万多人，四川盐源木里县约有4万余人。他们那里还保存着母系氏族社会的残余，实行男不娶女不嫁的阿注婚姻，姊妹的孩子为舅舅抚养。他们以年长的妇女持家，主管着家里的各种事务，没有分家的习惯，一大家人和睦地劳动、生活着。一般都是十多人，最多者一家达数十人。这些人至今仍居住这类木楞房建筑里（图3-70）。

他们的建筑具有下面的特点：

（一）村寨

永宁纳西族村寨比较分散，位于坝区，房屋四周留有充分的耕地和禽畜活动的地方。一般都是背山面水，方便生活。正房一般是靠山朝阳，整个房屋建于向阳山坡处，

图3-70　永宁地区的木楞房

---

[1]　摩梭是纳西族的他称。

使其院内获得充足的日照、通风，利于副业生产及晾晒粮食。院内寨旁种植有各种树木，达到了蔽荫、绿化的效果。

（二）房屋

1.平面布置

永宁地区的木楞房，绝大多数为四个房屋组成大小不等的四合院。一幢是正房（依米），左面是经堂（嘎拉伊），右面为畜圈（不各），正房对面一坊为二层楼（你展伊）。

正房为全家就餐，主妇休息，粮食及杂物贮藏，饲料加工的地方；二层楼上分为许多小间为男女阿注偶居的地方；经常为喇嘛念经及休息的处所（图3-71、图3-72）。院内房间布局较为复杂，有主室、上室、下室、后室、仓库等。人们多在主室（正房内）的中心火塘周围活动。

永宁也有少数由人口少的家庭居住的民居，由二幢或三幢组合成院子，房屋规模小也不设置经堂（图3-73）。

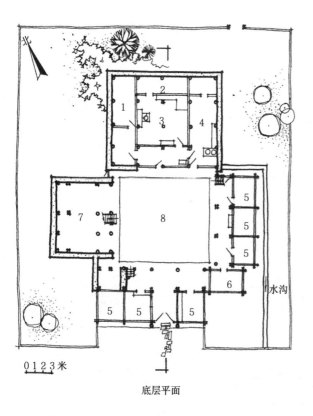

0 1 2 3米

底层平面

1—储藏　2—粮仓　3—堂屋
4—厨房　5—畜厩　6—草库
7—柴房　8—院子　9—经堂
10—卧室

（a）

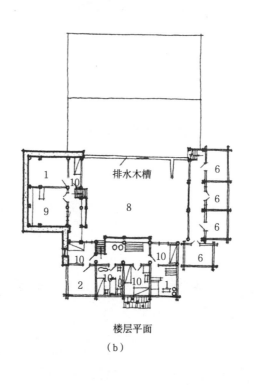

排水木槽

楼层平面

（b）

剖面

0 1 2 3米

（c）

图3-71　宁蒗县永宁公社中开基生产队松宅平面图、剖面图

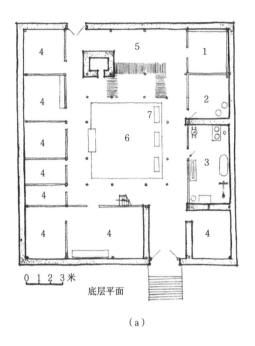

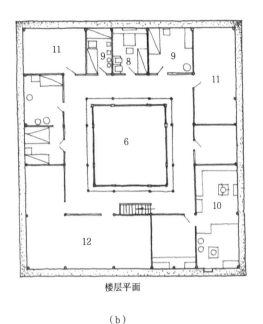

底层平面

（a）

楼层平面

（b）

1—粮仓　2—储藏　3—厨房
4—畜厩　5—柴库　6—院子
7—饲料槽　8—经堂　9—卧室
10—堂屋　11—晾粮　12—草库

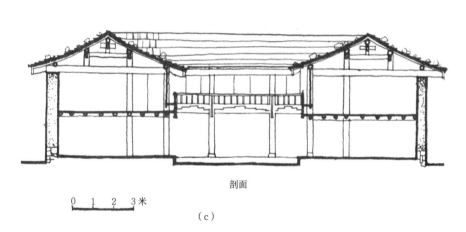

剖面

（c）

图3-72　宁蒗县永宁公社中开基生产队甲宅平面图、剖面图

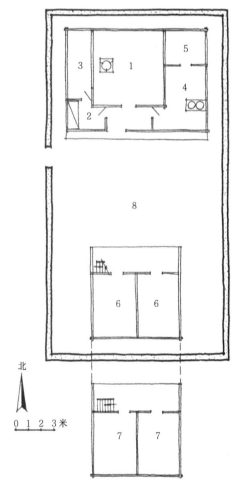

图3-73　宁蒗县永宁公社木宅平面图

1—堂屋　2—卧室　3—储藏
4—厨房　5—粮仓　6—畜厩
7—草库　8—院子

北

宁蒗县附近的摩梭人，由于交通发达，常与外民族通商往来，接受外来影响。其生活习惯已改变为一夫一妻制，已有了分家的习惯。他们的住房仍是井干式木楞房，但平面中以正房带一耳房比较典型，畜圈可大可小、组成院落，平面较为自由，内院较为紧凑，立面构图均衡（图3-74、图3-75）。

在离丽江县城有三十余公里的山区，太安公社的纳西人迄今也住在木楞房里，那里有一幢住宅迄今已有200多年的历史了（图3-76）。

剖面

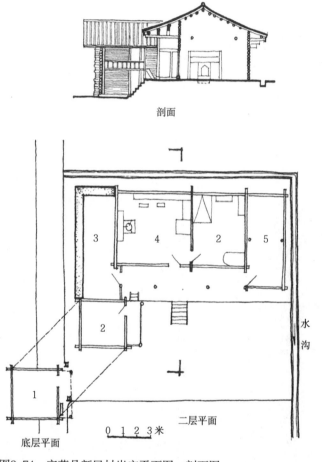

图3-74 宁蒗县新民村岩宅平面图、剖面图

1—畜厩 2—卧室 3—储藏
4—堂屋 5—厨房

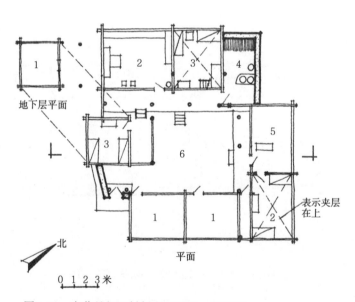

图3-75 宁蒗县新民村胡宅平面图、剖面图

1—畜厩 2—堂屋 3—卧室
4—厨房 5—木工房 6—内院

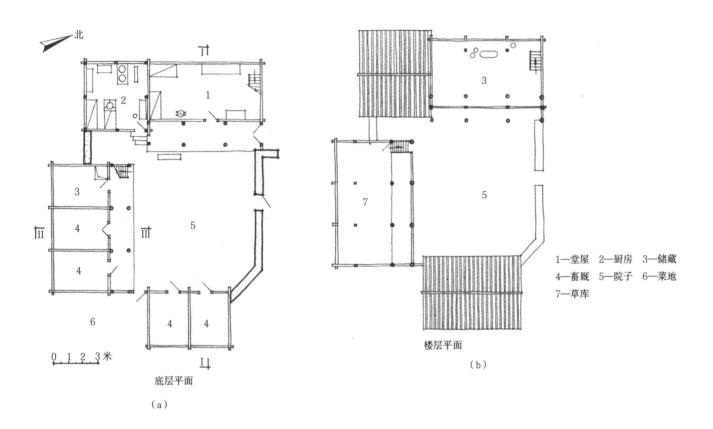

北

1—堂屋　2—厨房　3—储藏
4—畜厩　5—院子　6—菜地
7—草库

0 1 2 3米

底层平面

（a）

楼层平面

（b）

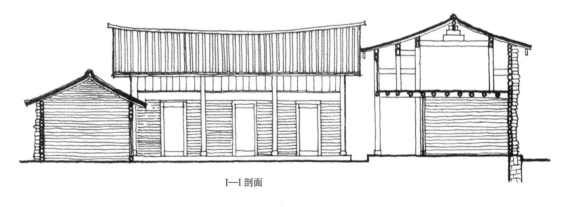

I—I 剖面

0 1 2 3米

（c）

II—II 剖面

图3-76　丽江县（今丽江市）太安公社太安三队和宅平面、剖面图

永宁纳西族木楞房的平面，具有下列几个特点：

（1）正房的进深大

一般丽江纳西族的正房进深约 6 米左右，而永宁纳西族的正房进深达 10 米多。其原因是，正房是一大家人平时就餐及节日团聚的地方，需要有比较大的堂屋。堂屋当地称为主室，设有火塘，正对火塘两边各一根立柱（每家都有）。这里有个习俗：大年初一早晨，凡是有 13 岁孩子的家庭，都要为孩子举行庄严的穿裙子、穿裤子礼。举行仪式时，火塘里燃起熊熊的火焰，火塘下方摆着各种祭品。女孩子站在右边的"女柱"下，男孩站在左边的"男柱"下，一脚踏着一袋粮食，一脚踏着猪膘，手中拿着银圆，象征永远饱食富足。母亲替女孩子穿上百褶裙，梳起掺牦牛尾巴的假辫子盘上头顶。舅舅替男孩子穿上裤子。从这时候起，他们就算成人了。另外，根据当地的习惯，在堂屋后面设有一长间"暗房"，为停放死人的地方。当地人死了，要由喇嘛卜算选定送葬日子，亲友们都要前来吊丧，全村人都来帮忙。因而，要有十多天甚至二十多天才能安葬，尸体就临时在地下挖洞存放。还有一个原因是，全家人粮食晾放，储存也在正房，这里又是一个大粮仓、米仓、饲料仓。

（2）内院占地大

永宁纳西族每家都有三多：人多、畜禽多、房屋多。每户人家人口多者达 30 ～ 40 人，一般都有 10 多人。那里每家的牲畜、家禽最为齐全，数量众多，鸡、猪、羊、马、牛均有，其数量由十多头到几十头。四合院除了满足安全、增加日照、通风外，也是众多牲畜、家禽的活动、饲养场所。一般内院尺寸为 10 米 ×10 米。

（3）朝向一致

永宁纳西族房屋的朝向大体相同，正房均为坐北朝南，经堂均为坐东向西。

2. 外观

木楞房的高度比较低，一般檐口高在 2 米以下。圆木墙壁水平迭砌、大小均匀、木缝一致。屋面的正面及山面

挑出颇长，明暗对比强，使整幢建筑显得十分匀称、素净。山墙均为悬山式的，屋脊正中也有象征纳西民居特色的各式各样的"悬鱼"（图 3-77 ～ 图 3-79）。经堂内的装饰较为华丽、讲究，吊有平顶，门窗雕有花饰，外廊装有木花栏杆，立面显得较为活泼、轻巧（图 3-80）。

图3-77 木楞房外观之一

图3-78 木楞房外观之二

图3-79 木楞房外观之三

3.用料、构造

木楞房的内外墙体用圆木层层相压，至角处十字交叉，再在木缝内外座以泥浆而成，室内冬暖夏凉。屋面为用斧劈的木板（黄板）错叠而盖，为防风雨，其上部用大小适当的石块紧压。黄板一年翻换，2～3年大换。满足秋收时在上晾晒粮食（黄豆、苞谷、稻子）的需要，屋面坡度比较平缓。晾晒时将石头移至一边。木楞房以木构架承重，中间屋架支承于木楞墙上，构造简单，结构严密。利于抗震，施工方便，是所谓一把斧一把锯的建筑。永宁纳西族习惯，建房要全村人支援，非于一日之内建成不可，否则，就是不吉利的工作。

4.近年来的发展

"井干式"建筑存在木材消耗大、不防火等缺点，随

图3-80 木楞房民居外观

着交通的开辟、文化的提高，加之与汉、普米等民族的交流，他们的建筑也逐渐有了改进、提高。

从我们所调查的永宁公社等最近几年修建的房屋来看，其基本形式仍保留了传统的井干式四合院平面形式。显著的变化表现在用材上有所发展，如黄板屋面改为冷摊瓦或筒板瓦屋面，墙体材料部分采用了土坯砖或土冲墙。四合院的规模有所减小，这是逐步走向一夫一妻婚姻制的小家庭过渡的结果。

永宁纳西族村镇中心的公共建筑，开始有了新式的钢筋混凝土结构，平屋面，最高为二层。

四、结语

综上所述，纳西族是一个古老而文明的少数民族，她的建筑、艺术享有盛名。仿白族民居中的"三坊一照壁"格局得到了广泛的承袭、发展，以致在近年兴建的新民居中亦得到采用，这是纳西族劳动人民长期以来建房经验的总结，它完全适应当地自然、气候条件和生活的风俗习惯。同时，也是纳西族人民吸取邻近兄弟民族如白族、藏族等的先进建筑技术的结果。深深的挑檐，生动素朴的"悬鱼"，外墙四周的裙板处理，依山引水，别致的庭院等形成了纳西民居独特的风采。"三坊一照壁"平面严谨、长宽尺度灵活、适应不同地形；结构构造严密、符合力学要求、利于抗震；立面造型轻盈、优美。使美观、坚固、适用三者达到了统一，这充分体现了纳西族劳动人民的聪明才智及精湛的建筑技术，是值得我们今天学习、借鉴之处，也是纳西民居得以生机发展之本。

但是，纳西族民居每家自成院落，占地面积偏大；木材耗量过多；开窗面积小而室内光线不足等还有待于今后不断改进。

第四章

哈尼族民居

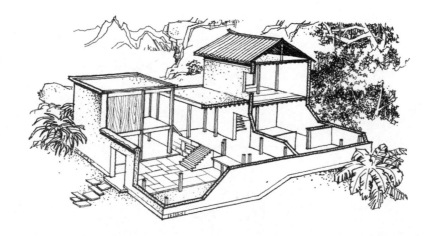

一、自然与社会概况

（一）自然条件

哈尼族全部居住在云南省境内，共一百零五万八千余人，在云南少数民族中居第三位，主要分布于滇南红河和澜沧江的中间地带，也就是哀牢山和无量山之间的广阔山区。哀牢山区的元江、墨江、红河、绿春、金平、江城等县，是哈尼族最集中的地区，约占本族总数的80%，这里也是我们这次考察的主要地区（图4-1）。其余部分的哈尼族分布于澜沧县和西双版纳州。滇北及滇西南十余个县也有零星分布。

哈尼族大多数居住在半山区，那里气候温和、雨量充沛、土地肥沃，适宜多种农作物的生长。红河南岸的哈尼族称他们那里"山有多高，水有多高"，而且山多平地少，擅长山区种稻，把一座座土山，改造成层层相接的梯田（图4-2）。山多平地少的地形，对村寨街道、房屋布局都起着重大影响。

另外，西双版纳南糯山的爱尼（哈尼族的一种自称）人，善于种茶，是驰名中外的"普洱茶"主要产地之一。

哈尼族分布的广大山区，森林茂密，药材、矿藏、野生动物资源都极为丰富。红河哈尼族自治州首府个旧市是世界闻名的"锡城"，锡的储量居全国之冠。

（二）历史情况

哈尼族有多种自称，新中国成立后，依据本民族的意愿，统一称为哈尼族。

哈尼族有悠久的历史，与彝族、拉祜族等同属于古代的羌人。隋唐时代，哈尼族与彝族的先民同被称为"乌蛮"。唐初，滇南出现"和蛮"部落，多次向唐朝上贡地方物产，与中原有着经济和政治联系。公元10世纪中叶，哀牢山区的因运（今元江、墨江一带）、思陀（红河）、滨处（金平、元阳）、落恐（绿春）等地进入封建领主社会。元初设元江万户府。在思陀设置和尼路，以和尼首领为土官，分别隶属于云南行省。明代和尼各部领主，仍被任命为土官。由于实行军屯、民屯、发展生产，从内地大量移民至云南，带来了中原先进的生产工具、生产技术和文化，促进了一些地区社会经济的发展，逐渐由领主经济发展为地主经济。

新中国成立前哈尼族的社会经济可分为三种类型：

1. 在西双版纳和澜沧等山区，还保留较多的农村公社土地制度。而有的地区哈尼族内部的阶级分化已明显。

2. 元阳、红河、绿春、金平、江城等县由领主经济向地主经济过渡。

3. 墨江、新平、元江等县地主经济早已确立。[1]

总之，哈尼族经济不断发展，是与共同杂居的汉、彝、傣等民族之间，在长期的历史发展过程中经济、文化等方面互相交流、促进的结果。民居形式，居住习惯也相互影响，大同小异。

---

① 见《云南概况》，云南人民出版社出版。

图4-1 哈尼族民居调查点分布示意图

（三）宗教风俗

哈尼族信仰万物有灵和崇拜祖先。对天神、地神、龙神、寨神、家神（祖先）要定期祭祀。红河及内地哈尼族以多神崇拜为主。天神"奥玛"是女性，被尊为万物的创造者。龙树则是保护神，村寨和各户都有各自的龙树，每年都要举行隆重的祭祀活动。重大的宗教活动都是全寨集体举行。

哈尼族的传统节日有十月年、六月年，也过春节、端午和中秋。哈尼以十月为岁首，故称十月年为"大年"，又是秋收之后，人们盛装走访亲友，充满欢乐气氛。

社会的基本单位是父权制和个体家庭，婚姻实行一夫一妻制，民居规模与此相适应。

图4-2 红河元阳县麻栗坡的梯田

二、红河地区哈尼族民居

红河州元阳、红河、绿春一带哈尼族民居具有较显著的特点，又因地区的不同，稍有差别。民居一般均由瓦房（草房）、土掌房组成（图4-3）。瓦房（草房）部分为主房（正房），二层。瓦顶者均为两坡水、悬山式；草顶者有两坡、四坡两种。后者以元阳地区的为代表，脊短坡陡颇有特色，远望似菌子（蘑菇）（图4-4～图4-6）。土掌房部分是正房的前廊及耳房，单层或二层顶为晒台，由正房二层至晒台晾晒农作物，十分方便。

图4-3　哈尼族民居由瓦房和土掌房组成

图4-4　四坡草顶的正房

图4-5　四坡草顶的正房和晒台

图4-6　两坡草顶的正房和晒台

哈尼族房屋形式的成因是与该地区的自然特点、风俗习惯以及共同生活居住的其他少数民族、民居相互影响分不开的。如因崇山峻岭陡坡地形，房屋占地小，且正房、耳房往往不在同一标高，院落中出现较多的踏步。又因此种地貌，生产所需的晒场难于开辟，所以形成了稻谷收割后立即分散背回家中晾晒的习惯，因此各户就需有足够的场地。民居的土掌房顶、土抹面、封火土顶等成了不可缺少的晒晾粮食的设施，只是面积大小因家庭人口多寡稍有不同。此亦应是与同一地区生活的彝族、汉族等民居互为影响的结果。彝族民居主要形式是土掌房，但在本地区居住在半山腰的彝族，包括其他民族民居和哈尼族民居一样，都是由瓦房和土掌房两部分组成。说明此种形式因其适应地区的自然条件，生产生活功能要求，深为广大人民所喜爱而延续至今。

（一）村寨

红河州哈尼族村寨多数居于半山腰上，他们认为河谷气候炎热，山巅气候寒冷，唯半山腰气候温和适于生活。故村寨多居山腰，房屋依山而建，鳞次栉比，重重叠叠（图4-7）。在红河、绿春等地又有的好像瓦屋（草顶）、土墙

图4-8　瓦顶与平顶交错的哈尼民居

的汉族住房，近看又是具独特风格的瓦屋与土顶交错的哈尼族民居（图4-8）。村寨规模大小有所不同，少则数十户，多达数百户，多数为哈尼族的聚集村，少数为哈尼与彝、汉等民族的杂居村落。

哈尼族村寨具有以下特点：

1. 有水量丰富、水质良好的水井，使用规章严格，设置讲究，建房保护水质（图4-9）。水井一般位于村落的中心地带，房屋围绕这一中心，顺山坡自由布置。有的村落虽有沟渠溪水穿流各住户之中全村仍有统一的取水井。

图4-7　依山而建的村寨

图4-9　村寨中的水井

2.房屋顺山面阳修建，朝向基本一致，各户高低错落，分台而筑（图4-10）。

3.街道狭窄，房屋密挤，街道随房屋的自由布局呈不规则状。房屋间距小，有的墙、檐几乎毗邻，对防火极为不利，一次火警，大片房屋皆毁。

4.在有利条件地区引水进村，有的引至户边，方式多样。或经村而至灌溉地区；或流至村中贮水池塘，给生活提供方便（图4-11、图4-12）。

图4-11　将水引入户边池塘

图4-10　朝向一致、高低错落的建筑布局

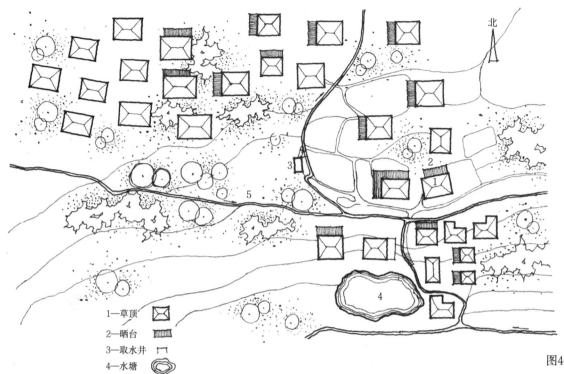

北

1—草顶
2—晒台
3—取水井
4—水塘
5—水沟

图4-12　元阳县俚马寨村内水系图

（二）房屋

1.房屋与院落组成

哈尼族民居随地区不同而有所差异。从我们所调查的地区来看，基本有以下的几个共同部分，由其组成或多或少、或繁或简、或高或低的各种不同类型的平面布置和立面造型（图4-13）。

（1）"房"：主要是指"正房"或"正屋"，哈尼语称"拈拉"是一家房屋（院落）的中心和主要组成部分。典型的正房为三间二楼加闷火顶。底层三间、明间是堂屋开间较大，为待客和家人聚集处，正中为祭神的地方；两边次间为卧室，老人或已婚兄弟各住一边。二层一般不住人，供晾晒，储藏粮食用。闷火顶也为晾晒不易干的粮食和种子。有的封火顶（又称闷火顶）上留有一小孔（约20厘米×20厘米），粮食可以从封火顶上直接漏至粮仓内。另辟有到达顶上之人孔。

（2）廊：正房前均设有较宽的一条廊，长度与正房同，

宽度多在2米以上，是家务活动、编织、接客就餐处。家庭人口少，房屋较小的人家，常将厨房，炉灶火塘设于廊中。将廊一端封闭作为厨房，另一端为就餐处。

（3）耳房：一般为两开间，二层。是组成院落不可缺少的部分，其长、宽、高尺度较小，构造比较简陋，形式多为土掌房，有少数为草或瓦的坡屋顶。底层较低矮为牲畜厩，二层稍高或住人，或用作堆放饲料及储藏杂物。

（4）晒台：即房屋的土掌房屋顶。由正房的二层设门通晒台，晒台规模视家庭人口多寡、粮食晾晒的数量而决定（图4-14）。

（5）院：由于受地形的限制，哈尼居民的内院不像白族民居内院那样的方整、宽阔。一般院子狭小，由正房加一耳或二耳所围成，大门从侧边入，独家独院，院内少绿化，台阶起伏，空间丰富，起到了日照、通风、采光的作用。

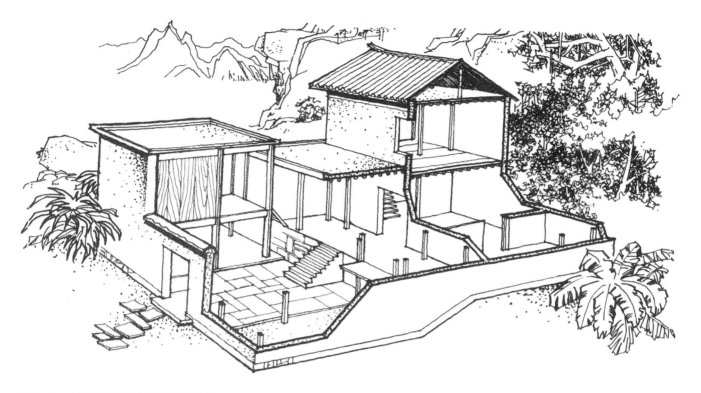

图4-13 哈尼族民居的主要组成示意图

图4-14 土掌房顶上的晒台

2.平面类型

哈尼族民居均由以上几部分组成，因经济条件、家庭人口、基地地形的不同，组成各种不同的平面类型，归纳起来有以下几种（图4-15）：

（1）曲尺形

由前述的"房"和一"耳房"组成，小院可一门关尽，一切日常活动均在其中进行。耳房单层或两层高度较低矮。地形高差大者，造成正房与院落高差较大，一般都在1米以上，内院空间丰富，廊上采光通风均较好。元阳哈播公社林宅（图4-16）、红河甲寅大队马宅（图4-17）、钱宅（图4-18）是比较典型的实例。

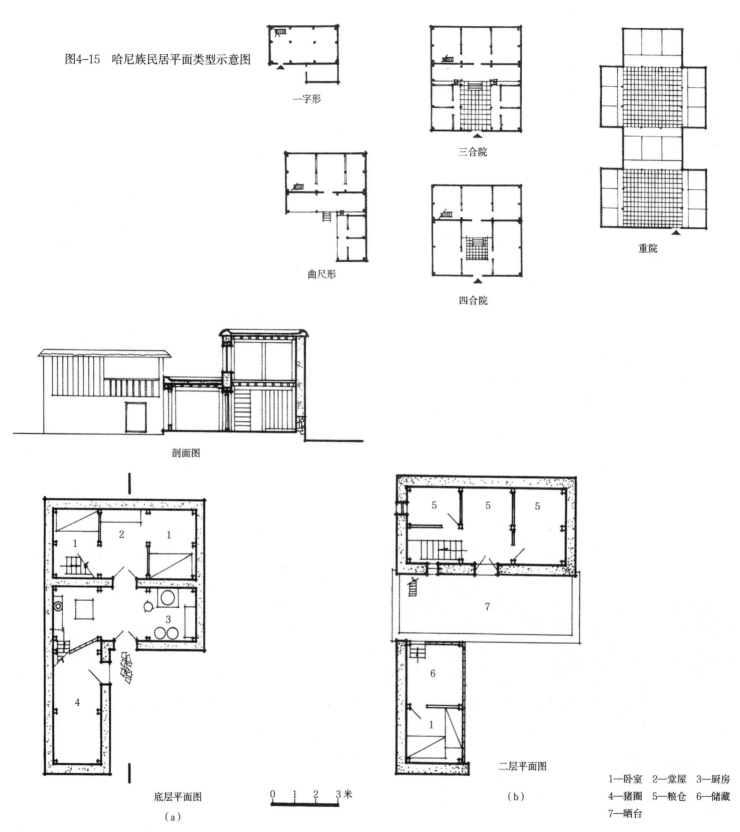

图4-15 哈尼族民居平面类型示意图

一字形

三合院

重院

曲尺形

四合院

剖面图

底层平面图

0 1 2 3米

二层平面图

（a）

（b）

1—卧室　2—堂屋　3—厨房
4—猪圈　5—粮仓　6—储藏
7—晒台

图4-16 元阳县哈播公社林宅平面图、剖面图

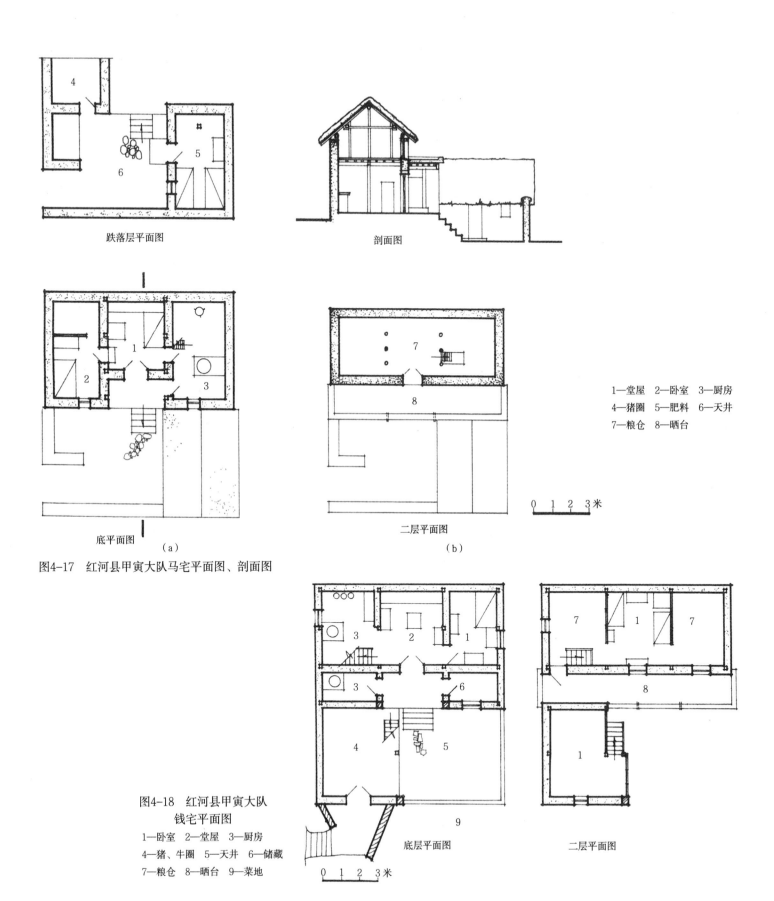

跌落层平面图

剖面图

底平面图 （a）

二层平面图 （b）

1—堂屋　2—卧室　3—厨房
4—猪圈　5—肥料　6—天井
7—粮仓　8—晒台

0 1 2 3米

图4-17　红河县甲寅大队马宅平面图、剖面图

图4-18　红河县甲寅大队
钱宅平面图

1—卧室　2—堂屋　3—厨房
4—猪、牛圈　5—天井　6—储藏
7—粮仓　8—晒台　9—菜地

底层平面图

二层平面图

0 1 2 3米

（2）三合院由"房"和两边"耳房"组成封闭空间，构成独家院落。此类平面晒台面积较大，正房三开间两层，耳房多为二层。红河县红星大队李囡周宅（图4-19）、李呼波宅（图4-20）及普格龙宅（图4-21）均利用地形，正房、耳房分台而建。耳房架空层用作畜厩，饲料库，高度较低，二层作为卧室、储藏用。正房地坪与院落高差较大，廊下视线开阔，光照、通风好。耳房屋顶与正房的廊顶同高，由正房二层进晒台，晾晒农作物，甚为方便。正房屋面下设有封火顶，屋面遭火灾时不致延及下面。封火顶端墙并设有孔、洞或窗以通风。

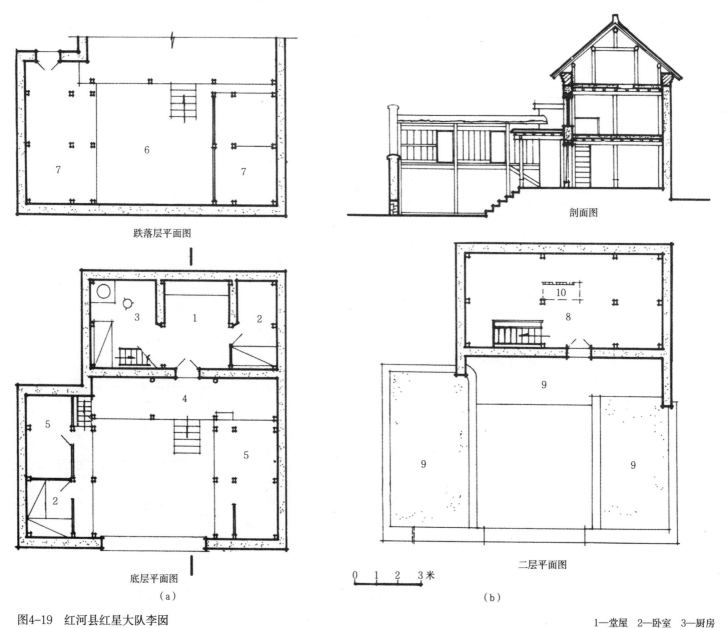

跌落层平面图

剖面图

底层平面图

二层平面图

（a）

（b）

0 1 2 3米

图4-19 红河县红星大队李囡
周宅平面图、剖面图

1—堂屋　2—卧室　3—厨房
4—廊子　5—杂物　6—天井
7—牛厩　8—粮仓　9—晒台
10—封火顶上孔洞

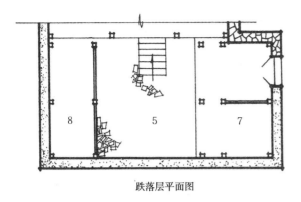

跌落层平面图

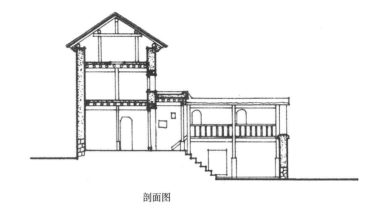

剖面图

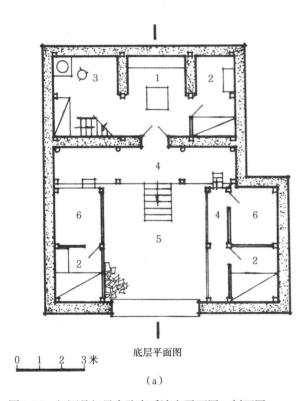

底层平面图

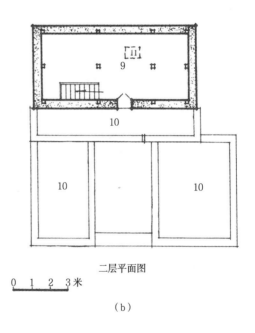

二层平面图

0　1　2　3米

（b）

0　1　2　3米

（a）

图4-20　红河县红星大队李呼波宅平面图、剖面图

1—堂屋　2—卧室　3—厨房
4—廊子　5—天井　6—杂物
7—柴草　8—牛厩　9—粮仓
10—晒台　11—封火顶上孔洞

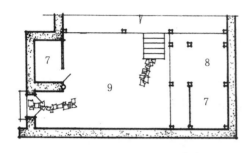

跌落层（耳房）平面图

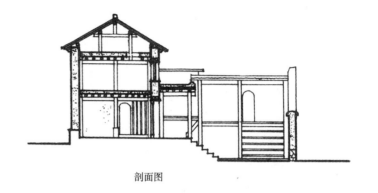

剖面图

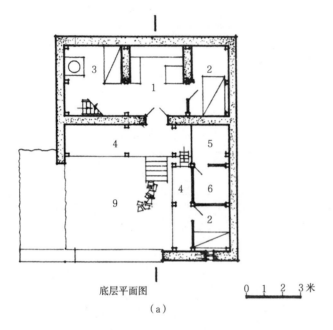

底层平面图

0 1 2 3米

（a）

图4-21　红河县红星大队普格龙宅平面图、剖面图

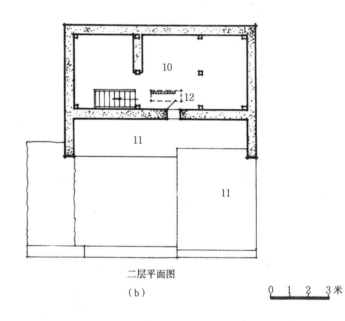

二层平面图

（b）

0 1 2 3米

1—堂屋　2—卧室　3—厨房
4—廊子　5—猪圈　6—农具
7—羊厩　8—牛厩　9—天井
10—粮仓　11—晒台　12—
封火顶上孔洞

（3）四合院，由"房"、两边"耳房"及门廊组成，外形较方正，四面封闭。这种平面特点，院落较小，在正房与入口大门之间留有一个尺寸较小的天井，以通风、透光。正房廊子进深较大、为封闭式，作厨房、卧室用。正房屋顶下有封火顶为晾干粮食，留有小孔与二层粮仓相通。耳房多是畜圈及杂物储存用，也有少数辟出部分为住房的。绿春县牛洪大队白宅（图4-22）、龙宅（图4-23）是比较典型的实例。又如绿春大兴公社白宅（图4-24、图4-25）及石宅（图4-26），注意利用地形，平面紧凑，空间合理。耳房均有跌落，作畜厩用，二层为储藏室或卧室，外观似三层房屋。厨房位于耳房中，院内空间层次丰富、高低错落，有敞有密，天井虽小而不会有封闭之感。

（4）两重院，这种形式现保存较少，见后"土司署建筑"一节。

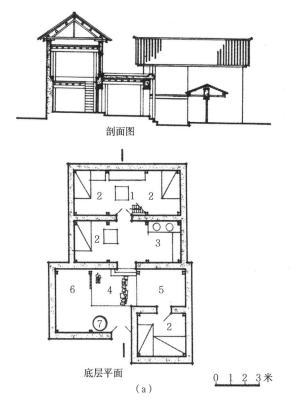

剖面图

底层平面

0 1 2 3 米

（a）

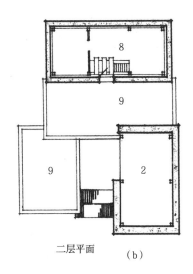

8

9

9

2

二层平面 （b）

1—堂屋　2—卧室　3—厨房
4—天井　5—杂物　6—猪圈
7—水缸　8—粮仓　9—晒台

图4-22　绿春县牛洪大队白宅平面图、剖面图

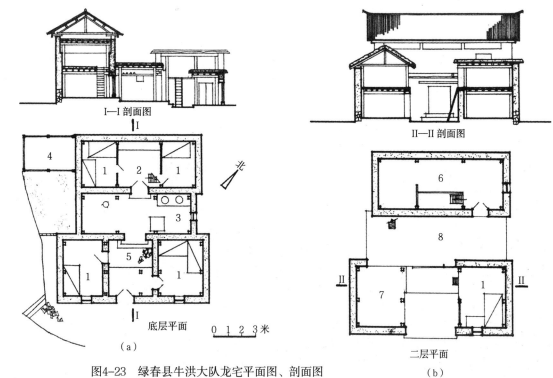

I—I 剖面图

II—II 剖面图

4

1　2　1

3

5

1　1

北

底层平面

0 1 2 3 米

（a）

1—卧室　2—堂屋　3—厨房
4—猪、牛圈　5—天井　6—粮仓
7—杂物　8—晒台

6

8

II　　　　II

7　1

二层平面
（b）

图4-23　绿春县牛洪大队龙宅平面图、剖面图

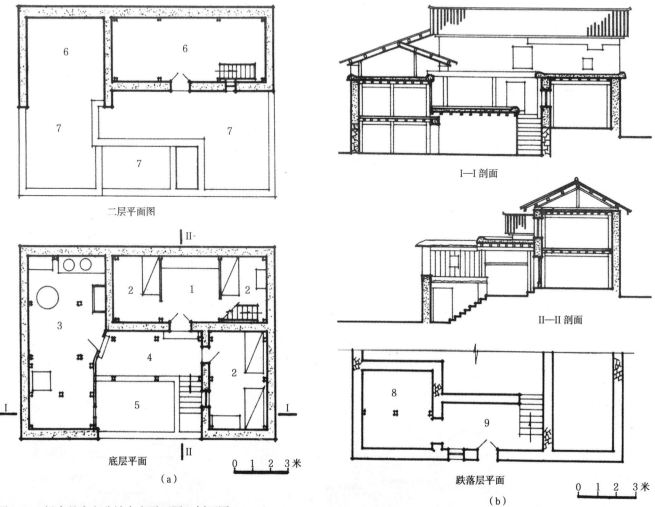

二层平面图

I—I 剖面

底层平面

II—II 剖面

跌落层平面

图4-24 绿春县大兴公社白宅平面图、剖面图

（a）

（b）

1—堂屋 2—卧室 3—厨房
4—廊 5—柴草 6—粮仓
7—晒台 8—牛厩 9—门廊

图4-25 绿春县大兴公社白宅外观

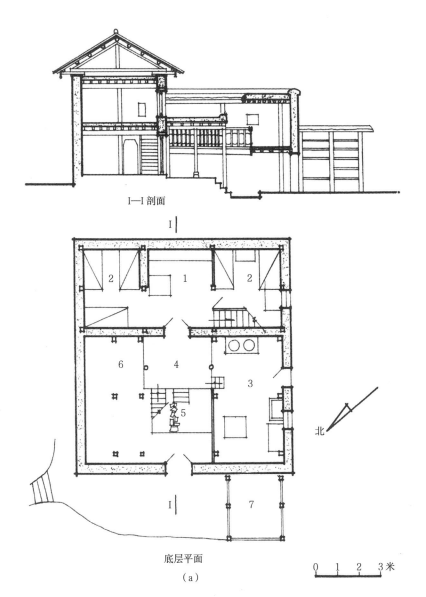

I—I 剖面

底层平面

（a）

0 1 2 3米

北

图4-26 绿春县大兴公社石宅

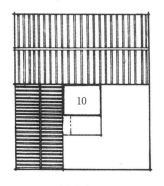

屋顶平面

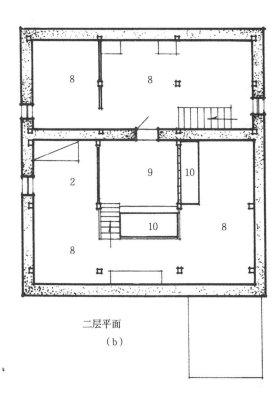

二层平面

（b）

1—堂屋 2—卧室 3—厨房
4—廊子 5—天井 6—农具
7—牛厩 8—粮仓 9—晒台
10—院子上部

外观

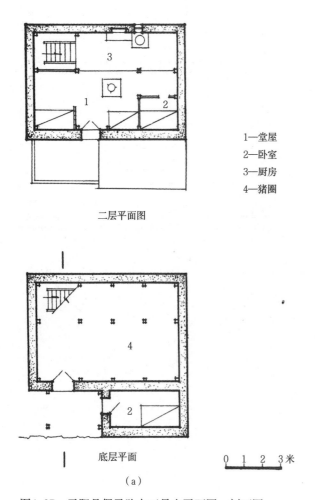

3

1 2

二层平面图

1—堂屋
2—卧室
3—厨房
4—猪圈

4

2

底层平面

0 1 2 3米

（a）

图4-27　元阳县倮马队白正昌宅平面图、剖面图

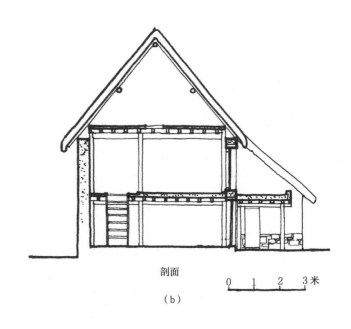

剖面

0 1 2 3米

（b）

（5）一字形房屋一般为三间，平面接近方形，尺度不大。屋顶为两坡或四坡，房屋底层为畜厩，二层为厨房，卧室卫生条件差。屋顶有封火层，供晾干、储存粮食，此外，入口处设有较小的门廊，门廊一侧隔有小间供成人孩子居住，其上作晒台或偏厦暂存杂物。其实例如元阳倮马队白正昌宅（图4-27）和白欧野宅（图4-28、图4-29）。

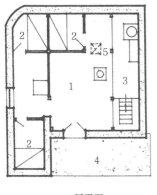

二层平面

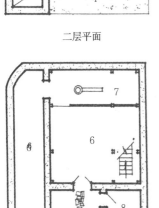

底层平面　　0　1　2　3米

1—堂屋　2—卧室　3—厨房
4—晒台　5—上封火顶人孔
6—猪牛圈　7—农具　8—杂物

图4-28　元阳县倮马队白欧野宅平面图

图4-29　元阳县倮马队白欧野宅外观

在平面布局中，如以土掌房（晒台）位置不同可分为下列几种：

①仅正房廊为晒台的；

②廊及一耳房为晒台的；

③廊及二耳房为晒台的；

④廊及所对耳房为晒台的。

此外，还有一种形式，即正房、耳房全部为土掌房的，这种形式的房屋主要分布在元江、墨江一带，其平面布局、立面造型等与当地彝族、汉族民居雷同。

3.外观与构造

房屋构造为木构架承重，个别房屋土墙也有部分承重。木构架在技术较差地区则较简单，不正规，技术较好地区则为正规的人字木屋架。屋面为瓦顶或草顶；土掌房及封火顶构造详见彝族民居。

土楼面防火、防潮，适宜堆存粮食，耐用，施工得好可使用数十年。当屋面渗漏时，修补方便。

广泛采用的是土基墙和土筑墙，有的加外粉刷。

另外，哈尼族房屋中也注意对有限空间和小面积的处理利用。

如：利用地形高差再提高一些正房地坪，使前后耳房底层获得一定高度作蓄厩使用，同时也丰富了内院空间廊厦视野可较为开阔，日照、通风较为良好。

又如：利用吊架来增加储藏面积。哈尼山区收获季节，阴雨较多，几乎每家的炉灶旁及其上空都设有不同形式的支架，用来烘烤粮食。这既充分利用空间，也起到了暂时储存的作用。

再有就是利用墙厚作橱增加储藏面积。

4.近年来的发展

随着农村经济的发展，农民收入的增加，在农房建设中对传统的民居形式有所改进和提高。

（1）平面布局更为合理、紧凑。注意了人畜分开，厨房与正房分开，卧室与火塘分开。

（2）在材料上有的新建的民房屋面以瓦代草，以钢筋混凝土顶代替土顶，采用石墙代替土墙(图4-30、图4-31)。有的新民居中将层数提高，如红河甲寅公社钱有志两兄弟新建房屋（图4-32）正房为三层。

（3）注意了通风、采光,在新建民居中增开了大玻璃窗。

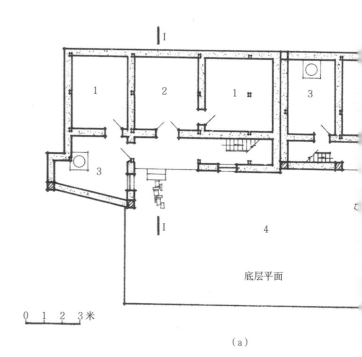

底层平面

0 1 2 3米

（a）

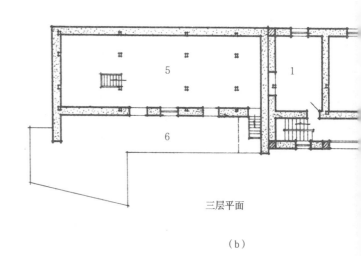

三层平面

（b）

图4-32 红河县甲寅公社钱有志兄弟宅平面图、剖面图

图4-30 新建的哈尼族民居之一

图4-31 新建的哈尼族民居之二

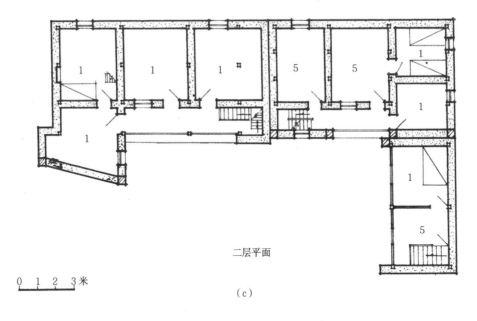

二层平面

0　1　2　3米

（c）

1—卧室
2—堂屋
3—厨房
4—天井
5—粮仓
6—混凝土晒台

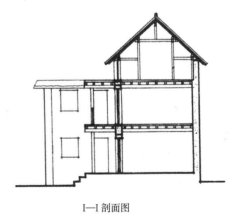

I—I 剖面图

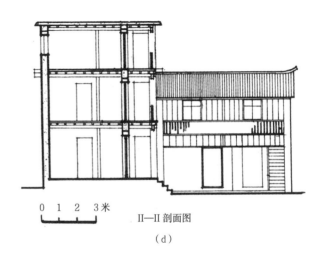

0　1　2　3米

II—II 剖面图

（d）

三、土司署建筑

土司署建筑为土司、头人的住所。在选址上，远离村落而另辟天地，居高临下，戒备森严。如元阳勐弄土司白日新司署，正门入口台阶达百级以上（图4-33、图4-34）。土司署的规模，均是两重院或三重院。院内等级严森，房屋的梁、柱、柱础等均有雕花装饰处理。屋面为瓦顶。如图4-35所示是原绿春孙中孔土司署的平面图、剖面图。

1—原有主房位置
2—原有厢房位置
3—原有花园位置

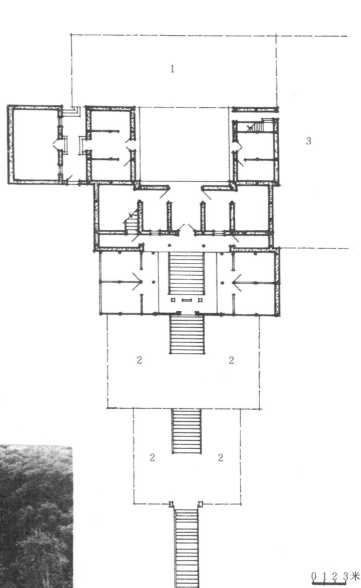

0 1 2 3米

图4-33　元阳勐弄土司白日新土司署平面图

图4-34　元阳勐弄土司白日新土司署外观

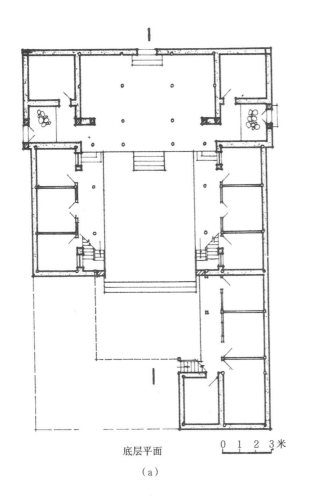

底层平面

0 1 2 3米

（a）

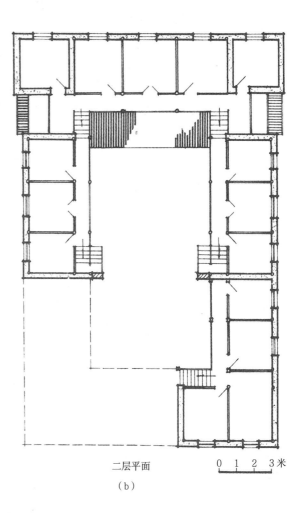

二层平面

0 1 2 3米

（b）

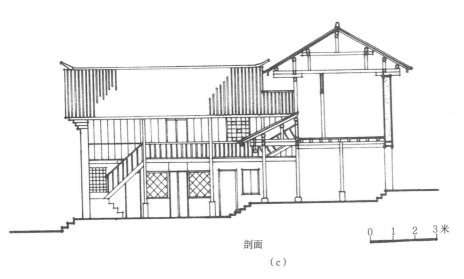

剖面

0 1 2 3米

（c）

图4-35 原绿春土司署平面图、剖面图

四、其他地区哈尼族民居

分布在元江、墨江、西双版纳等地区的哈尼族民居，因经济、自然等条件的不同，以及同区居住的民族不同，房屋形式也互有差异。

元江、墨江一带哈尼族民居，多数与当地彝族民居雷同，为土掌房形式。

西双版纳哈尼族民居与当地傣族的干阑式竹楼相似。楼上住人，楼下堆放柴、杂物及关养牲畜。楼上分前后两间、男女分居，男子住前间，女子住后间，接待客人在前间。

西双版纳地区的哈尼族，仍保持家长制的大家庭，已婚兄弟多半居住同一家庭，由父亲或长兄担任家长，负责主持生产活动，掌握经济及生产工具。其住房颇具特色，为平房，称"大房子"，周围并有已婚夫妇住的小房子，子女成人婚配即建小房子居住。大房子分为两部分，中用竹篾笆隔开，男女成员各住一部分，各单独有门出入，并均有火塘，女性侧的火塘供全家煮饭用。有的是有火塘三个，分别为男、女火塘和煮猪食火塘；全家集中一起吃饭，人多时按性别先男吃后女吃。路南山有一家63人，全家在大房子里吃饭，如此多的人当然需要分批进餐。

五、结语

哈尼族民居在总体布局，村寨选择，房间划分，外观造型，及材料、构造等方面都有独自特色和创造，这是长期以来地形、气候、自然、习俗等对房屋的影响而形成的。哈尼族的一夫一妻小家庭制民居和家长制的大家庭民居，迥然不同。前者满足小家庭生产生活的需要，后者为大房子，满足数十人同吃同住的需要。山地和平地建筑又各具特点。滇南地区山高坡陡，长期生活在这里的哈尼族人民积累了利用地形，分台修筑房屋的经验，节省土地，通风良好。说明了经济条件、自然条件、生活所需是民居形式形成的主要原因。

哈尼族房屋间距过小而不利防火，房间光线差等弊病还有待不断改进。

第五章

彝族民居

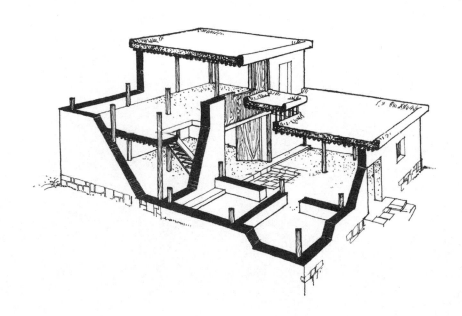

一、自然与社会概况

彝族是我省少数民族中人口最多的一个民族，共有350万余人。比较集中地分布在楚雄彝族自治州、红河哈尼族彝族自治州、哀牢山这和滇西北小凉山一带。省内其余多数县里也有彝族分布。一般都是大分散小聚居的状况，与当地其他民族交错而居。我们调查的彝族民居分布情况如图 5-1 所示。

彝族有数十种自称，新中国成立后统称彝族。

（一）自然条件

彝族一般居住在海拔2000～3000米的山区或半山区。在高寒地区，以种植能耐寒的荞子、苞谷、洋芋为主；在半山区以种植水稻为主。滇南红河两岸，山川秀丽，气候温和，雨量充沛，具有"山有多高，水有多高"的优越条件，以种植水稻为主。连绵的群山和河谷两岸，处处皆是从河谷到山顶壮观的层层梯田，山间溪水，保证了梯田的适时灌溉。

彝族地区盛产经济作物和野生药材。地下蕴藏着富饶的煤、铁，铜、锡和稀有金属。

（二）历史情况

彝族历史悠久，先民是与氐羌有渊源关系的昆明人。晋宁县石寨山出土的青铜器上，有一种民族的服饰和发式，很像《史记》中说的那种"编发"游牧的昆明人。昭通市后海子东晋墓壁画上有一种头梳尖形发髻，身着披毡的画像，与凉山彝族的形象颇相似。这些都说明彝族先民古代就分布在云南的广大地区。

彝族社会，经历了原始社会、奴隶社会和封建社会。公元225年诸葛亮安定了南中，在彝族地区实行和抚政策，发展了生产。公元8～10世纪，出现了彝族统治者建立的南诏奴隶制政权，臣属唐朝，与唐朝在政治、经济、文化上有密切交往，曾兴修了许多宏伟的建筑和水利工程。大理三塔就是彝、白、汉等民族文化密切交往的物证。元时在彝族聚居的路、府、州、县设"土官"，使大理统治时期的农奴制得到进一步发展。明代在云南彝族地区设置卫所，大批内地汉族人民与彝族人民交错居住，进行"军屯"，促进了彝族经济的发展和封建地主制的发生。明中叶以后，许多彝族土司"改土归流"，农奴制逐渐被封建地主制取代[①]。

新中国成立前，彝族社会发展很不平衡，生产方式大致可分为三种类型：一、在云南绝大部分彝族地区的封建地主制，其农业生产状况与附近汉族地区基本相同，土地买卖租佃、典当的状况也大体一致。二、边远地区残存的封建领主制，如红河南部、滇东北和武定、禄劝县的土司、土目统治的山区，土司基本上拥有辖区内土地所有权，农民耕种领主的土地除缴纳"官租"外，还要负担种种劳役，如守卫值勤、打柴、背水，以及其他杂役等。三、奴隶制地区，云南小凉山地区新中国成立前仍存在着奴隶占有制。

---

① 见《云南概况》云南人民出版社出版。

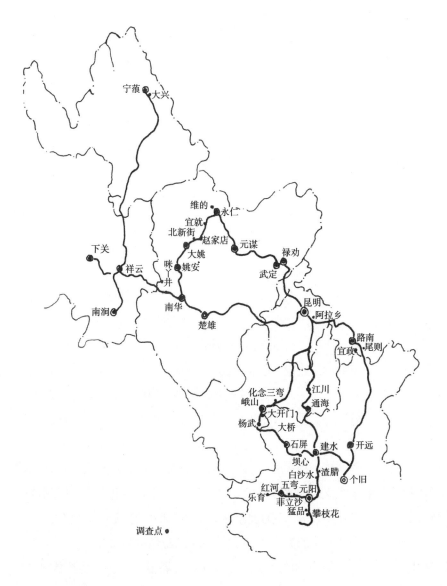

图5-1 彝族民居调查点分布图

宁蒗 ● 大兴

维的 ● 永仁
宜就
北新街
赵家店 ● 元谋
下关 大姚 禄劝
祥云 姚安
咪 武定
南涧 井
南华 昆明
楚雄 阿拉乡

路南
尾则
宜政

化念三弯 江川
峨山 通海
大开门
杨武 大桥

石屏 建水 开远
坝心
白沙水 渣腊 个旧
红河 五弯 元阳
乐育 菲立沙
猛品 攀枝花

调查点 ●

各种不同社会发展阶段统治阶级残酷的剥削，极大地阻碍了生产力的发展，影响了建筑技术水平的提高，使有些地区的民居建筑，还带有一定程度的原始性和落后性。

（三）宗教风俗

彝族信仰万物有灵，巫师叫"华摩"和"苏尼"。新中国成立前，大凡丧葬和病灾等都要请巫师驱鬼祛灾。小凉山盛行占卜，凡生产、生活上很多事情，都要先占卜而后定。

彝族家庭是一夫一妻小家庭制，儿女婚后另建房舍，自立门户，幼子则与父母同住。民居规模与此相适应。

二、彝族土掌房民居

彝族除部分地区呈大片聚居外，很多地区与其他民族交错居住。各民族间密切交往，文化、经济、风俗习惯互为影响，民居建筑也相互影响，有的地区甚至基本相同。

因地区的自然环境、资源条件、生活习惯、民族影响、社会发展阶段和各户家庭经济的不同，彝族民居呈现出多种不同的面貌，一般都以简洁的结构，因地制宜地使用材料，而带有鲜明地方特点。至于土司、头人等的住宅，因其财力丰厚，常请汉族或白族匠师修建，基本是汉族或白族形式。

彝族民居大体可分为：土掌房，即密楞上铺柴草抹泥的平顶式房屋；瓦房（包括草房）；木楞房即井干式房屋（图5-2）。在经济较发达的地区，建筑技术发展水平较高，多为瓦房，与附近汉族民居基本相同。在经济较不发达的山区、半山区，土壤又为黏性沙土者多为土掌房。森林密布的边远山区，则多是木楞房。

新中国成立后，经济文化有较大发展，建筑材料也相应发展，民居起了很大变化。不少地区不再建盖耗用木材多的木楞房，以及易燃易腐的草房，而改建瓦房，民居的兴建呈现一派欣欣向荣的景象。

在哀牢山、无量山的广阔山区，元江、新平、红河、元阳、绿春等地彝族的民居多为土掌房形式。当地其他民族，如居于酷热河谷的傣族，居于山腰的汉族等，民居也是土掌房形式。成村成寨的土掌房随处可见（图5-3）。

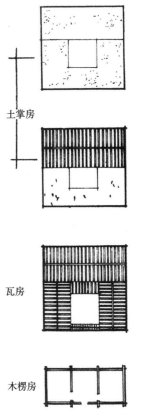

图5-2 彝族民居房屋类型示意图

图5-3 土掌房民居外观

土掌房民居，一般每户由楼房及平房两部分组成。楼房是正房为三开间，平房是厢房一至二间，外墙无窗或仅有小窗，土墙土顶，一片黄色，高低错落，敦厚朴实。屋顶是晒场，从正房楼层至平房屋顶，甚或至正房屋顶晾晒农作物，晒场地位高爽，农作物可免遭鸡啄虫吃。这种特殊的晒场，深为广大人民所欢迎（图5-4、图5-5）。即使城镇居民，也喜欢有一个晾晒衣物的场所，有的也采用此种建筑形式。

图5-4 土掌房上的平顶可做晒场

图5-5 土掌房二层的屋顶也可用做晒场

土掌房民居，被大量地区所采用，据了解其原因有以下几点：

第一，用料就地取材，造价低廉。

第二，土掌房顶是农村不可缺少的晾晒农作物的场所。在崇山峻岭地区，村寨坐落在半山腰中，或被层层梯田围绕，很难找出大块平地辟为晒场，屋顶就如人造平地一般，节约了土地，又解决了晒场。此外瓜果粮草等常年堆放在屋顶上，实际上还是贮存场地。这是彝族人民因地制宜地解决晒场的一个创造（图5-6～图5-8）。

第三，土掌房屋顶覆土约20厘米厚，具有一定的保温隔热作用，冬暖夏凉。

第四，土掌房结构简单，建筑技术要求不高，容易建造也易维修。

上述情况说明土掌房因其适应当地自然经济条件和生活、生产需求、深受广大人民的欢迎。

调查中了解，土掌房终因其有易漏雨的缺点，经济许可时居民还是乐意建瓦房。有的地区因种种原因，局部加建瓦顶或草顶，成为土掌房的另一种形式。

土掌房民居可分两大类：单一的土掌房；局部加建或改建瓦顶或草顶的土掌房。

（一）土掌房村寨

多建于海拔二三千米的山区，出二三十户或上百户组成大小不等的村寨。彝族习惯同族聚居在一个寨子里，较少与其他民族杂居。村寨多建于向阳山麓，顺山修建，房屋朝向均背山面阳，较为拥挤。他们说"不愿独户远离村寨，宁愿在寨内拥挤"，"寨内虽有不团结的事，对外却是一个整体"，这是房屋拥挤的思想基础。寨内树木虽少，周围却绿树成荫，一片葱绿中呈现出高低错落的点点黄色屋顶，景色优美（图5-9）。

寨内道路，自然形成，呈不规则状。有土路、乱石路。寨中有水井或泉水供饮用，上盖小房，保护水质清洁。

寨内一般无公共建筑，新中国成立后，在公社、大队所在地修建了小学、供销社等建筑。

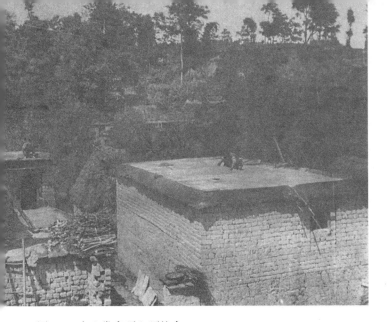

图5-6　在土掌房顶上晒粮食

图5-7　在土掌房顶上堆放粮草

图5-8　在土掌房顶上堆放瓜果

图5-9　山坡上的彝族村寨

（二）平面类型

民居一宅一户，适合独家独户的生活习惯。平面形式可分为无内院与有内院两种。

1. 无内院形式

在元江、峨山、新平、江川一带彝族民居多为无内院形式，即各户无露天的内院，亦无外部院落。户内仍有正房、厢房、院子之分 只是院子上也加盖了屋顶。户门直接开向街道，可一门关尽，家务活动全在其中。据了解形成无内院形式的原因：一是气候炎热，可避阳光直射，获得较好的室内小气候；二是旧社会盗贼多，有天井不安全，房屋低矮，外墙虽无窗，但天井是较易入侵处；三是可增加一些晒场面积。

房屋分正房、厢房（称耳房）、晒台等几部分（图5-10）。正房面阔三间两层，前带廊或无廊，可谓标准单元，也是建造单位，屋顶都是平顶。底层明间是堂屋，次间是卧室，或一边是卧室，另一边是厨房。楼层楼面用料也是泥土夯实，或填土坯抹泥，用来存放粮食。楼梯在次间。廊子一般是单层。厢房是1～2间单层，根据家庭人口多寡，分别用作卧室或厨房或杂用。晒台即土掌房顶，在正房楼层有门通晒台。仅有正房无厢房的住宅，晾晒农作物时，于室外搭竹梯上下。

无内院土掌房的平面有方形、长方形、曲尺形等。其中方形平面是常见的典型形式，长方形和曲尺形是方形基础上的变异。

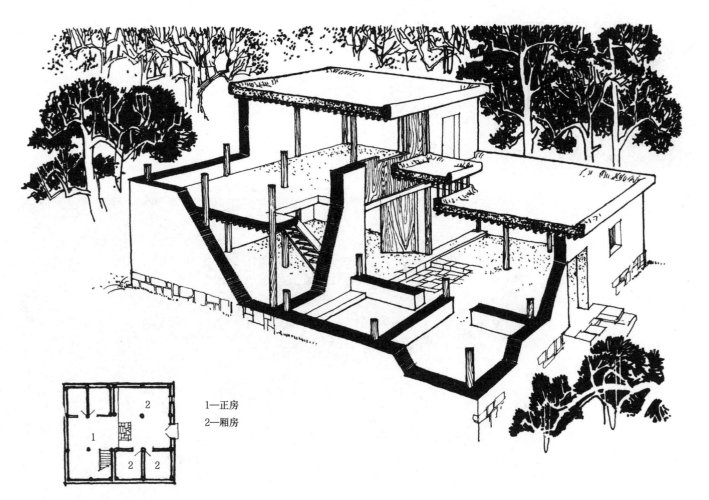

1—正房
2—厢房

图5-10 土掌房民居组成示意图

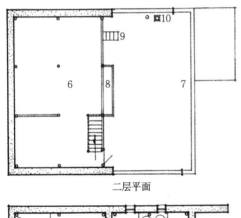

二层平面

底层平面

0 1 2 3 米

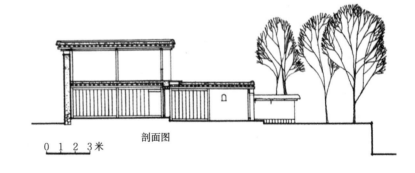

剖面图

0 1 2 3 米

图5-11 化念公社三湾生产队李顺宗宅平面图、剖面图

1—堂屋 2—卧室 3—厨房
4—贮藏 5—猪圈 6—粮仓
7—晒台 8—采光井 9—梯
10—烟囱

方形平面：化念三湾生产队李顺宗宅（图5-11），是方形平面的典型实例。正房是不带廊的三开间两层标准形式，厢房及院子为单层。从功能上仍可看出两边是厢房，中间是起着交通枢纽作用及家务活动院子。在正房厢房相交处屋顶有小间隙做采光井，解决采光通风问题。三湾生产队李家学宅（图5-12），在正房与厢房相交处建气楼，采光通风效果更佳，是这一带普遍的做法。杨武大开门生产队方宅（图5-13），正房是平房，因地形有高差，宅内地面有高低，是彝族人民居住山区，善于因地制宜利用地形建房的例子。

0 1 2 3 米

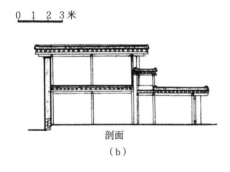

剖面
（b）

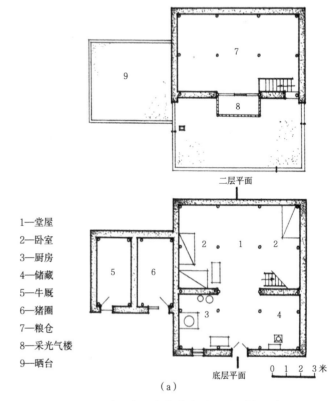

二层平面

1—堂屋
2—卧室
3—厨房
4—储藏
5—牛厩
6—猪圈
7—粮仓
8—采光气楼
9—晒台

底层平面

0 1 2 3 米

（a）

图5-12 化念公社三湾生产队李家学宅平面图、剖面图

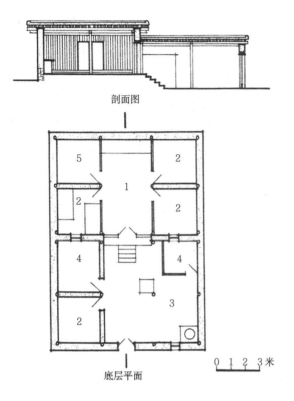

图5-13 杨武公社大开门生产队方宅平面图、剖面图

1—堂屋 2—卧室 3—厨房
4—粮仓 5—储藏

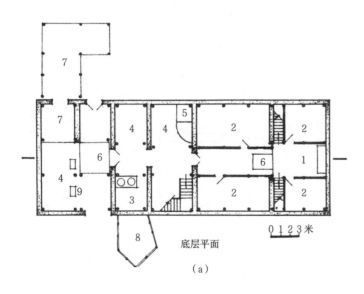

（a）

图5-14 杨武公社大开门生产队杨正明宅平面图、剖面图

长方形平面多是从方形平面发展而来。如杨武大开门生产队杨正明宅（图5-14）就是在方形基础上接建而成，从柱的设置可以看出是分次扩建的。前面部分至中部二层楼处是杂用房，中央并有一很小的天井，是这一类平面中较少见的。后面部分均为卧室，楼上存放粮食，中部有一气楼采光通风。畜厩建于宅外两侧。

曲尺形平面是由正房及单边厢房组成。建水渣腊公社李宅（图5-15），厢房是入口及牛厩，平房顶为晒场。白宅（图5-16）的平面布置也与其相似。

这类无院落住宅，房屋进深大，采光通风受到一定影响，饲养家禽也在室内，卫生条件较差。屋顶设气楼者，情况稍好。新中国成立后有的在室外另建大牲畜畜厩，使卫生条件有所改善。

2.有内院形式

红河县彝族民居中有此种形式。正房和厢房围成较大的院子，家务活动和生活必需的东西全在其中。正房亦为

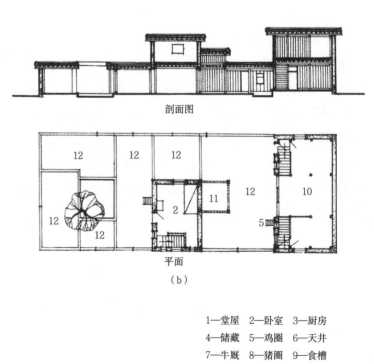

（b）

1—堂屋 2—卧室 3—厨房
4—储藏 5—鸡圈 6—天井
7—牛厩 8—猪圈 9—食槽
10—粮仓 11—采光气楼 12—晒台

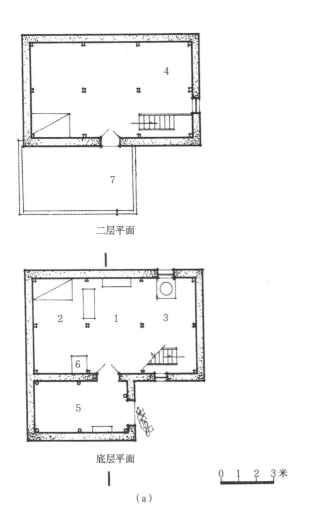

二层平面

底层平面

0 1 2 3米

（a）

1—堂屋　2—卧室　3—厨房
4—粮仓　5—猪、牛厩　6—鸡圈
7—晒台

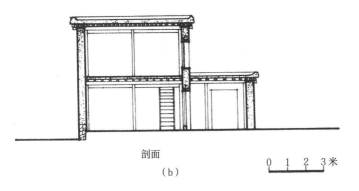

剖面

0 1 2 3米

（b）

图5-15　建水县渣腊公社李宅平面图、剖面图

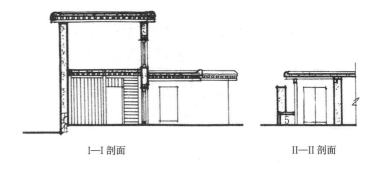

I—I 剖面　　　　　　　　II—II 剖面

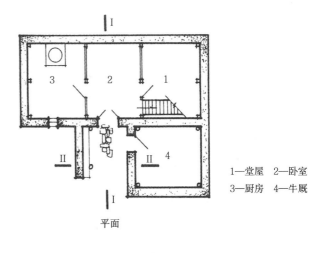

平面

1—堂屋　2—卧室
3—厨房　4—牛厩

0 1 2 3米

图5-16　建水县渣腊公社白宅平面图、剖面图

面阔三间两层，前带廊，厢房单层，屋顶为晒台（图5-17）。有内院的土掌房其平面形式多为曲尺形。红河县菲立沙生产队李宅（图5-18），正房前有单层廊，厨房贴于正房端部，层高较高，前并有采光天井，使厨房采光通风良好。钱宅正房前廊为两层（图5-19）。普文甲宅（图5-20），正房前廊一端间建成卧室，另一端通向厨房，布置紧凑，使用方便。

这类住宅一般院落大，房屋进深浅，利于采光通风，饲养家禽牲畜在院内，也方便。

图5-17 有内院的土掌房民居组成示意图

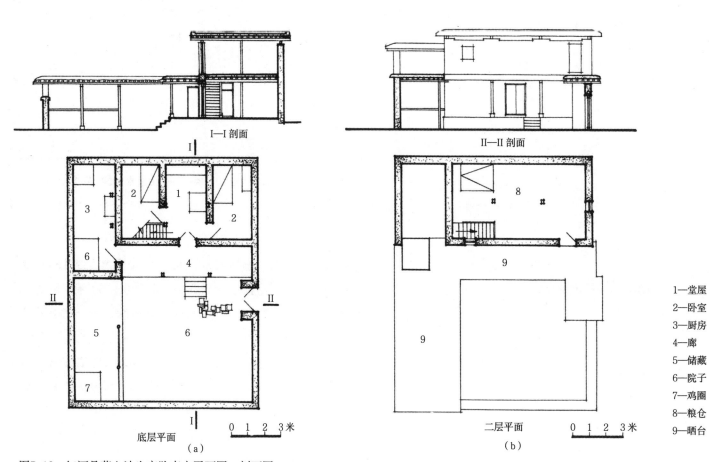

I—I 剖面

II—II 剖面

底层平面

（a）

二层平面

（b）

1—堂屋
2—卧室
3—厨房
4—廊
5—储藏
6—院子
7—鸡圈
8—粮仓
9—晒台

图5-18 红河县菲立沙生产队李宅平面图、剖面图

1—堂屋　2—卧室　3—厨房
4—廊　5—院子　6—猪圈
7—鸡圈　8—粮仓　9—晒台
10—梯　11—烟囱

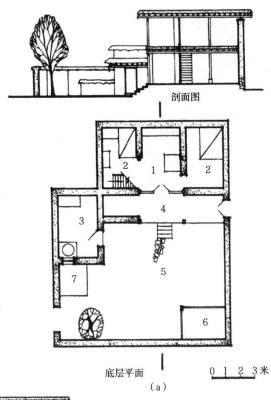
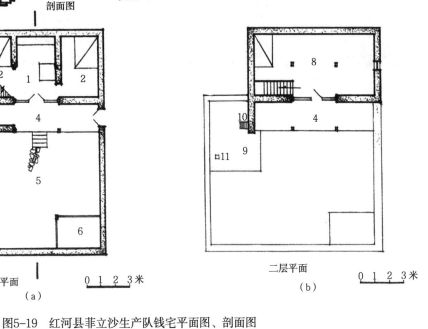

剖面图

底层平面　　　0 1 2 3 米
（a）

二层平面　　　0 1 2 3 米
（b）

图5-19　红河县菲立沙生产队钱宅平面图、剖面图

剖面图

底层平面　　　0 1 2 3 米
（a）

二层平面　　　0 1 2 3 米
（b）

1—堂屋　2—卧室　3—厨房
4—廊　5—院子　6—鸡圈
7—柴棚　8—猪圈　9—粮仓
10—晒台　11—梯

图5-20　红河县菲立沙生产队普文甲宅平面图、剖面图

图5-21 土掌房民居的外观

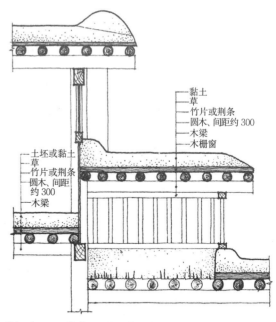

图5-22 土掌房屋顶及楼层构造图

（三）外观与构造

土掌房一般都有二层与单层两部分，由楼层存粮间至单层房顶晾晒农作物或堆放粮草，是农村民居生产需要而形成的特色。加以村寨建于山坡，房屋层层叠叠，高低错落，构成村寨民居丰富的立体轮廓（图5-21）。

房屋底层几乎都不开窗，仅楼层开小窗，墙顶与屋顶交接处，常有缝隙，起一定采光通风作用，但室内光线仍不足，通风不良。彝族又有烟熏木料以防腐的传统，木料、墙壁往往被熏得黑中发亮，更使室内黑暗。

土掌房是由木梁承重，用土坯或夯土外墙、木板或土坯内隔墙。有的地区土墙部分承重，如红河地区。土墙承重时，在梁和木楞下的墙顶加木卧梁，分散压力。木梁跨度一般约3米左右。土掌房顶及楼板的构造是：木梁上放木楞，间距小且不规则，有的甚至密铺，再铺上柴草，垫泥土拍打密实，有的用土坯填平再抹泥，一般可维持30～40年不坏（图5-22）。经济较富裕者，其上再抹一层石灰，防雨效果更好。泥土漏雨是难以避免的，届时拍打一番，或再抹泥即可。调查所见，有的屋顶的低洼部位还长着青草，说明其内含有足够青草生长的水分。木料受潮腐烂时，可另换一根，其构造简单，是一般都能掌握的技术。楼面也用这种做法，据说粮食打下即晾于此种楼面上，可吸湿，使粮食慢慢干燥而不会霉烂，如用木板则无

此优点。故民居二层楼面，几乎全是此种做法。

土掌房的檐口，一般有略高的边沿，用泥土堆高约20厘米左右，有的是砌砖，其作用是保护晾晒的粮食不致坠落。在一定位置留排水口，可排泄雨水。

砌墙所用土坯，质量好，不仅形状整齐，尺寸误差不大，且强度也高，可砌筑2～3层房屋，甚至支承楼板屋面荷载（图5-23）。

图5-23
土坯墙的外观

（四）其他民族土掌房民居

土掌房经济适用、建造技术简单，不仅彝族民居是此形式，其他如汉族、傣族、哈尼族等民居，以至干部工人家庭住宅也是此种形式。如元阳城关镇解放新村段国定(干部，哈尼族）宅（图5-24），平面形式与前述彝族民居基本相同，正房是三间两层，厢房是平房，顶为晒台。虽无农作物晾晒，但晾晒衣物也十分相宜。解放新村戴宅（图5-25），正房本为三间两层，但楼层少建一间，改为晒台，增加了晒台面积（图5-26）。

二层平面

1—卧室
2—堂屋
3—厨房
4—储藏
5—院子
6—晒台

二层平面

1—堂屋
2—卧室
3—厨房
4—杂物
5—晒台

0 1 2 3米

底层平面

图5-24 元阳县城关镇解放新村段国定宅平面图

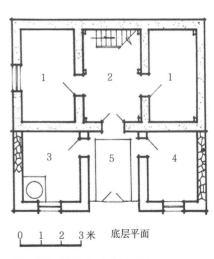

0 1 2 3米 底层平面

图5-25 元阳县城关镇解放新村戴宅平面图

图5-26 元阳县城关镇解放新村戴宅外观

居于河谷、气候炎热地带的傣族民居，也是能起一定隔热降温作用的土掌房。平面为无院落形式，与前述彝族无内院形式民居基本相同，但正房开间不受三间常规的限制，三、五间都有，依地形修建。元阳县马街公社五湾新寨李宗亮宅（图5-27），地形高差约3米，正房厢房虽各为二层和一层，但其外观却似一、二、三层，入口门廊上有土掌房顶，较为特殊，牛厩在宅外左侧。

石屏县大桥公社衣泥冲生产队，汉族社员何继来兄弟二人合建的住宅（图5-28），也是土掌房形式。

元江一带的傣族所住土掌房民居，平面及空间组合形式也很丰富（图5-29）。

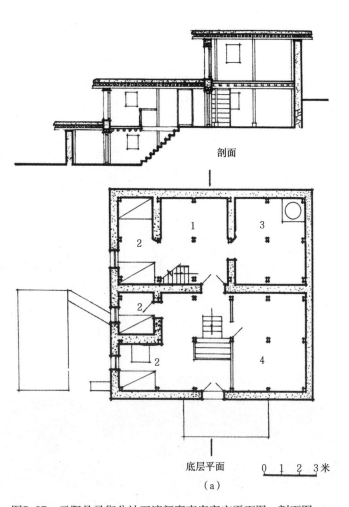

剖面

底层平面

0 1 2 3米

（a）

图5-27 元阳县马街公社五湾新寨李宗亮宅平面图、剖面图

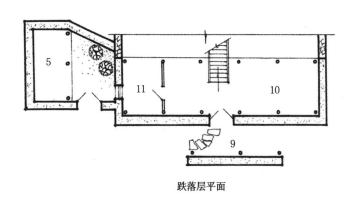

跌落层平面

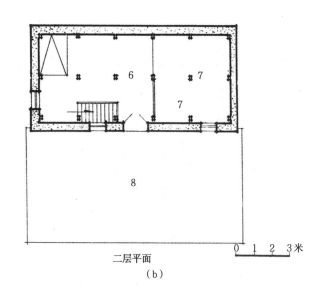

二层平面

0 1 2 3米

（b）

1—堂屋 2—卧室 3—厨房
4—储藏 5—牛厩 6—粮仓
7—厨房上空 8—晒台 9—门廊
10—柴草 11—纺织

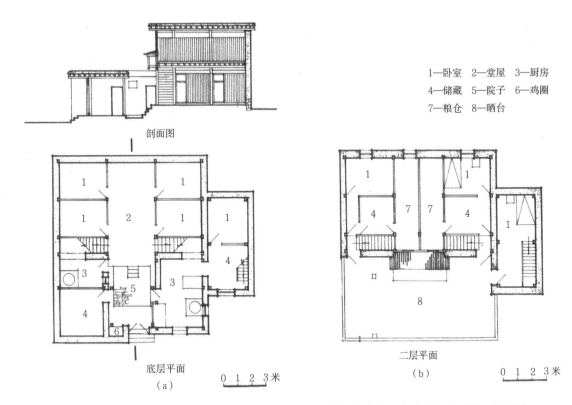

剖面图

1—卧室　2—堂屋　3—厨房
4—储藏　5—院子　6—鸡圈
7—粮仓　8—晒台

底层平面
（a）

0 1 2 3米

二层平面
（b）

0 1 2 3米

图5-28　石屏县大桥公社衣泥冲生产队何继来兄弟宅平面图、剖面图

（a）

图5-29　元江县一带傣族土掌房民居外观示例

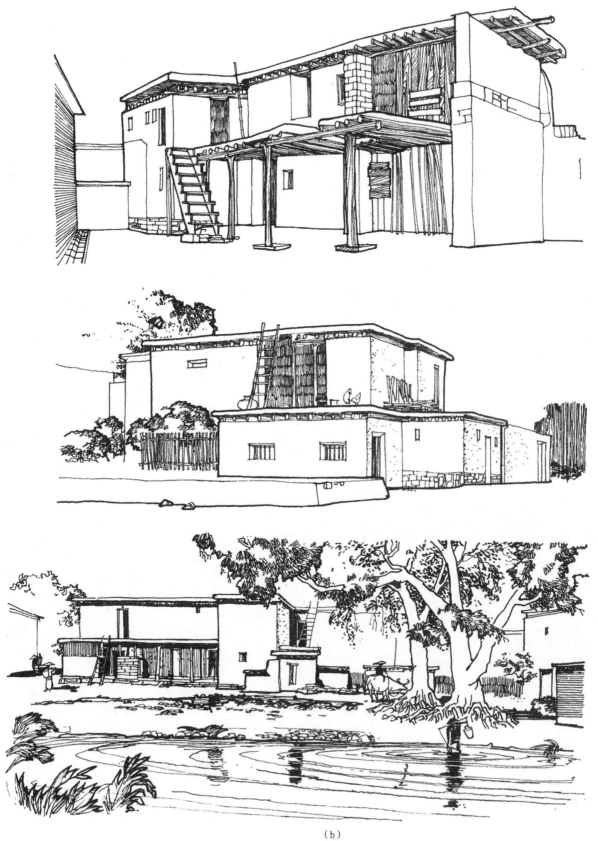

（b）

图5-29　元江县一带傣族土掌房民居外观示例（续）

三、局部瓦顶或草顶的土掌房

红河哈尼族彝族自治州的元阳、绿春、红河等地的彝族民居几乎全是此种形式（图5-30）。楚雄彝族自治州彝族民居，也有此种形式，但两地有很大差别。

元阳、绿春、红河一带彝族的有局部瓦顶或草顶的土掌房民居与当地哈尼族民居基本相同。

此种民居的特点是每户都有瓦房（草房）及土掌房两部分。瓦房是正房，二层（过去多是草顶，现已多数改用瓦顶），硬山或悬山式。正房的前廊及厢房，一、二层是土掌房，个别厢房有部分瓦顶或草顶。院子较小，常利用地形高差修建，院内还有较多的踏步（图5-31、图5-32）。特点之二是正房的瓦顶或草顶下有一层泥土封火顶，构造如泥土楼面。居民说此层封火顶，可起一定防火作用。彝族村寨房屋密挤，厨房火塘常年不熄，农忙时家中无人，一遇火灾，大片房屋被毁，故很注意房屋的防火。有的村寨家中还备储水缸存水备用。楚雄州的民居则无此顶棚。

此种民居形成的原因是：两坡水屋顶泄水流畅不易漏雨，又坚固耐久，不必经常更换木料，是其优越性，特别在有烧瓦业地区，改建瓦顶更有条件。但厢房仍保留土掌房，作晒场满足生产需要。瓦顶以下的封火顶，既可防火，又可晾粮食。推测这层封火顶是土掌房顶的演变，特别元阳地区正房是土掌房顶，其上再加建1～2开间草顶，以便雨天收存粮食，由这看来更是如此。

此种类型民居兼有瓦房和土掌房的优点，应是土掌房的改进形式。楚雄州此类民民尤为显著，不少正房、厢房都已改建为瓦房，仅厨房、畜厩还保留着土掌房。瓦房造价虽贵，但耐久且不漏雨，还是深受欢迎的。如化念三湾生产队全寨都是土掌房，卜有才两兄弟在经济好转后，合资建了正房是瓦房、厢房是土掌房的住宅。石屏县坝心公社青鱼湾生产队某民居，三座房屋都是瓦顶，但在入口一方建混凝土平顶，起土掌房作用（图5-33）。以上说明屋顶晒场深为群众喜爱。

图5-30 有部分瓦顶的土掌房组成示意图

图5-31　有部分瓦顶的土掌房

图5-32　有部分草顶的土掌房

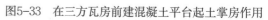

图5-33　在三方瓦房前建混凝土平台起土掌房作用

图5-34　由带瓦房的土掌房民居组成的村寨

（一）村寨

建于山峦起伏的山腰，海拔约二千至三千米，村寨大小不等，有几十户至上百户。基本情况与土掌房民居村寨同。

滇南红河地区，山川秀丽，具"山有多高，水有多高"的特点，灌溉条件好，故将一座座山峦修整为梯田，自河谷直抵山巅，种植水稻。村寨被层层梯田包围，颇具山村田园景色（图5-34）。

寨内道路自然形成，上下弯曲很不规整，路边有小溪，潺潺流水声，宅内可闻。

村寨饮用水是泉水或井水，也于其上建小房保护，并建贮水池数个，既保护了水质洁净，又便于居民洗涤。

（二）平面类型

各户房屋围成院落，受地形所限，院子狭小是其特点。畜厩亦在院内，一门关尽，自成独家天地。楚雄州地势稍平缓，民居院子较大，均只设大门一樘，人畜皆由一门出入。

房屋与土掌房民居相同，由正房、厢房、晒台组成，正房亦是面阔三间两层，两坡水筒板瓦屋顶或草顶，硬山或悬山式。底层住人，楼层存放粮食，有的有封火顶。厢房1～2层，底层作厨房或杂用，有楼者楼上存放粮草。土掌房顶为晒台。正房二层设门通晒台，以便晾晒、收存农作物。

平面形式基本是方形、曲尺形、三合院、四合院等。

在崇山峻岭的元阳、绿春、红河一带，房屋占地小，常在正房面阔三间的范围内，正对次间前建厢房，仅余明间前一间或稍多地位为院子，较一般三合院的院子小了许多（图5-35）。红河乐育公社大新寨大队白以和宅（图5-36、图5-37），是这一带较为典型的四合院布局。该平面是近方形的四合院，院子约4米见方，地形高差大，正房位于基地最高处，院内踏步有六步之多，使院子更嫌狭窄。正房是三开间两层，上有封火顶，顶上空间较高，廊也是两层，上为筒板瓦屋顶，构成重檐屋面。入口侧厢房也是筒板瓦屋顶，其余是土掌房，厢房下的跌落层作畜厩、存柴用。

图5-35　有瓦房的土掌房三合院民居院落

该地习惯重视住宅的入口处理，一种做法是建成瓦房，如上例白以和宅。另一种做法是将入口处屋顶略高于其余厢房。

红河猛品生产队谭德宽宅是曲尺形平面（图5-38），因扩建而成现状，左部新建，尚未完成，建成后院子亦十分狭小。新旧房屋都是三开间两层带单层廊的典型平间，二层有封火顶，上留小孔，运送粮食，人登活动竹梯上下。正房上满盖两坡草顶，廊及厢房顶是晒台。

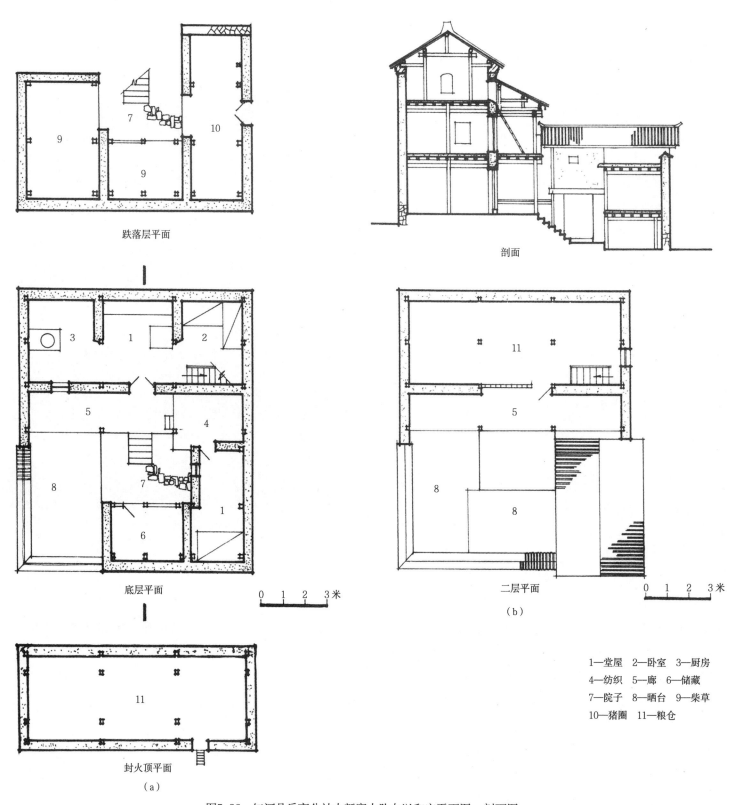

跌落层平面

剖面

底层平面

0 1 2 3 米

二层平面

0 1 2 3 米

（b）

1—堂屋　2—卧室　3—厨房
4—纺织　5—廊　6—储藏
7—院子　8—晒台　9—柴草
10—猪圈　11—粮仓

封火顶平面

（a）

图5-36　红河县乐育公社大新寨大队白以和宅平面图、剖面图

图5-37　红河县乐育公社大新
　　　　大队白以和宅外观

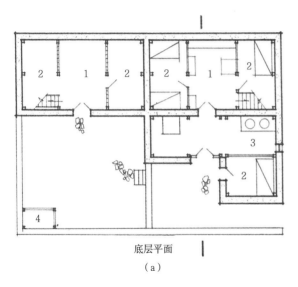

底层平面

（a）

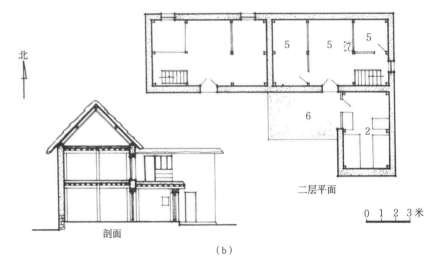

二层平面

0 1 2 3米

剖面

（b）

1—堂屋　2—卧室　3—厨房

4—猪圈　5—仓库　6—晒台

7—上封火顶孔

图5-38　红河猛品生产队谭德宽宅平面图、剖面图

当地三间草顶一字形平面，廊为晒台的建筑形式极为普遍（图5-39）。元阳水普龙生产队李宅（图5-40），两兄弟分家后，基地甚为狭小，几无院子，仅可建一幢三间带廊的正房。一、二层屋顶均是晒台，实际亦起着院子作用。房屋顶的一端，上建两坡水草顶，不封山尖，通风良好，遇雨时收存粮食，甚为方便（图5-41）。草顶虽简陋，但其作用很大，是这一带典型处理方法。有的民居厢房顶的晒台，虽已不小，但仍在正房屋顶作晒台，并于其上一端搭草顶（图5-42）。

图5-39　三间草顶前廊为晒台的民居外观

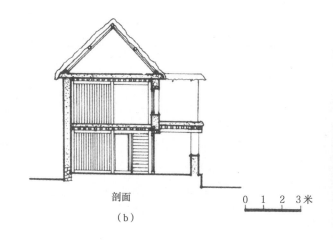

剖面

（b）

0 1 2 3米

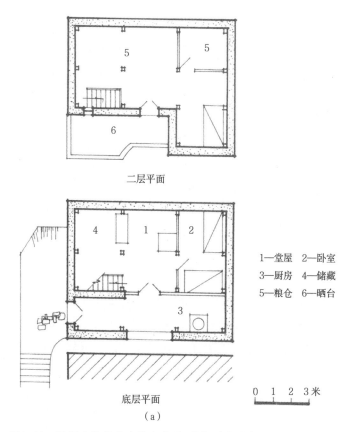

二层平面

底层平面

（a）

1—堂屋　2—卧室
3—厨房　4—储藏
5—粮仓　6—晒台

0 1 2 3米

图5-40　元阳水普龙生产队李宅平面图、剖面图

图5-41　元阳县水普龙生产队李宅平屋顶一端的草坡顶
图5-42　平屋顶带一间草顶的民居外观

红河乐育公社大新寨大队李朋贵是工人，其宅亦是曲尺形平面（图5-43、图5-44），限于狭长地形，房屋只有正房和单边厢房。正房面阔两间，前带两层廊，筒板瓦屋顶，上下构成重檐式。封火顶上空高爽，实际已成一层，存放粮食，其余住人。单边厢房二层，土掌房顶，底层一间是厨房，其余住人。如此安排，虽然少了一排厢房，但得到一个较宽大的院子，大门开在右侧围墙上，处理较为得当。

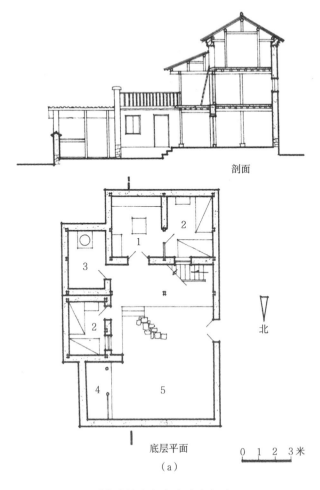

剖面

底层平面

北

（a）

0 1 2 3米

图5-43 红河乐育公社大新寨大队李宅平
面图、剖面图

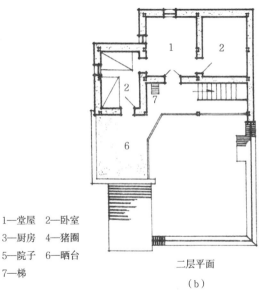

1—堂屋　2—卧室
3—厨房　4—猪圈
5—院子　6—晒台
7—梯

二层平面

（b）

0 1 2 3米

图5-44 红河乐育公社大新寨
大队李宅外观

楚雄州彝族民居也以三合院、四合院、曲尺形为多。大姚宜就公社钟培友宅（图5-45），正房是三开间两层的典型形式，前带廊，重檐式屋顶。厢房一瓦房、一土掌房。三者围成较宽大的三合院。正房两端各有一小院，一为居住小院，另一为厨房杂物院，院内种植葡萄。这样大院套着小院，起到功能分区、分隔空间的作用，是较合理的安排（图5-46）。大姚宜就公社夜家仁宅（图5-47），平面为近方形的四合院。正房是筒板瓦顶重檐式，厢房一是瓦房，一是土掌房。对厅位置建畜厩亦是土掌房，院子也较大。永仁维的公社龙华乡尹宗平宅（图5-48），正房是三间两层重檐式，单边厢房两层土掌房顶，组成曲尺形平面，也有较大院子，院内有葡萄架。畜厩在侧院，较为合理卫生。

从以上例子可见，红河州有部分瓦顶的土掌房民居颇具地方特点。楚雄州有部分瓦顶的土掌房民居院子较大，明显地看出这类民居是土掌房的改进演变形式。

图5-46　大姚宜就公社钟培友宅外观

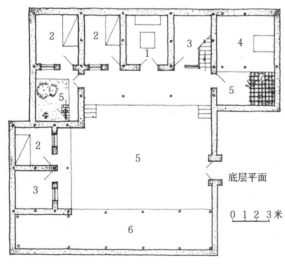

图5-45　大姚宜就公社钟培友宅平面图

1—堂屋　2—卧室　3—储藏
4—厨房　5—院子　6—畜厩
7—葡萄架

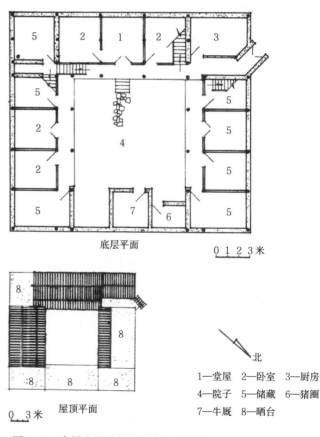

1—堂屋　2—卧室　3—厨房
4—院子　5—储藏　6—猪圈
7—牛厩　8—晒台

图5-47　大姚宜就公社夜家仁宅平面图

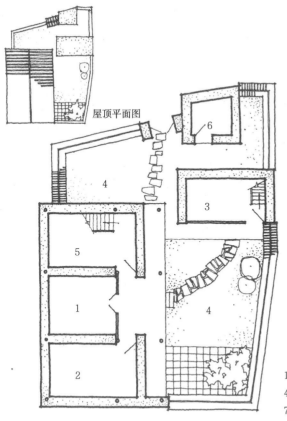

图5-49 红河县乐育公社大新寨大队民居外观

屋顶平面图

1—堂屋　2—卧室　3—厨房
4—天井　5—储藏　6—牛厩
7—葡萄架

底层平面

图5-48 永仁维的公社龙华乡尹宗平宅平面图

图5-50 红河县乐育公社大新寨大
队民居檐墙上的彩画之一

（三）外观与构造

民居兼有楼房、平房、瓦顶、平顶，构成高低错落的轮廓，颇具独特风格。特别是红河乐育公社大新寨大队民居，重檐式瓦顶，屋面有生起，两端高翘的鼻子和凹曲状的屋面，使外观显得活泼优美，生机盎然（图5-49）。山墙及前后檐下粉刷，不仅起保护土墙的作用，且以通俗手法描画黑白彩绘，内容是群众喜闻乐见的麦穗、花卉、动物等农村日常接触的形象，有的甚至写上建造年月（图5-50、图5-51）。从屋面凹曲线形式，硬山封檐及檐口等处做法以及彩画来看，似受白族民居的影响。

旧民居很少开窗，室内黑暗，通风不佳，同土掌房民

居一样，木料墙壁等被烟熏黑，新民居这方面有了较大改进。

房屋以木构架承重，柱网一般约3～4米，土坯墙。土坯尺寸方正质量好，可砌至三层，石墙基。土坯或木板内隔墙，土掌房顶及封火顶做法与土掌房民居相同。

图5-51　红河县乐育公社大新寨大
队民居山墙上的彩画之二

图5-53　楚雄彝族民居外观之二

四、彝族瓦房民居

楚雄彝族自治州与大理白族自治州毗邻，民居、特别近年来新建民居多为瓦房，与附近汉族民居大致相同。

典型形式是一字形重檐式房屋，下层屋面两端均有封火墙，屋架有生起，屋脊两端鼻子翘起，屋面呈凹曲状，封火墙同样具有以上特点，与白族民居的"一坊"相似（图5-52～图5-54）。路南彝族民居，屋架无生起，屋面平直，屋脊两端也不起翘（图5-55）。

图5-54　楚雄彝族民居外观之三

图5-52　楚雄彝族民居外观之一

图5-55　路南彝族民居外观

（一）村寨

如前所述楚雄彝族民居村寨亦在山腰或山巅。房屋傍山修建、户数多少不等，道路弯曲。如其他类型民居村寨一样也有水井或泉水井（图5-56）。

（二）平面类型

民居一般都有较为宽敞的院子。房屋亦由正房厢房组成。正房的典型是三开间两层，前带单层廊的重檐式，如白族民居的"一坊"（图5-57），是标准的单元，也是建造单位。其使用情况是楼下住人，明间为堂屋，次间是卧室，楼上存放粮食。各户根据人口多寡和经济条件建造一个或多个单元，平面形式成一字形，曲尺形，三合院、四合院及重院等。前三种是劳动人民住宅常采用的形式，后两种是富豪仕宦住宅采用的形式。

一字形是一个单元的房屋，为人口少、经济条件较差的人家居住或正在修建中的民居暂成的形式。特别近年大量兴建的社员新民居，常先建一幢三间两层标准单元，即此种形式。路南尾则公社民居（图5-58），南涧县彝族新民居（图5-59）也多是此种形式。

图5-56　村寨中的水井

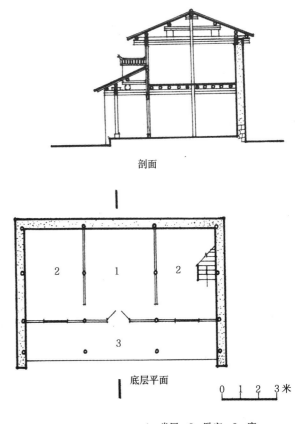

剖面

底层平面

0　1　2　3米

1—堂屋　2—卧室　3—廊

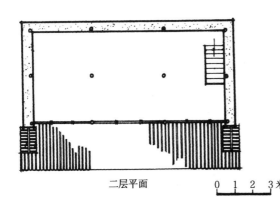

图5-57　三间二层带廊的房屋是一个标准
单元，如同白族民居的"坊"

二层平面

0　1　2　3米

图5-58　路南尾则公社民居

曲尺形平面，如大姚赵家店退休教师杨家谷宅正房与厨房组成曲尺形平面（图5-60、图5-61）。正房是典型形式，右侧系旧房，现供杂用，院中果树成排，花卉葡萄丰茂，环境幽美，令人喜爱。路南宜政大队民居（图5-62），也是这种形式。

图5-59　南涧县彝族新民居

图5-61　大姚县赵家店大队杨宅外观

图5-60　大姚县赵家店大队杨宅平面图

1—堂屋　2—卧室　3—厨房
4—储藏

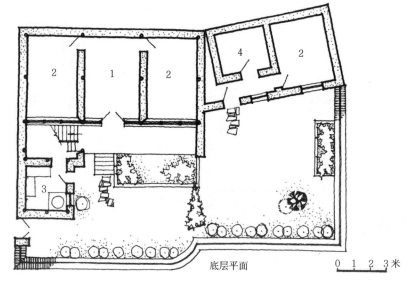

底层平面　　　　0 1 2 3 米

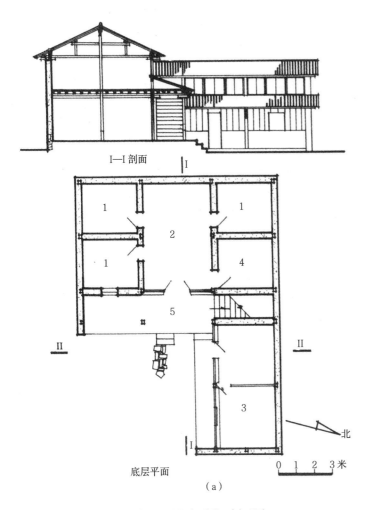

I—I 剖面

底层平面

（a）

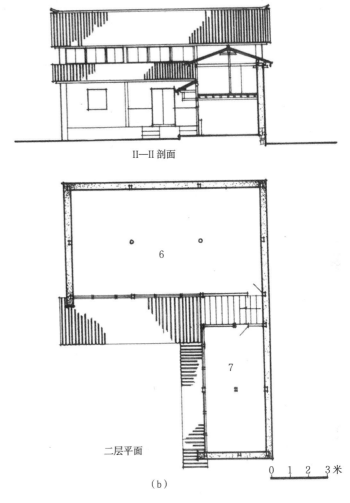

II—II 剖面

二层平面

（b）

图5-62　路南宜政大队民居平面图、剖面图

1—卧室　2—堂屋　3—厨房
4—牛厩　5—廊　6—粮仓
7—储藏

三合院平面，如大姚赵家店大队陈绍堂宅（图 5-63），已建一百多年，系其祖父陈学义当年在清朝任乡官时所建，为一对称规整的三合院。正房厢房均是重檐式瓦房。现在兄弟分居，正房底层廊子已被改建成卧室厨房，失去原有面貌。

四合院及重院是地主阶级住宅常用的形式，如永仁维的公社办公室原为地主李成芳之父所建，是较大的重院，与白族民居相似。据说系出自白族匠师之手，是由一个白族式的"四合五天井"和一个"三坊一照壁"组成重院（图 5-64 ～图 5-67）。四合院四坊都是三间两层重檐式。三合院的三坊是三间两层上下带廊，即白族说的"走马转角楼"形式。照壁如白族的"三叠水"形式，屋脊起翘，檐下做法都似白族照壁，但大大简化。大门类似白族民居近代的无厦大门形式。石柱础雕卷草花纹，梁枋亦加雕饰（图 5-68）。两院地势有高低，在穿堂中设踏步。

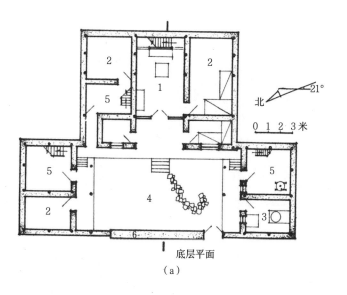

底层平面
（a）

北 21°

0 1 2 3 米

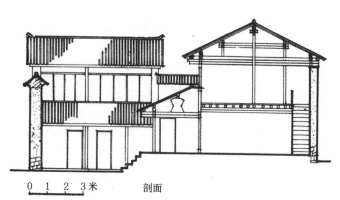

0 1 2 3 米　剖面

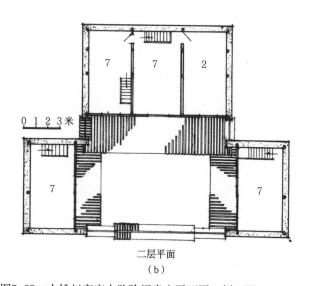

0 1 2 3 米

二层平面
（b）

图5-63　大姚赵家店大队陈绍堂宅平面图、剖面图

1—堂屋　2—卧室　3—厨房
4—院子　5—储藏　6—照壁
7—粮仓

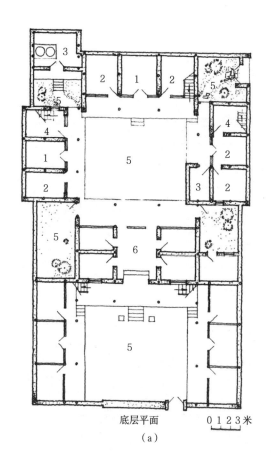

底层平面
（a）

0 1 2 3 米

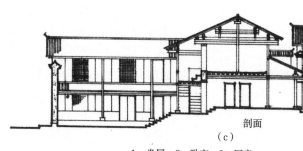

剖面
（c）

1—堂屋　2—卧室　3—厨房
4—储藏　5—院子　6—过厅

图5-64　永仁县维的公社龙华乡
李成芳宅平面图、剖面图

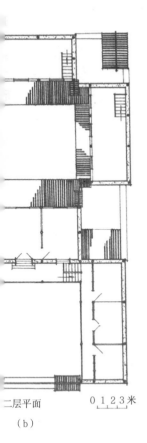

二层平面

0 1 2 3米

（b）

图5-65　永仁县维的公社龙华乡
　　　　李成芳宅院落内景

图5-66　永仁县维的公社龙华乡
　　　　李成芳宅照壁

0 1 2 3米

图5-68　永仁县维的公社龙华乡
　　　　李成芳宅石柱础

图5-67　永仁县维的公社龙华乡
　　　　李成芳宅大门

图5-69 梁架及柁墩

（三）外观与构造

民居单体外观是三间二层重檐式房屋。次间山墙木构架有生起，约10厘米，屋脊成曲线形，两端鼻子起翘，屋面微呈凹曲。下层屋面两端有封火墙，或无封火墙成悬山式。黄墙间以白色，灰屋顶，外观纯朴轻巧。

房屋以穿斗式抬梁式木构架承重，一般是三柱落地，外加廊檐柱，使用柁墩求其稳定（图5-69）。土墙仅为维护结构，楼层前檐是木板壁及窗子（图5-46），楼面用料和土掌房民居一样，多是泥土地。石勒脚，石柱础。建筑技术水平较高。

图5-70 一颗印住宅组成示意图

五、昆明等地彝族一颗印民居

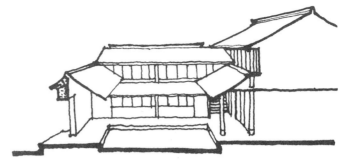

图5-71 一颗印住宅院内屋檐穿插示意图

彝族先民很早就在昆明一带居住、劳动。现昆明大板桥、昭宗箐、桃园阿拉乡一带，就是彝族聚居地区之一。

昆明属平坝地区，气候温和，夏无酷暑，冬无严寒，农作物以水稻为主。

昆明附近的彝族，历来与汉族共同生活和劳动，受汉族影响较深。除语言、服饰有所区别外，风俗习惯与汉族基本相同。有的村寨中还有少数汉族杂居。

阿拉乡海子村一带彝族民居多为汉族的"一颗印"形式，石屏县坝心公社一带社员新建住房，有的也是一颗印形式。其特点是：由正房及厢房组成，瓦顶、土墙、平面和外观方方如印，故称"一颗印"。正房三间，两层，前有单层廊（称抱厦），构成重檐屋顶。两边为厢房（称耳房），二层、吊厦式，称"三间两耳"。主房屋顶稍高，双坡硬山式。厢房屋顶为不对称的硬山式，分长短坡，长坡坡向内院，在外墙处，作一小转折成短坡，坡向墙外。外墙封闭，仅在二楼有个别小窗，前围墙颇高，常达厢房上层檐口。围墙正中立大门一樘，无侧门或后门，构成一颗印独特的外观（图5-70）。特点之二是：各层屋面均不互相交接，正房屋面高，厢房上层屋面正好插入正房的上下两层屋面间隙中，厢房下层屋面在正房下层屋面之下。无斜沟，减少漏雨的薄弱环节。大门内设倒座或门廊，屋面处理也是如此（图5-71～图5-73）。

图5-72 一颗印住宅院内一角

图5-73 一颗印住宅屋檐穿插实例

一颗印民居深为广大群众所喜爱。因为一颗印民居四周房屋向内围成院落，很适合昆明等地的气候特点和农村生活、生产的需要。适于独家独户生活习惯；占地紧凑，平坝地区和山区都相宜；房屋墙身高、厚，外墙很少开窗，厢房仅用小坡屋面向外，可有较高的墙身，有利于安全；昆明春季风大，这样处理也利于防风避寒。

（一）村寨

民居无固定朝向，靠山村寨均背山顺坡基本成带状修建，随地形起伏及山坡走向的变化而自由布置。村寨常以晒谷场及庙宇为中心，形成大小规模不同的建筑群，逐年增建，自然成无规则状。道路窄而弯曲，虽在风季，村内无较大的顺街风，使院内有较舒适的环境。

（二）个体建筑及平面形式

每户均有一封闭的院落，一家生活所需全部纳入其中，自成一隅。院子多狭小近似长方形，一般约3米×4米，屋檐距离则更小。院落有大门一樘，无后门或侧门，人畜均由一门出入，群众说这种方式"关得住，锁得牢"，最为理想。大门位置一般在院落纵向中轴线上。旧社会大门朝向颇受"风水"影响。阿拉乡海子村住宅的大门，大都朝向西北祭天山，所谓"吉利"。房屋中轴线不能对正时，也将大门稍作调整使之对正。

建筑多为每户独立式，也有少数为两个独立院落拼联组合。较大的村寨有的还有一段临街建筑相互毗连，如阿拉乡海子村。但各家经济不同。建造时间不一，房屋大小、高低质量都有差别。

典型的一颗印民居平面，呈方形，由正房，厢房组成。正房为面阔三间两层，双坡瓦顶硬山（或悬山）式。前有单层廊，瓦顶一般称为腰厦，组成上下重檐。两次间廊子各设单跑梯一座、上8～9步达厢房，11～13步达正房，无平台，各门口仅有踏步板伸出门外，是占地最经济的楼梯处理方法、也是一颗印民居楼梯安置的独特形式。楼梯坡度虽较陡，长期习惯，也就不觉不便了。底层、明间为待客吃饭处。次间饲养家畜，堆放柴草。楼层明间堆放粮

食，次间为卧室。厢房各为1～2开间，两层，采用挑厦二次出担手法，以满足挡雨要求。底层为厨房，楼层为卧室。大门内侧建走廊，一般称廊沿，与主房、厢房的廊沿相接，利于雨天通行如阿拉乡海子村2号宅（图5-74），是这类住宅的典型。厢房每边各为一间称"三间两耳"。石屏县坝心公社青鱼湾大队卜保生新建住宅也是一颗印形式（图5-75）厢房每边各两间称"三间四耳"。海子村1号宅（图5-76），是两户典型的一颗印并联，共用相连的墙及屋架，应为同时修建。阿拉乡阿拉村3号宅（图5-77）规模较大，正房面宽为五开间，称"明三暗五"。厢房各为两开间，因此也称"五间四耳"。大门内走廊为倒座式，二层。院落也相应宽大，是较大型的一颗印民居（图5-78）。

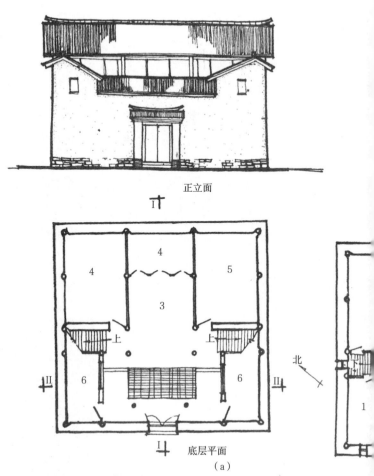

正立面

底层平面
（a）

图5-74　阿拉乡海子村2号宅平面图、立面图、剖面图

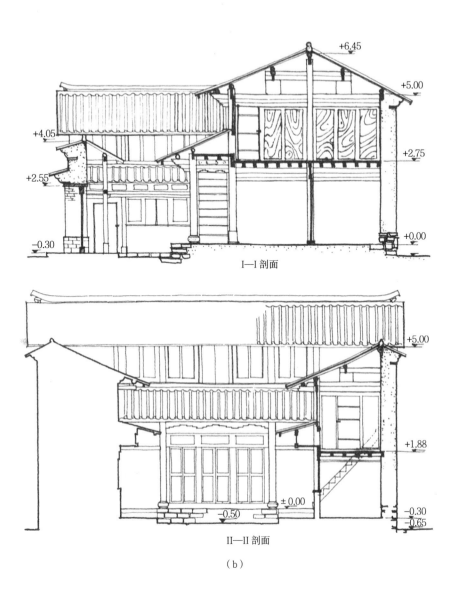

+6.45

+5.00

+4.05

+2.75

+2.55

+0.00

−0.30

I—I 剖面

+5.00

+1.88

±0.00

−0.30
−0.65

−0.50

II—II 剖面

（b）

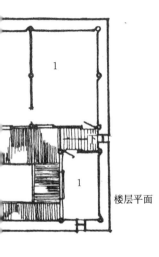

楼层平面

1—卧室　2—储藏　3—堂屋

4—杂务　5—畜厩　6—厨房

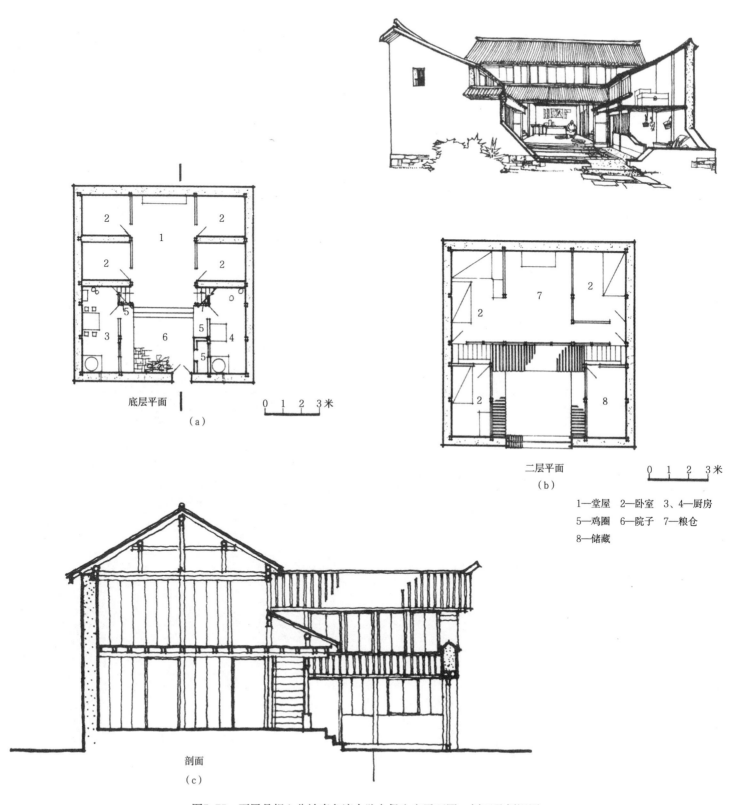

底层平面

（a）

0 1 2 3米

二层平面

（b）

0 1 2 3米

1—堂屋　2—卧室　3、4—厨房
5—鸡圈　6—院子　7—粮仓
8—储藏

剖面

（c）

图5-75　石屏县坝心公社青鱼湾大队卜保生宅平面图、剖面及剖视图

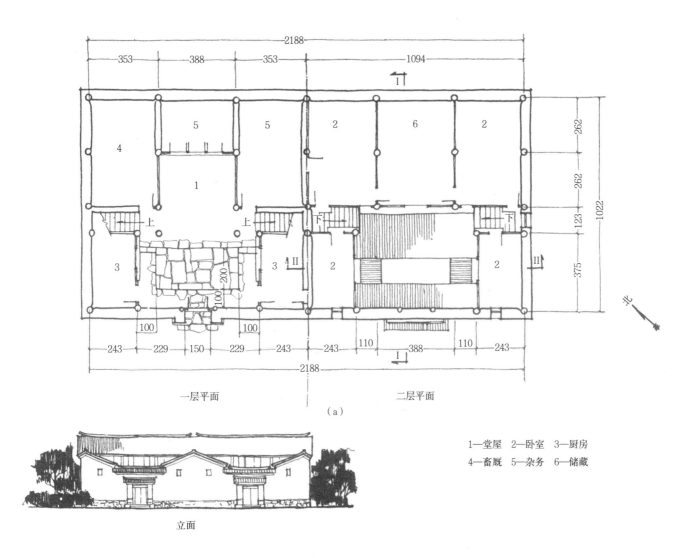

一层平面　　　　　　　　二层平面

（a）

立面

1—堂屋　2—卧室　3—厨房
4—畜厩　5—杂务　6—储藏

（b）

图5-76　阿拉乡海子村1号宅并联一颗印住宅平面图、立面图、剖面图、外观图

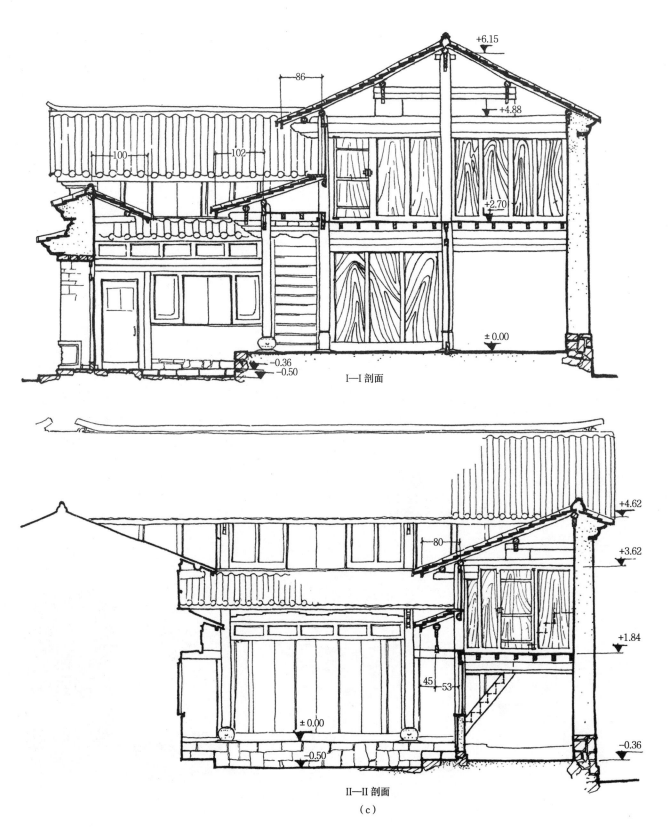

I—I 剖面

II—II 剖面

（c）

图5-76　阿拉乡海子村1号宅并联一颗印住宅平面图、立面图、剖面图、外观图（续）

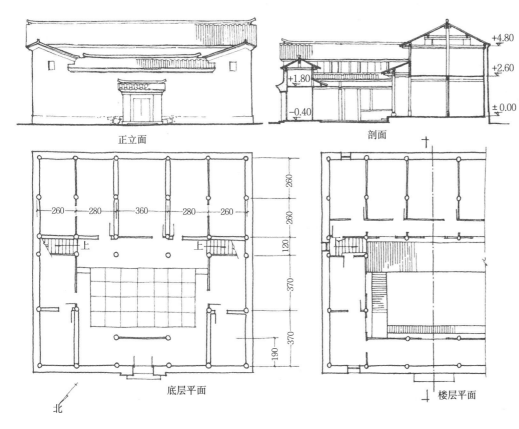

图5-77 阿拉乡阿拉村3号宅大型一颗印住宅平面图、立面图、剖面图

正立面

剖面

底层平面

楼层平面

北

图5-78 阿拉乡阿拉村3号宅大型一颗印住宅大门

由于受地形或经济条件的影响，民居也有呈"一"字形、曲尺形、四合院形式者。海子村4号（图5-79）是临街建筑，相互毗连，受地形深度小的限制，仅有正房，无厢房。平面呈"一"字形。底层入口处为堂屋，楼下为厨房，并供堆放杂物、饲养家畜等使用。楼上为卧室及粮仓。尽端一户，廊端间楼梯处，屋面需抬高处理，外观似一颗印风格。另一户楼梯移于室内，立面如一颗印的正房。阿拉村1号（图5-80）地基较狭窄，正房面阔仅两间，厢房也只有一边，呈曲尺形。底层亦为堂屋、厨房及堆放杂物用房；楼层为卧室及粮仓。在无厢房侧的正房腰厦屋面，用封火墙封住。大门内侧的廊沿亦为倒座式，二层并有挑厦，如厢房形式。

阿拉乡4号（图5-81）是四合院形式，在阿拉乡较少见，是经济条件较富裕者的住宅。正房、厢房、做法同一颗印民居，只是入口处又增建一方房屋，成倒座式，平面布局与正房相同，仅在入口门廊内建一小楼梯直上二层。

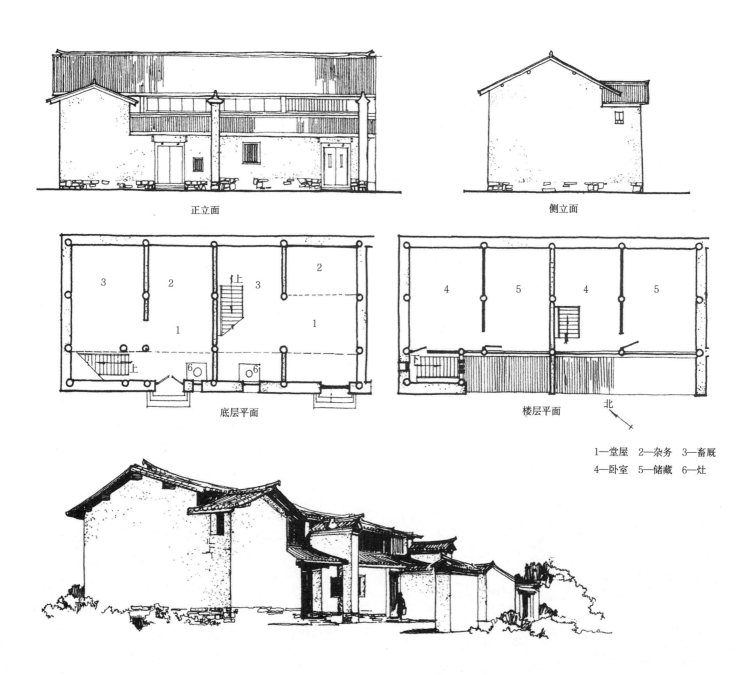

正立面

侧立面

3　　2　　上　3　　　　2

1　　　　　　1

上　6○　○6

底层平面

4　　5　　4　　5

楼层平面

北

1—堂屋　2—杂务　3—畜厩
4—卧室　5—储藏　6—灶

图5-79　阿拉乡海子村4号宅平面图、立面图、外观图

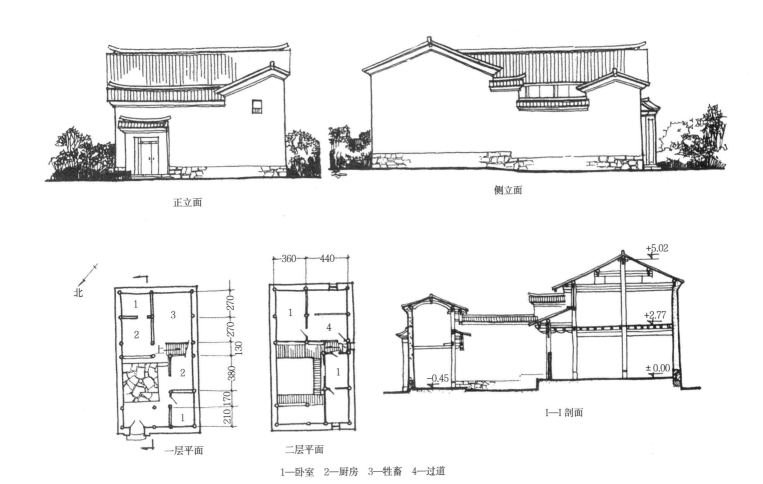

正立面

侧立面

北

一层平面

二层平面

1—卧室　2—厨房　3—牲畜　4—过道

I—I 剖面

图5-80　阿拉乡阿拉村1号宅平面图、立面图、剖面图

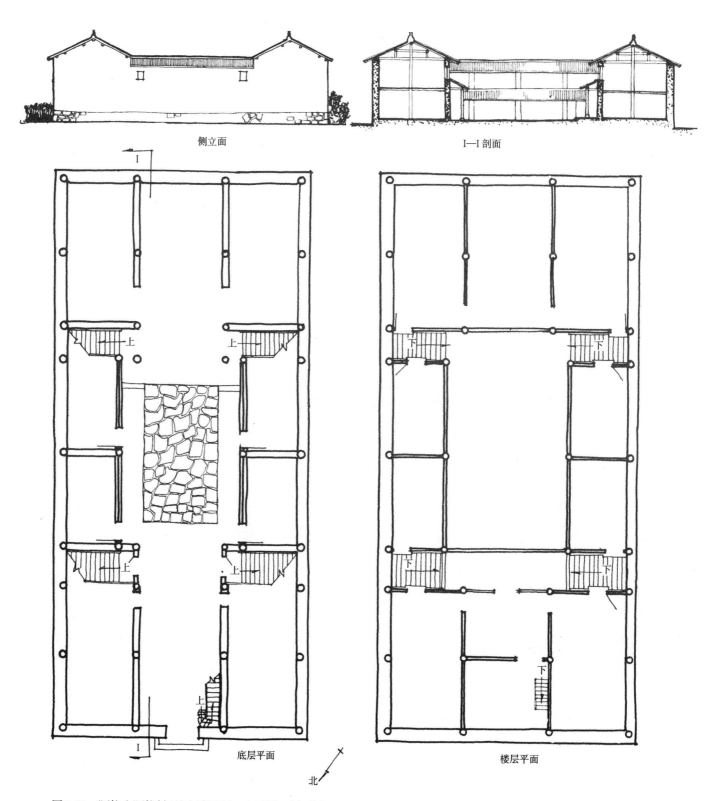

侧立面

I—I 剖面

底层平面

楼层平面

北

图5-81 阿拉乡阿拉村4号宅平面图、立面图、剖面图

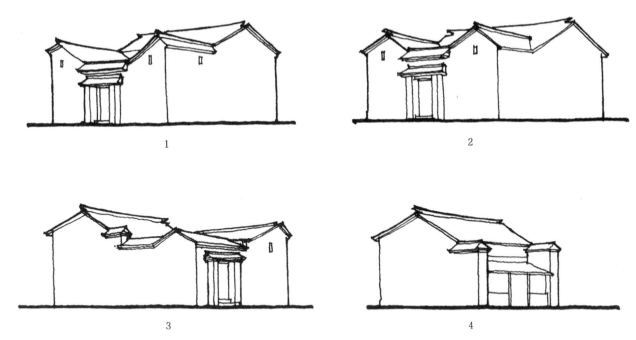

图5-82　一颗印民居外观的几种形式　　　　1—基本形式　2—两耳房双坡屋面，与正房屋面相交成天沟　3—单耳房　4—无耳房

（三）外观、装修及构造

一颗印民居外观与平面相呼应，较为方正对称，土墙瓦顶，屋顶双坡，但厢房屋面分长短坡，长坡向内，短坡向外，以其向心性突出中心（也有的是对称的双坡），简朴、敦厚，别具特色（图5-82）。

房屋稍有高低以分主次，正房一般较厢房高两个踏步，约30～40厘米。正房底层高2.6～2.8米，楼层高2.1～2.3米。厢房底层高2.2～2.3米，楼层高1.3～2米。这样处理，不仅使屋面高低穿插，主次有别，而且厢房的屋面恰恰穿插于正房的上下屋面之中，不用天沟，避免容易漏雨之弊。正房普遍采用有腰厦的重檐式，厢房用挑厦重檐，正厢房屋，层层屋面，相互穿插，恰到好处，使内院立面颇为丰富。

大门是整个建筑外装修的重点，还常用砖柱包檐处理（图5-83、图5-84）。房屋外檐口用砖瓦封檐（图5-85）起防风牢固作用。屋脊端部用瓦重叠起翘（图5-86）。

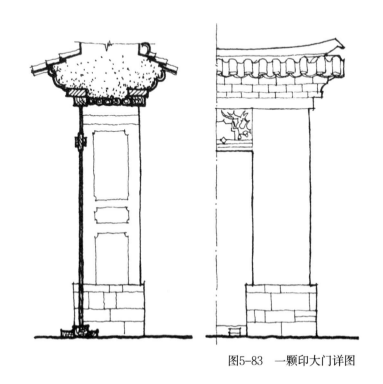

图5-83　一颗印大门详图

图5-84　一颗印大门外观

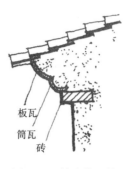

板瓦
筒瓦
砖

图5-85　外墙檐口构造详图

图5-86　屋脊端部起翘图

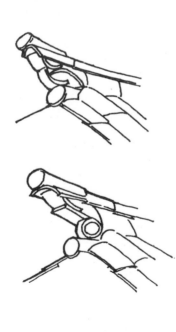
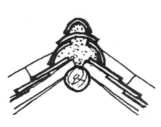
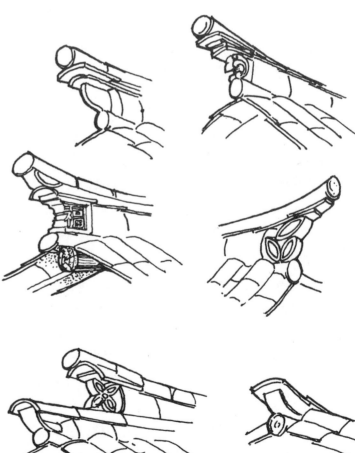
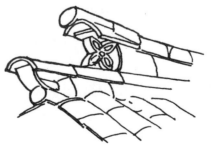
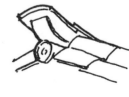

院内木装修视家庭经济情况繁简不同。一些经济较富裕的人家，装修较多，主要部位是挑檐，特别是正房厦廊的挑檐。梁头及檐口檩、枋、雀替均做精美雕刻，如卷草、龙首，螭首，回纹等，有的用垂柱，亦颇富装饰性（图5-87）。楼房檐口高，不易看见，做法较简单，仅将梁头棱角修圆，或雕以简单的线口（图5-88）。

图5-87　廊檐下梁枋装饰举例

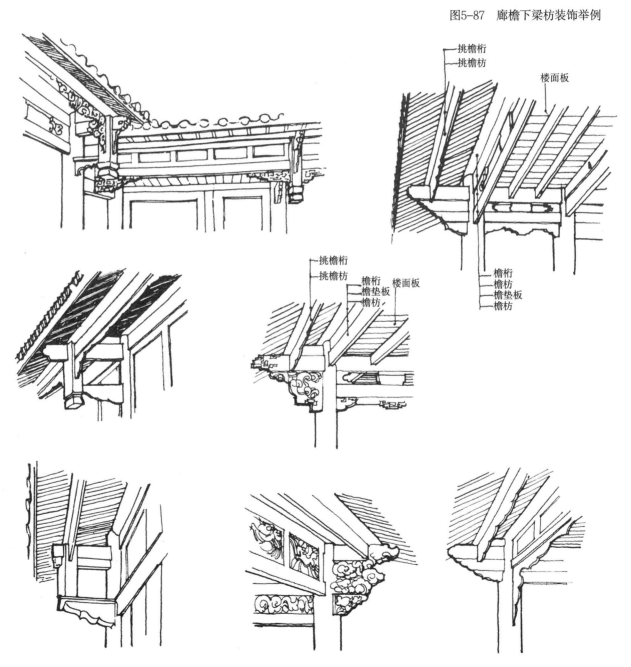

正房底层明间装六扇格子门，木雕虽不及白族的华丽，但也简朴大方（图5-89）。窗子多用实拼木推窗，既不影响室内空间，也便于窗台上晾晒农作物（图5-90）。外墙小木窗，双扇开启式，形式较简单（图5-91）。隔断一般均为木板（图5-92）。

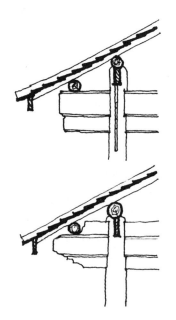

图5-88 屋檐下梁枋只雕简单线脚

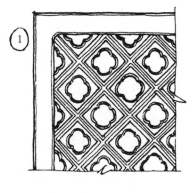

图5-89 一颗印民居正房一层明间格子门详图

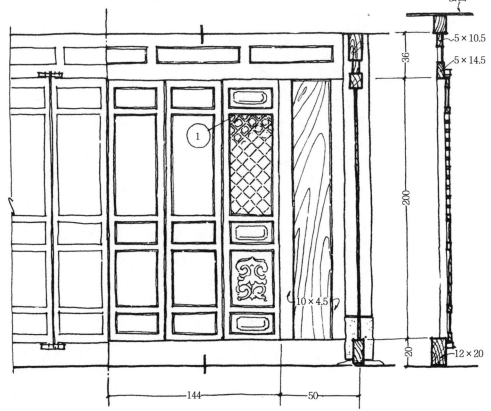

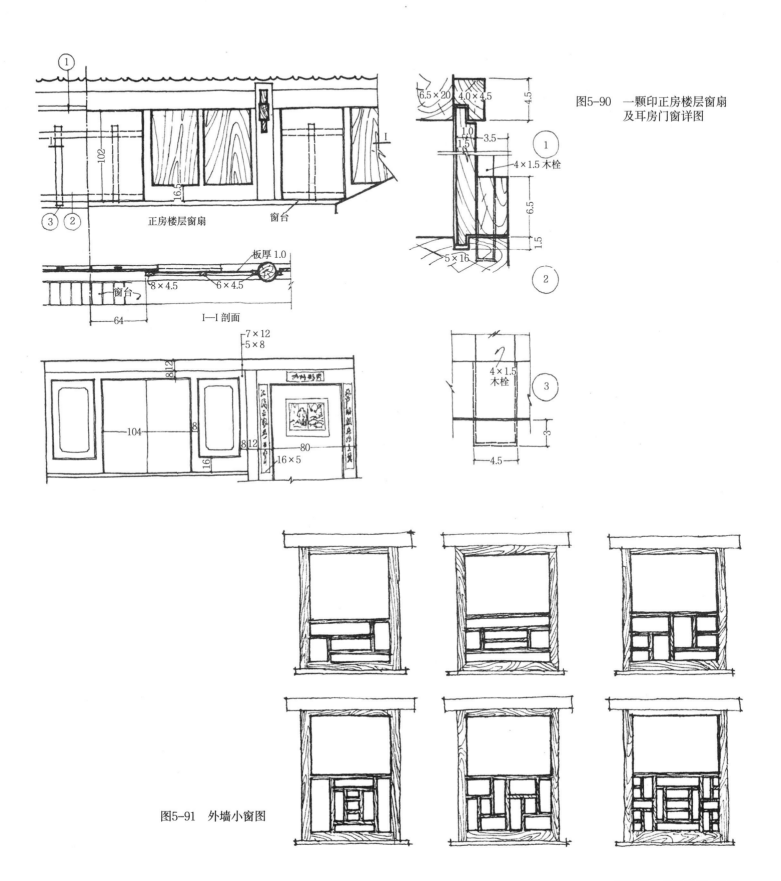

图5-90 一颗印正房楼层窗扇
及耳房门窗详图

正房楼层窗扇

窗台

I—I 剖面

4×1.5 木栓

5×16

4×1.5
木栓

图5-91 外墙小窗图

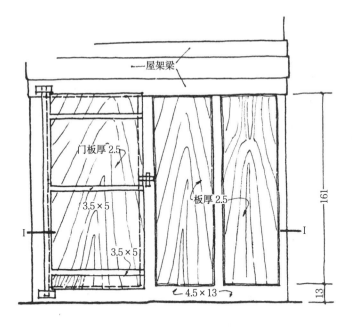

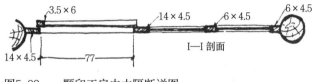

图5-92　一颗印正房内木隔断详图

木桩下有柱础，做法有精致和简单之别（图5-93）。天井地坪一般用块石砌筑，组织排水（图5-94）。

房屋以木柱、梁架承重为穿斗式及抬梁式。开间进深尺寸出入不大，一般正房进深五檩，厢房及大门内侧倒座进深三檩，个别倒座采用三檩双坡。阿拉村1号的倒座梁架用月梁较为少见。

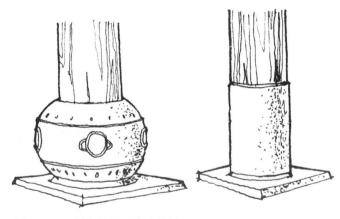

图5-93　一颗印民居石柱础举例

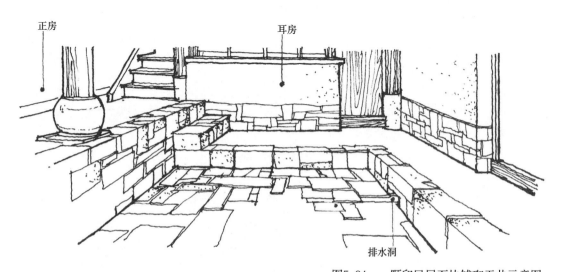

图5-94　一颗印民居石块铺砌天井示意图

海子村 1 号、2 号梁架做法，较具代表性（图 5-95），
正房为五檩穿斗。三步梁为二根。五步梁为三根，并伸出，
支承挑檐檩。梁断面为方形，两侧微有圆弧。瓜柱为板形。
枋和梁架连接处有牛腿。梁架不用铁件，全用榫接，断面
较大。

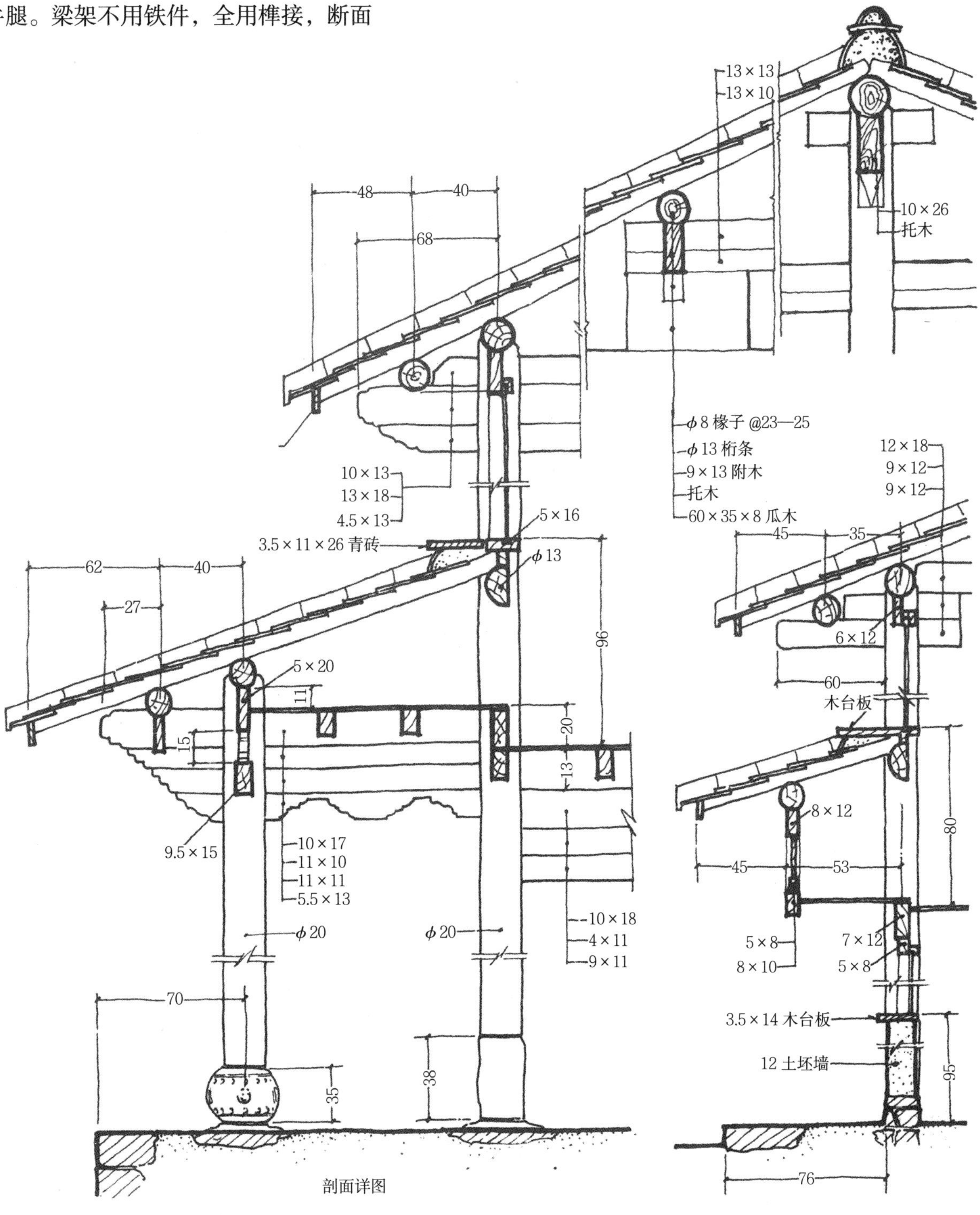

13×13
13×10

10×26
托木

48　40
68

φ8 椽子 @23—25
φ13 桁条
9×13 附木
托木
60×35×8 瓜木

12×18
9×12
9×12

10×13
13×18
4.5×13

5×16

3.5×11×26 青砖

φ13

45　35

6×12

62　40
27

5×20
11
15

96
20
13

60
木台板

8×12

9.5×15

10×17
11×10
11×11
5.5×13

80

45　53

φ20

φ20

10×18
4×11
9×11

5×8
8×10

7×12
5×8

70

38

35

3.5×14 木台板

12 土坯墙

95

图5-95　梁架构造详图

剖面详图

76

图5-96　腰厦及挑厦屋面空间的利用

　　腰厦和挑厦屋面空间，均铺木板，构成空间加以利用（图5-96）。房屋用料就地取材，土坯墙，不承重，毛石砌勒脚，美观坚固。

　　一颗印和曲尺形民居，院落虽不大，但已能解决家务活动，晾晒农作物、散养家禽、排水、通风等功能要求，创造了一个独家独院的生活环境，为人民所喜爱。旧民居采用此种形式者颇多，有的民居虽非标准的一颗印形式，但仍保留其平面上的特点，由正房、厢房组成院落，厢房可为单层。

　　一颗印民居房间多，有效面积大。适宜人口多的家庭居住，但用料多，建造投资大。曲尺形面积较小，用料、投资较少，适宜人口少的家庭。

　　新中国成立后20世纪60年代新建民居未按传统平面设计，形如城市的外廊式住宅，使用公共楼梯，各户无独用院落，农具、柴草无处存放，住楼上者厨房无法解决，家禽无处散养，农民反映不好住，门窗大，风大且冷，也不安全。

　　由此可见，民居传统形式是因自然条件，风俗习惯，生活、生产功能要求而逐步形成，城市形式住宅不能满足农村的特殊需要，不受欢迎是理所当然的了。

六、木楞房（井干式）民居

　　在滇西北小凉山、宁蒗、永宁一带彝族居住地区，森林密布，交通不便，建筑技术不发达，民居均以简单的木结构，充分利用地方材料，修建基本满足生活生产要求的住房。一般是木楞房，即井干式，与附近纳西族（摩梭人）住房基本相同。

　　木楞房亦称垛木房，系当地人民的称呼。外墙和内墙都是用去皮圆木或砍成的方木叠成，木楞接触面局部砍削，利于叠紧稳固并防水。墙角处交叉相接，隔墙的木楞也交叉外露，粗率地现出一根根叠积的圆木，不加油漆。有些地区于木楞缝处抹泥以防风寒。屋顶悬山式，坡度平缓，枋上无椽，直接铺瓦，瓦是以薄木片充当，木片互相叠盖且有重盖两层的，皆不用钉，只以石块压在上面。木片系将木纹挺直的沙松树先锯成约2米长的圆木段，再用刀削砍成1～2厘米厚、薄而直的薄片，称为闪片。故有人称这种房为闪片房。有些地区的房屋又称之为"竹篱板舍"，即竹篱笆墙，有的敷泥，板舍即上述木片顶。这些房屋的特点是结构简易，就地取材，费用低廉，容易建造，一刀一锯即可建成。各户间只有规模大小、质量好坏的差别。新中国成立后人民生活水平提高，技术水平也相应进步，这类房屋终因费木料，逐渐被夯土墙筒板瓦顶房屋取代，有的地区只有畜厩等还保留木楞墙土掌房顶或木片顶的形式。

　　（一）村寨

　　从我们所到地区来看，村寨亦多分布于山巅或山腰，为大分散小集中形式，规模不大，最多者达十余户。还有独家户，依山而建，院子较大。房屋有一方房的，劳动力强而人口多者有组合成三合院、四合院的。

　　材寨规模小的原因，可能是为减少火灾威胁以及因民族习惯，受地形地势限制等原因。

村寨选址都考虑了有充分的日照、通风。因受山脉走向的限制，大多数朝向是坐西向东或坐东向西。附近多有足够供人畜饮用的水源。视野开阔，有方便的交通出口。

（二）房屋

民居组成形式有"一"字形、曲尺形、三合院、四合院等形式。正房是三开间平房，明间是堂屋，一般作厨房及待客用，设火塘做饭、取暖及照明。其上多以绳索吊一长方形木架，上置竹席，以烘烤粮食，是本地区彝族干燥粮食的特殊方法。火塘中的火终年不息，边设地铺，家人及来客围火塘席地而坐，并各有一定位置，客人夜宿亦在此处。堂屋右次间是主人卧室，一般不容外人入内。左次间是杂用或畜厩。多数住房设简易阁楼，堆放粮食或供子

女就寝。新中国成立后人民生活改善，民居也有变化，房屋加多，另建畜厩，卫生条件有所改善。

宁蒗大兴大队陈万民宅（图5-97），是近年所建的一四合院，除正房外，另建了厨房畜厩柴棚等，居室卫生条件有了改善。正房是木楞房，木楞（垛木）墙承受屋顶重量，故前廊是三开间，内部却均分为两大间。屋顶覆筒板瓦。外间有火塘，设地铺，是待客家人团聚处。内间是主人卧室，上设阁楼存放粮食。厨房是土墙筒板瓦顶。畜厩及柴棚都是木楞房木片顶。宁蒗大兴大队某宅（图5-98），有正房、畜厩及柴棚围成三合院。正房是三开间，夯土墙筒板瓦顶。中是堂屋，设火塘煮饭，边有地铺。右次间是主人卧室，左次间是杂用房。畜厩是夯土墙木片顶，柴棚是木楞房木片顶。

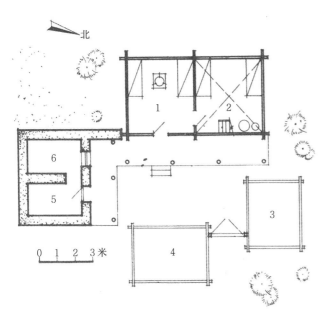

图5-97　宁蒗县大兴大队陈万民宅平面图

1—堂屋　2—卧室（上有阁楼）
3—柴棚　4—畜棚　5—厨房
6—储藏

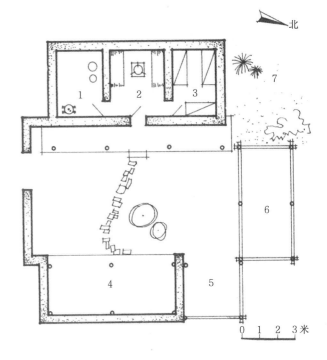

图5-98　宁蒗县大兴大队某宅平面图

1—杂物　2—堂屋　3—卧室
4—畜棚　5—饲料棚　6—柴棚
7—菜地

南华咪牙井大队还保留着少量的木楞房民居，如罗运祥宅（图5-99），是木楞墙，筒板瓦顶，墙缝抹泥避寒。设火塘煮饭取暖，有简易橱楼存放粮食。据说过去咪牙井民居是土掌房或木楞房木片顶，新中国成立后，生活水平提高，且木材减少，民居用料多被土墙瓦顶所取代。现在咪牙井还有一些畜厩是木楞房，屋顶是土掌房或瓦顶。

外墙很少开窗，房屋低矮，室内光线不足。

木楞房不用木构架，木楞墙即可承受屋顶重量。木楞上下砍平或一边砍成凹弧形，上下叠砌，基本平直，大小均匀，木缝统一。缝隙抹泥者更能防风避寒。

七、结语

彝族在我省分布较广，民居因地区自然经济条件风俗习惯和其他民族影响的不同，呈现出不同形式，各有其地方特色。

各地彝族人民都善于适应自然特点，以经济的手段，建造满足生产生活功能需求的各种形式的民居。如适应炎热气候和功能需求的无内院土掌房民居；在山高坡陡地区的有部分瓦顶的土掌房民居，既是房屋又是晒场，总结出泥土地坪存放粮食不会霉烂的经验；在昆明多风地区的一颗印民居，具防风的特点；在林源丰富地区的木楞房木片顶民居，就地取材，因地制宜等，各具特点。说明民居形式，风格的形成是基于各地的地形、气候、自然、经济风俗习惯等等客观条件和生产生活的需求，同时也是各民族间建筑技术互相交流为我所用，长期总结发展的结果。

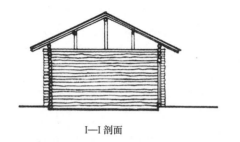

I—I 剖面

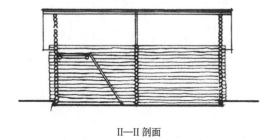

II—II 剖面

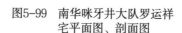

图5-99　南华咪牙井大队罗运祥宅平面图、剖面图

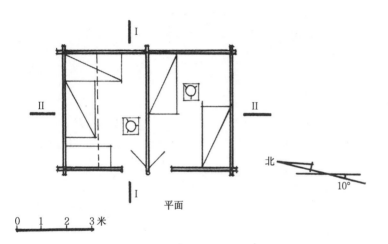

北

10°

平面

0　1　2　3米

208　云南民居

第六章

傣族民居

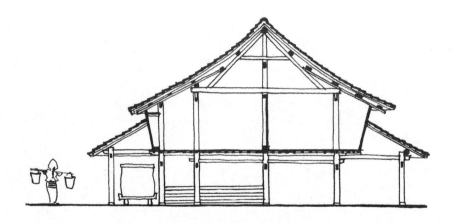

一、自然与社会概况

（一）自然条件

西双版纳傣族自治州位于我省西南部，与缅甸、老挝接界，澜沧江及其支流贯穿其中，境内诸山都是怒山的余脉，是平原多于山地的地形。

德宏傣族景颇族自治州位于我省最西部，西与缅甸接界，地形处于北为横断山地，东为云南中部高原，西为伊洛瓦底江平原等三种地形过渡地带，地势起伏差异很大，潞西、瑞丽、陇川等地，地势大为降低，为低山和平原相间的地形。

气候因地势垂直高差引起的变化较大。山间盆地海拔1700米左右属温带气候；低山间平原海拔750～900米，属亚热带气候；西双版纳的橄榄坝海拔500米，已属热带气候。傣族人民多居于河谷平坝地区，地势较低，属亚热带气候，年平均温度21℃，终年无雪，雨量充沛，年降雨量一般在1000～1700毫米之间。全年无四季之分，只有明显的干季（11月至4月）和湿季（5月至10月）之别。

傣族居住的坝区，河谷纵横，土地肥沃，宜于种植水稻、热带植物和多种经济作物，驰名中外的"普洱茶"就产在西双版纳。茂密参天的森林分布很广，林中珍禽、异兽，种类繁多，被誉为"植物王国""动物王国"，为国内外旅游者向往之地。

丰富的物资资源，为民居提供了大量的天然建筑材料。

新中国成立前民居建筑称为"竹楼"，因所用材料几乎全部或大部为竹而得名。

（二）历史情况

傣族是一个历史悠久的民族，主要聚居在西双版纳傣族自治州（以下简称西双版纳州）、德宏傣族景颇族自治州（以下简称德宏州）以及耿马傣族佤族自治县、孟连傣族拉祜族佤族自治县。其他部分散居于云南境内30余县、市。

自古以来，傣族就是祖国各民族大家庭的亲密成员。汉代史载的"滇越""掸"当是傣族的先民，唐代史称为"金齿""银齿""黑齿""白衣"，宋代沿用"金齿""白衣"，元明写作"白夷"，清代以来则多称为"摆夷"。但上述都是他称，至于傣族自称，则一直作"傣"，中华人民共和国成立后，按照傣族人民的意愿，正式定名为"傣族"[①]。

傣族主要有三种方言，即傣泐语、傣那语和傣绷语。傣泐、傣那都有文字。

傣泐，汉话习称水傣。傣那，汉话习称旱傣，也有的译为汉傣。傣绷，汉话习称花腰傣。傣那在历史上与汉族政治、商业、文化上交流较多，受汉族影响较深，如傣那大多有姓，傣泐却无姓。傣那住房似汉族的平房，傣泐则为干阑式楼房。傣那风俗及耕作技术等也与汉族相近[②]。

---

① 引自《云南少数民族》云南省历史研究所编著。
② 引自全国人民代表大会民族委员会编：《云南省德宏傣族、景颇族自治州社会概况、景颇族调查之三》。

新中国成立前，傣族地区社会发展很不平衡，大致可分为三种类型。1. 以西双版纳为代表的领主制保存比较完整的地区。辖区内一切土地、山林、河流都属于最高领主"召片领"（意为广大土地之主）所有，农奴耕种领主土地必须交纳劳役地租和实物地租。不种领主土地的人也要交各种租，如"买水吃"、"买路走"、"买地住家"，甚至死了人埋葬，也必须"买土盖脸"等。召片领下管辖三十余"勐"（意为一片地方或坝子），由"召片领"和"召勐"（意为一片土地之主）控制。农民分为"滚很召"、"傣勐"和"召庄"三个等级，他们都必须向领主交纳劳役地租和实物地租，受领主的超经济剥削。2. 以德宏、孟连、耿马等地为代表的领主制向地主制过渡的地区。3. 以景谷、新平、元江等地县为代表的地主经济已经确定的地区，早已进入地主经济阶段，傣、汉、彝、白、哈尼等各族农民共同遭受地主阶级的剥削压迫①。

1950年德宏州和西双版纳州人民先后获得解放，在党和政府的领导下，进行了土地改革，废除了封建领主土地所有制，工业、农业蒸蒸日上，面貌焕然一新。

（三）宗教风俗

1. 宗教及领主制度对民居的影响

新中国成立前，边疆傣族人民信仰小乘佛教和原始宗教。小乘佛教的信仰并带有全民性，佛寺遍及各村寨。男孩从八九岁开始就须入寺当一段时期的和尚，并以此为荣，成人后才有社会地位。群众的斋佛赕佛（即布施）活动极为频繁，各斋日节日都举行盛大的赕佛活动。佛教与封建领主制有密切的关系，僧侣有严格的等级界限，升级由领主批准，最高级僧侣只能由召片领和召勐的亲族充任。领主常在宗教节日亲临佛寺，以佛的名义加封头人，以麻醉广大群众。故傣族佛寺颇多，几乎各村寨都有，并位于村寨的显要地点；是村寨的主要公共建筑，也是傣族村寨总图布置的突出特色。

原始宗教活动，主要有祭寨神寨鬼，即村寨的保护神，每年不定期祭典。还有勐神勐鬼，大都是勐的祖先。此外还有其他鬼神，如家鬼、水田鬼、旱田鬼等。

傣族崇信佛教，但无家神，西双版纳州宅内无供神处，调查所见，仅橄榄坝曼夏寨有的宅内有供神处。据说因此寨从前有汉族居住影响所致。德宏州傣那有家神，在堂屋中设佛龛。

西双版纳迷信禁忌较多，如木柱均有不同的传统和名称，中柱是人死后洗身时所靠，平时禁止人靠。又如客人不能坐于火塘上方及跨过火塘等。

封建领主制除以宗教鬼神麻醉广大群众之外，对劳动人民的居住建筑和政治上做出许多限制与规定，有些并有成文，但多已遗失。通过座谈访问了解②，可看出对民居建筑的限制是相当多的。

关于村寨：有些习惯及惯例，认为守则吉，违则祸。如西双版纳规定佛寺对面与侧向不能盖房子；民房楼面高度不能超过佛像坐台的台面；村寨房屋方向一致，屋脊不互相垂直；建寨有一定范围等。德宏州规定佛寺墓地等不能在寨头，只能在寨的中部和尾部，这些规定直接影响着村寨房屋布局。

关于民居：西双版纳规定劳动人民的房屋不能建瓦房；质量和规模都不能超过头人的房屋；屋架只能用三榀，且不能用梁架形式；屋架的中柱须楼上、下分为两根，不能用通柱；楼层柱高一拿加三捶③；不用石柱础；楼梯不可分段（即不可用梯中段平台）；不准作雕刻花饰；不准用床及座椅等。德宏州对傣那规定亦不准建瓦房；廊子不能作三间，只能一间或两间；堂屋不能用六扇格子门；堂屋通向左右卧室的门不能相互对正等。而两地区的各族头人不受此限，有的则须向上一级送礼经批准可免此限。

由于以上种种限制，使民居建筑技术长期停滞不前。

---

① 引自《云南概况》云南日报编辑部调研组编。
② 1962年勐海县刀正刚副县长、勐海县政协委员、景洪州人民委员会历史研究室刀科长及政协刀委员等介绍。
③ 傣族建筑丈量单位为拿，即两臂平伸的长度，肘即臂肘至手指尖的长度，捶即一个拳头。

新中国成立前的劳动人民住房为草顶，房屋低矮，质量差，寿命短，一二十年就须重建。新中国成立后，这些限制随剥削制度一同消灭，在国营建筑企业带动下，建筑技术有很大的提高，建筑材料也有较大的发展。

2. 风俗、习惯形成的民居特点

傣族是一夫一妻制，幼子继承，年长子女成家后，一般即与父母分居，另立门户建新房。因此，一个家庭一般为1～2代，最多3代，民居建筑面积及组成都与小家庭相适应。

西双版纳傣族（傣泐）习住楼房，且男女数代同宿一室，故民居中卧室常为一大间，不使用床桌，席地而卧，近年来开始有所改变。德宏州瑞丽地区分室居住，近年来改变更大，分室居住者颇多。

民居的堂屋中设火塘，供做饭烧茶，家人于此团聚。西双版纳火塘中常年火不熄灭，往往烟雾弥漫，日久房屋均被熏黑。据说可免遭白蚁为害，但烧柴的数量极为可观。德宏州瑞丽地区，在楼下另建厨房，楼上火塘仅为冬季取暖时用，因而室内较为清洁、舒适。近年来有些新民居已取消火塘，窗面积加大，室内明亮洁净，通风良好。

德宏傣那习惯住平房，使用床桌等家具，分室居住。新中国成立前，傣族宅内无厕所，近年新建民居，有的已在宅内建厕所。

二、傣族民居的传统形式

傣族分布较广，居住建筑随各地自然条件、风俗习惯的差异及不同民族的影响，形式各不相同。傣族主要聚居地西双版纳州和德宏州瑞丽地区的民居传统形式，系"干阑"式建筑，俗称"竹楼"。"干阑"建筑主要特点是用竹或木为柱梁搭成楼房，上层住人，下层关养牲畜，堆放杂物。

干阑建筑出现较早，而且应用范围较广泛，当时的干阑多以竹材为骨干，以茅草覆盖。

另据傣族民间传说，对其房屋修建和形式的描述也颇具风趣。一说：最早统治者帕雅寻巴底建宫殿时，万物都来相帮，龙、野狗、猴子等教他做楼梯、立柱子、做穿梁，终于形成现在的形式。至今傣族民居仍有"龙梯"、"狗柱"等称呼。一说：古时诸葛亮到达傣族地区，傣家人向他请教房子怎样盖，诸葛亮就在地上插上几根筷子，脱下帽子往上一放，说："就照这个样子去盖吧"。所以傣族竹楼就像一顶支撑着的帽子，晒台就像帽冠[1]。虽为传说，也说明傣族较早的房屋形式就是楼居的干阑建筑。

又从傣族传说《山神树的故事》说道：远古洪水泛滥时，曾有几家傣族因巢居大树而逃脱了危难，以后傣族才开始了向"神树"的祭祀，直至新中国成立前[2]。联系有巢氏架木为巢的传说，可以联想干阑建筑是由巢居发展而成。

傣族至今居住干阑式建筑，分析其原因主要是：1. 防潮湿：气候炎热，潮湿多雨，架空楼居，利于通风散湿，较为干燥。2. 利散热通风：气候本已炎热，又在室内设火塘炊事，墙壁楼板等用竹篾或木板，均有较大缝隙，可散热排烟，通风良好。3. 避虫兽：西双版纳森林丰茂，野生动物甚多，危害人类，楼居较为安全。4. 避洪水：傣族住于坝区，每年雨量集中，常遇洪水泛滥，楼下架空，利于洪水通过，可减少危险。调查时据橄榄坝傣族说："竹楼的竹篾多空隙，且系绑于梁上，洪水泛滥时，易将其取下减少浮力，待洪水退后再铺上"，也反映了防洪水的原因。

西双版纳与德宏瑞丽民居虽都为干阑式，却还有不少差别，详见后述。

德宏地区傣那的民居形式，多草顶平房。傣族本无水旱之分，元代以前，只是一种傣族即今日的傣泐，西双版纳、德宏一带都是傣泐族[3]。前面所谈史记载百夷楼居为干阑，可知傣族古时的民居均为干阑式。元明以后，各民族

---

① 引自"西南少数民族风俗志"《思想战线》编辑部编。
② 引自"傣族简史简志合编"。
③ 引自"德宏州景颇族调查材料之三"。

杂居，部分傣族接受了汉族文化影响而成为傣那（旱傣），风俗习惯有所改变，表现在民居上改住平房，四合院布局，但某些建筑都还保留着"干阑"形式。如德宏州潞西多数佛寺的佛殿及僧侣住房，民居的牛厩等，还普遍是"干阑"形式。

散居于元江一带河谷平坝地区的傣族，由于气候炎热，房屋形式系密梁泥土平顶式房屋，一般称"土掌房"。与当地彝族民居相同。

三、西双版纳地区傣族（傣泐）民居

在西双版纳，主要对允景洪附近的曼景兰、曼景傣、曼广龙、曼乍、曼听，勐海附近的曼真、景龙、曼贺以及勐遮附近的景真、曼累、凤凰等村寨的傣族民居进行了调查。调查点的分布情况如图6-1所示。

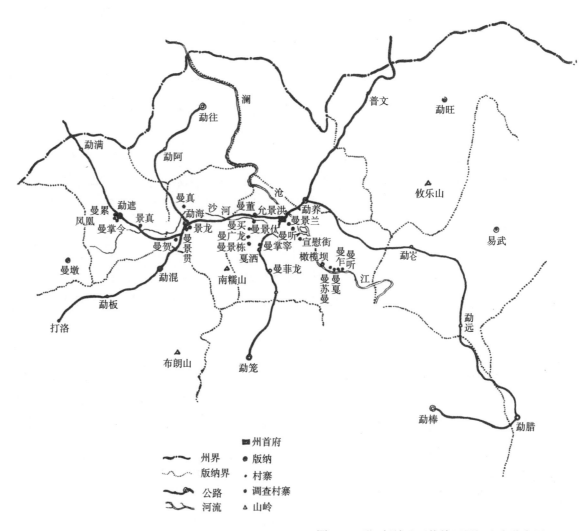

图6-1 西双版纳地区傣族民居调查点分布图

图6-2 西双版纳傣族民居外观示意图

西双版纳地区傣族"竹楼",平面布局最大特点是与汉族的以间为单位、大小相等、对称严谨的形式迥然不同,其布局灵活多样,房间大小也根据使用性质有所区别。平面近方形,楼下架空常不围栏,过去为畜厩,现在堆放杂物。楼上纵向分隔为堂屋与卧室各一间,外有开敞通风的前廊和晒台。屋顶为歇山式,脊短,坡陡,下有披屋面(即偏厦),呈重檐式(图6-2、图6-3)。

这些特点的形成与自然条件的炎热多雨及生活习惯密切相关。陡屋面利于排水,披屋面起遮阳作用。前廊开敞光线好,通风凉爽,是日间极好的作息处,室外烈日炎炎,尤觉其舒适无比。对炎热气候西双版纳民居主要采取遮阳避晒方式,使整个建筑全部深笼于浓荫之下,并采取一些通风措施来获得室内阴凉的效果,是本地"竹楼"的特点。

图6-3　西双版纳傣族民居内部组成示意图

（一）村寨

　　傣族村寨常分布于水田附近的丘陵地带或依山修建，相距2～3公里。个别村寨十分靠近，几不可分，如勐遮、五寨围于乌龟山周围，各寨相连。橄榄坝曼夏、曼乍寨亦同。村寨一般约30～50户，大者可达百户，少者仅十余户。

　　村寨由民居及公共建筑（佛寺）组成。佛寺往往耸立于村寨较高的山坡上，或附近林间空地及村寨主要入口处，多是村寨中地位显要或风景最佳的地方。在一片低矮的竹楼中，高大的寺塔建筑，丰富了村寨的立体轮廓，构成西双版纳独特的村寨风光，如图6-4所示的橄榄坝曼听寨。

　　勐海曼贺（图6-5）佛寺在村寨东端，面向广阔田野，由大路上坡抵寨，佛寺首入眼帘。路分两支，左右绕佛寺达民居部分。景洪曼景傣（图6-6），佛寺位于村寨地势最高点之主要入口处。景洪曼买（图6-7）大路由寨头经过，民居分列于寨中心街道两旁，缓坡而上，佛寺高耸于街尽端的坡顶上，构成美妙的街景视点。佛寺居高临下，显示了它在村寨中的主要地位。

　　村寨主要道路均通向佛寺，道路有呈棋盘状组合，如曼买、橄榄坝曼听，也有呈网状组合，如勐海曼贺。

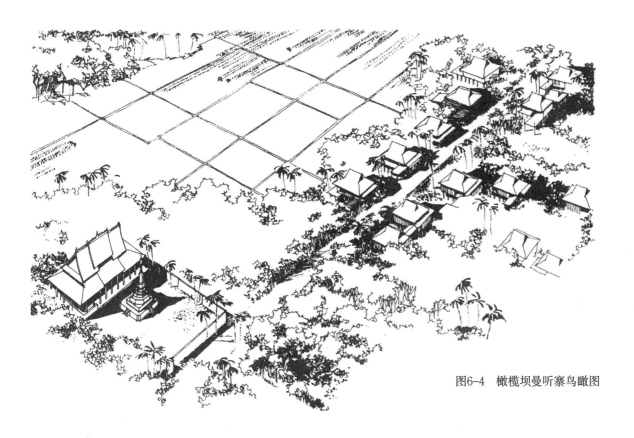

图6-4 橄榄坝曼听寨鸟瞰图

北

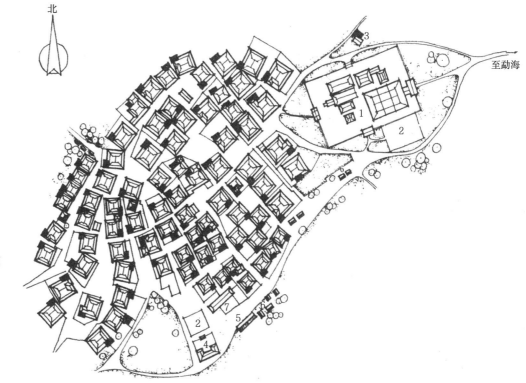

至勐海

图6-5 勐海曼贺总平面示意图

1—佛寺 2—晒场 3—水井
4—乡政府 5—医务室
6—草棚 7—仓库

图6-6 景洪曼景傣总平面示意图

1—乡政府 2—粮食公司
3—佛寺 4—仓库

至景洪

流沙河

北

I—I道路立面示意

佛寺

佛寺
民居
晒台
稻田
大片绿地
居民进口

至景洪

北

图6-7 景洪曼买总平面示意图

图6-8　西双版纳傣族村寨远景

图6-9　绿树丛中的景洪傣族村寨

一般村寨果木颇多，绿树成荫，整个村寨融于一片郁郁葱葱之中，一派亚热带风光。尤以橄榄坝一带，椰子、槟榔树高耸入云，更为之添色（图6-8～图6-11）。有的村寨因受不能超出一定范围的限制，人口增长，房屋密度较大，院落小甚至几无院落，如景洪曼景兰、勐海曼贺等。村寨房屋方向一致，排列基本整齐。新建村寨，先有规划，房屋排列更为齐整。个别村寨中竹楼屋脊有互相垂直的，如景洪曼景傣、勐海曼贺，但也是少数几户。

傣族均饮井水，水井常盖亭加以保护。

新中国成立后有些较大村寨建立了乡政府、小学、医务所、小商店等。

图6-10　傣族村寨中的道路

图6-11　水塘边上的傣族民居

图6-12 绿树围绕着的竹楼之一　　图6-13 绿树围绕着的竹楼之二

（二）房屋

各户院落布局特点与汉族民居的房屋围绕向内的封闭式庭园大不相同，而是庭园围绕房屋的花园别墅式，布局开朗自由。院落周围种以果木绿篱，"竹楼"位于中央。四周竹林果木枝叶繁茂，环境幽静，宜于居住（图6-12、图6-13）。

竹楼平面组成：

1. 基本单体

竹楼平面一般由上层的堂屋、卧室、前廊、晒台、楼梯及下面的架空层组成（图6-14）。

堂屋：位于楼上，为待客处。中设火塘，上置铁三脚架，供烹饪、烧茶（图6-15、图6-16）。家人围火塘团坐，主人坐于火塘内侧，靠墙放置炊具碗架等。客人住宿也在堂屋中。

卧室：位于楼上，与堂屋并列，同长，宽为一柱排距，并向外扩大1.0～1.5米左右，为一通间，设1～2槛门。土司头人住宅有门扇，一般民居仅挂布帘，遮挡视线。室内无床桌，只在楼面上铺垫、挂帐，席地而卧。家人数代同宿一室，睡眠位置并按一定次序排列。

傣族风俗卧室不欢迎外人进入，客来居于堂屋，但对非常要好的朋友，则邀住于卧室中，以表示亲如一家的意思。

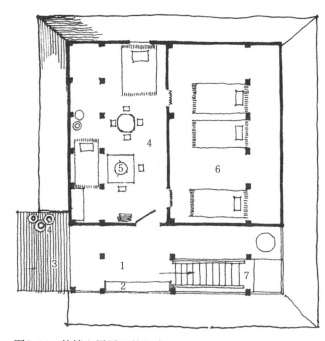

图6-14 竹楼上层平面的组成

1—前廊　2—座椅　3—晒台
4—堂屋　5—火塘　6—卧室
7—楼梯

图6-15　堂屋内部示意图之一

图6-16　堂屋内部示意图之二

前廊：位于楼上，楼梯直通前廊，四周无墙，仅有重檐屋面遮阳避雨，明亮、通风。外檐处设靠椅或铺席于其上，是日间乘凉、进餐、纺织、家务活动、待客等理想之地，每家每户所不可缺少（图6-17～图6-20）。

图6-18　前廊示意图之二

图6-17　前廊示意图之一

图6-19　前廊示意图之三

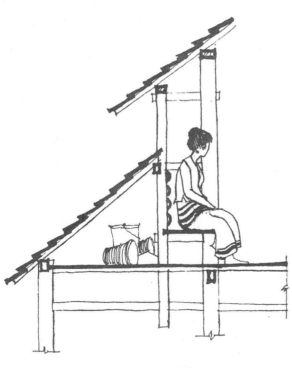

图6-20　前廊坐椅及厦柜示意图

图6-22　竹楼上的晒台之二

晒台：位于楼上，面积一般为15～20平方米，有矮栏或无栏。平时在此盥洗、晒衣、晾晒农作物等。存水的扁圆形陶土罐放于一侧，有的将存水罐放于前廊边屋檐下，并将此处楼面低下与竹晒台平，既保证廊上地面的干燥，又利于水质洁净（图6-21～图6-23）。

楼梯：一般每户一部，9级或11级（图6-24）。

图6-23　晒台上的储水罐

图6-21　竹楼上的晒台之一

图6-24 竹楼中的楼梯

图6-26 竹楼下的架空层之二

架空层：即底层，由数十根木柱，支承楼上重量，四周一般无墙。在其中存放杂物，柴、米仓，关养牲畜，碓米等（图6-25、图6-26）。

新中国成立后，人民政府号召改善住房卫生条件，提出人畜分开。至今已有些家庭于主房外另建畜厩，清洁卫生条件大大改善。

披屋面（即偏厦）：在主房四周扩大一圈檐柱，盖披屋面构成重檐。偏厦几乎将楼层墙身全部罩入其中，以遮挡烈日照射，使室内获得阴凉效果，缺点是外墙因之不能开窗，室内光线很差。

2.平面类型

民居平面组成楼下为架空层，楼上为堂屋、卧室、廊及晒台。因家庭人口、经济情况不同，规模有大小差异。平面形式可分为两类。一类仅有一幢主房；另一类主辅房屋组合，除主房外，还附建谷仓（图6-27）。

民居规模大小常以楼下若干根木柱来表示。一般民居为5~6排，40~50根，多者70~80根。柱距1.5米左右，排距约3米，最大的房屋是新中国成立前宣慰（即

图6-25 竹楼下的架空层之一

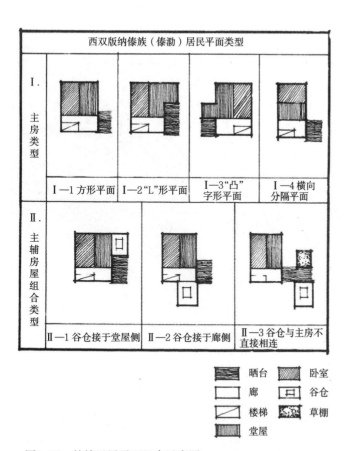

图6-27　竹楼民居平面组合示意图

西双版纳傣族（傣泐）居民平面类型			
I.主房类型			
I—1方形平面	I—2"L"形平面	I—3"凸"字形平面	I—4横向分隔平面
II.主辅房屋组合类型			
II—1谷仓接于堂屋侧	II—2谷仓接于廊侧	II—3谷仓与主房不直接相连	

晒台　卧室
廊　谷仓
楼梯　草棚
堂屋

车里宣慰使）住宅共有木柱7排120根之多。屋架跨度不大，室内均有成排木柱，所见最突出者，堂屋中竟有独立木柱16根，给人以木柱林立之感。近年来，有些民居已有改进，取消了部分木柱，室内空间有所改善。

（1）主房类型

①方形平面：是最常见的典型平面。将堂屋与卧室作纵向分隔，登梯至廊，一边是堂屋和卧室，另一边为晒台。这类民居的典型如曼买民居之二（图6-28）。勐遮台庄民居之一（图6-29），也是方形的平面组合，但扩大了卧室，将前廊楼梯侧的部分纳入，是与一般方形平面不同之处。曼夏民居之二除有上述特点外，在卧室内端隔出一供神间（图6-30），是很少见的，据说从前此寨有汉族居住，受其影响故有在家中供神的。

勐海城郊新建某民居（图6-31）堂屋共占四个柱排距，较一般民居大了不少，而且室内仅一排木柱，感觉宽敞舒适。

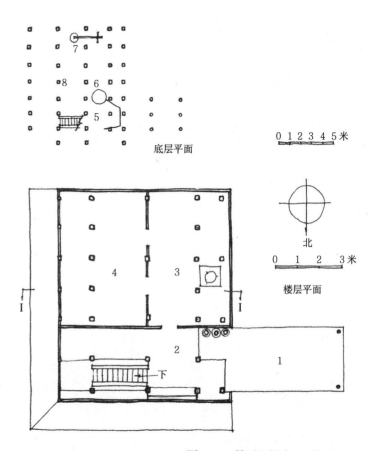

底层平面

0 1 2 3 4 5米

北

0　1　2　3米

楼层平面

图6-28　曼买民居之二平面图

1—晒台　2—前廊　3—堂屋
4—卧室　5—煮饲料　6—谷仓
7—舂米　8—杂用

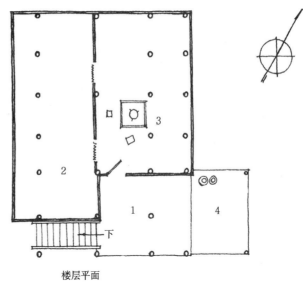

楼层平面

图6-29　勐遮台庄民居之一
楼层平面图及外观图

1—前廊　2—卧室
3—堂屋　4—晒台

0 _____ 3米

北

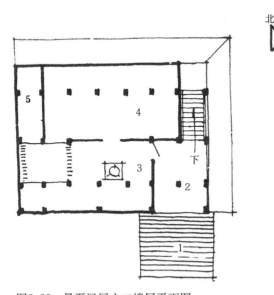

图6-30　曼戛民居之二楼层平面图

1—晒台　2—前廊　3—堂屋
4—卧室　5—供神

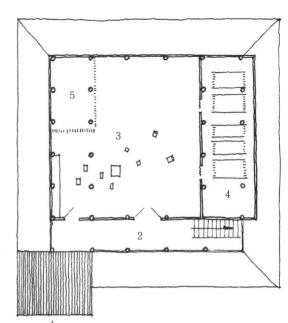

图6-31　勐海城郊新建某
民居楼层平面图

1—晒台　2—前廊　3—堂屋
4—卧室　5—客人铺位

外观图

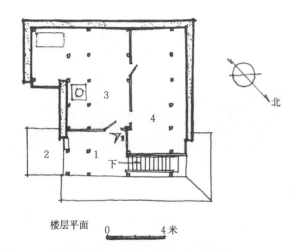

楼层平面   0 ——— 4 米

图6-32　勐遮曼掌令民居之一楼层平面图及外观图

1—前廊　2—晒台　3—堂屋　4—卧室

②曲尺形平面是在方形平面的基础上将堂屋一角扩大而成,增加了使用面积。堂屋又可分区使用,一端设火塘,烹调、进餐,另一端为起居待客处,如勐遮曼掌令民居之一(图6-32)、曼景傣民居之五(图6-33)、勐海曼景贯民居之一(图6-34)。勐海曼景贯民居之二(图6-35)楼梯直通堂屋,前廊与晒台设于堂屋另一边,又在堂屋一端,隔出卧室一间,是较少见的平面组合形式。

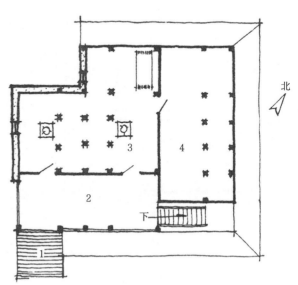

图6-34　勐海曼景贯民居之一楼层平面图

1—晒台　2—前廊
3—堂屋　4—卧室

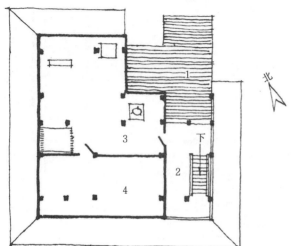

图6-33　景曼傣民居之五
楼层平面图

1—晒台　2—前廊
3—堂屋　4—卧室

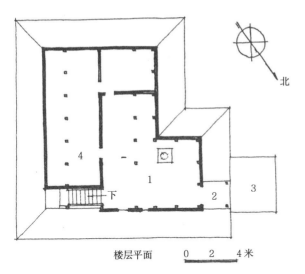

楼层平面　　　　0　2　4米

图6-35　勐海曼景贯民居之二楼层平面图
1—堂屋　2—前廊　3—晒台　4—卧室

外观图

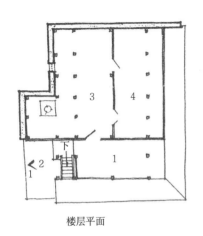

楼层平面

0　　　　　5米

1—前廊　2—晒台
3—堂屋　4—卧室

图6-36　勐遮曼掌令民居之二
　　　　楼层平面图及外观图

③"凸"字形平面亦是将堂屋扩大而成。如勐遮曼掌令民居之二（图6-36）。勐海景龙民居之一（图6-37），堂屋扩大部分有墙分隔，中设火塘，实为扩出厨房一间，解决了堂屋中煮饭时烟雾弥漫的缺点，是西双版纳地区将厨房自堂屋分离的较好例子。景洪曼光龙民居之三（图6-38）堂屋卧室分隔方法，介于纵向横向之间，卧室较小。

此两类房屋面积较大，新中国成立前多为土司头人等住宅的 平面形式。新中国成立后，不少社员新建民居也采用了此类形式。

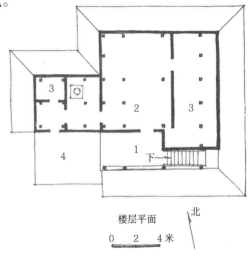

楼层平面　　　　北

0　　2　　4米

图6-37　勐海景龙民居之一楼层平面图
1—前廊　2—堂屋　3—卧室　4—晒台

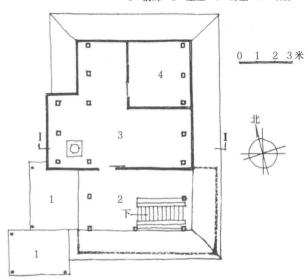

0　1　2　3米

北

图6-38　景洪曼光龙居民之三楼层平面图
1—堂屋　2—前廊　3—堂屋　4—卧室

④横向分隔，在西双版纳地区较少见。橄榄坝曼听民居之一（图6-39）为横向分隔的例子。各房间长宽比例接近方形。堂屋左半部煮饭进餐，右半部待客。据主人说这样卧室可较隐蔽。无前廊，楼梯直达堂屋，也是独特的地方。橄榄坝曼咋民居之二（图6-40）又将堂屋加大，更觉宽敞。

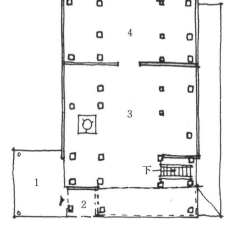

图6-39　橄榄坝曼听民居之一楼层平面图

1—晒台　2—储藏
3—堂屋　4—卧室

0 1 2 3 4 5米

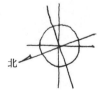

北

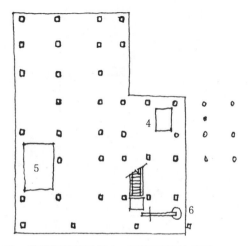

图6-40　橄榄坝曼咋民居之二平面图及外观图

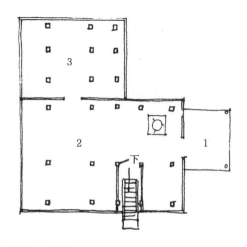

1—卧室　2—堂屋　3—卧室
4—鸡舍　5—谷仓　6—舂米

图6-41　与主房相连的干栏式谷仓

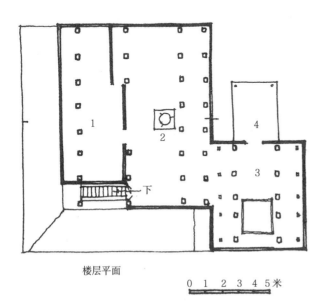

楼层平面

0 1 2 3 4 5米

图6-42　橄榄坝曼咋民居之三楼层平面图及外观图

1—卧室　2—堂屋　3—谷仓　4—晒台

（2）主辅房屋组合类型

此型新中国成立前多为土司头人的住宅形式，除主房外，相连修建干阑式谷仓，上层囤米，下层放杂物（图6-41），组合形式大致可分为以下几种：

①谷仓贴建于堂屋一侧，如橄榄坝曼咋民居之三（图5-42），由堂屋进入谷仓间。景洪曼景傣民居之一（图6-43），谷仓贴建堂屋一侧，由晒台出入。

②谷仓接建于前廊侧，如勐海曼真民居之二（图6-44），也是调查所见堂屋最大者，中有独立柱达16根之多。勐遮曼景民居之四（图6-45），谷仓规模相当大。

③谷仓与主房不直接相连，建于晒台一侧，如橄榄坝曼听民居之一（图6-46）景洪曼景兰民居之二（图6-47）等。

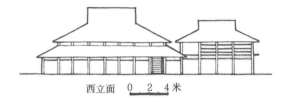

西立面　0　2　4 米

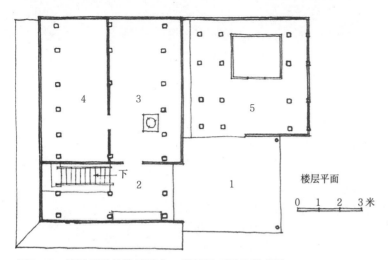

楼层平面

0　1　2　3 米

图6-43　景洪曼景傣族民居之一楼层平面图及外观图

1—晒台　2—前廊　3—堂屋
4—卧室　5—谷仓

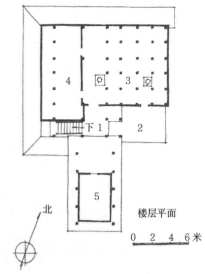

北

楼层平面

0　2　4　6 米

图6-44　勐海曼真民居之二楼层平面图及立面图

1—前廊　2—晒台　3—堂屋
4—卧室　5—谷仓

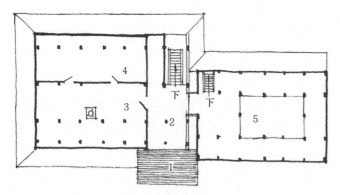

图6-45　勐遮曼景民居之四楼层平面图

1—晒台　2—前廊　3—堂屋
4—卧室　5—谷仓

0　1　2　3 米

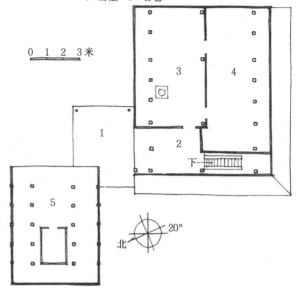

北　20°

1—晒台　2—前廊　3—堂屋
4—卧室　5—谷仓

图6-46　橄榄坝曼听民居之一
楼层平面图

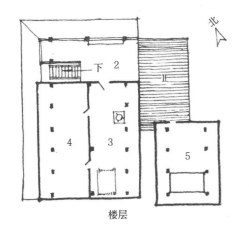

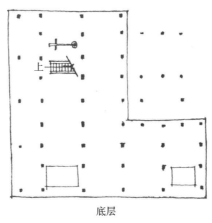

楼层　　　　　　　　　　　　　　底层

图6-47　景洪曼景兰民居之二
平面图及外观图

1—晒台　2—前廊　3—堂屋
4—卧室　5—谷仓

近年来，社员家庭收入有了很大增长，新建民居虽组
成内容与旧民居相同，但面积增大，层高加高，布局也
有些变化。景洪曼景兰新民居之三（图6-48）为干阑式，
房主系国家干部，堂屋内不放火塘，外墙开双扇玻璃窗，
室内明亮整洁，卧室分三间，有桌椅床等家具(图6-49 ~图
6-51）。于晒台侧，另建厨房一间，内设灶煮饭，居住条
件大为改善。橄榄坝曼会新民居之四（图6-52）、景洪曼
阁民居之一（图6-53）等都于晒台侧另建厨房，有的并
设烟囱通出屋面排烟。

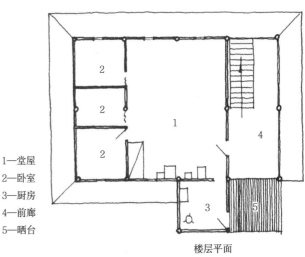

1—堂屋
2—卧室
3—厨房
4—前廊
5—晒台

楼层平面

图6-48　景洪曼景兰新民居之三楼层平面图

图6-49 景洪曼景兰新民居之三外观

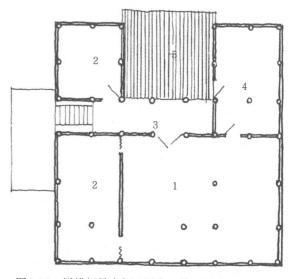

图6-50 景洪曼景兰新民居之三堂屋内景之一

图6-51 景洪曼景兰新民居之三堂屋内景之二

图6-52 橄榄坝曼会新民居之四楼层平面图

1—堂屋 2—卧室 3—前廊
4—厨房 5—晒台

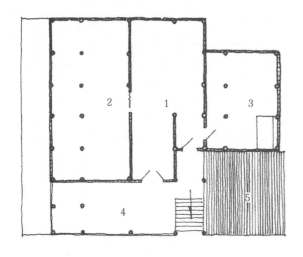

图6-53 景洪曼阁民居之一
楼层平面图

1—堂屋 2—卧室 3—厨房
4—前廊 5—晒台

图6-54 宣慰街土司住宅平面图、剖面图及外观图

1—晒台 2—前廊 3—朝拜宣
慰室 4—小会客室 5—宣慰卧
室 6—朝拜宣慰妻子室 7—宣
慰妻子、小孩卧室

（3）宣慰（召片领）宅邸（图6-54）位于景洪西南
方向澜沧江边的宣慰街，据说有大瓦房三幢，由宣慰及其
子居住。调查时宣慰所住者已破烂不堪，原有木柱120根，
现仅留大部分木柱及瓦屋顶。

据了解当年使用情况，楼上系三面环廊，两端梯设，
男女分梯上楼。朝拜室共两间，一为朝拜宣慰及宣慰办事
处，一为朝拜宣慰妻子处。卧室两间，宣慰及妻子、婢女
等均住于内。设火塘仅用于取暖，另建小楼于左侧，专事
烹调。楼下不养牲畜，四周亦无墙。宣慰之子住房尚完好
（图6-55）。房屋为长方形，有柱58根，基本为横向分隔，
楼上有堂屋一间，卧室两间，堂屋中设火塘。根据柱间遗
留痕迹看，火塘外原有内廊，每柱间均为通内廊之门，现
已不存。内廊外墙有窗，外有晒台。楼梯一座，分两梯段，
有简单木雕饰。山尖并有悬鱼等装饰。

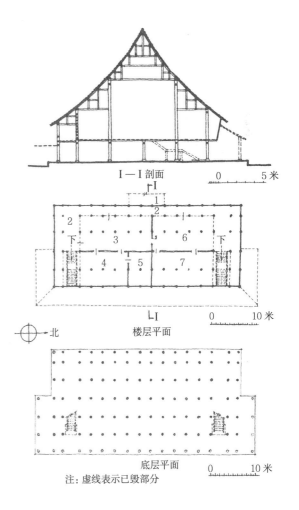

I—I 剖面　　　0　　5 米

楼层平面　　　0　　10 米

北

底层平面　　　0　　10 米

注：虚线表示已毁部分

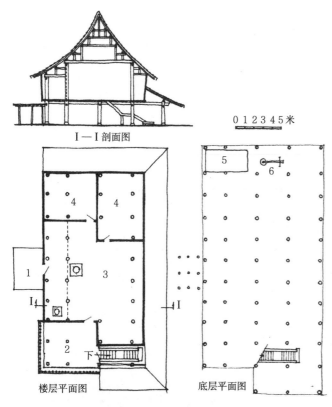

I—I 剖面图

0 1 2 3 4 5 米

楼层平面图　　　底层平面图

图6-55　宣慰街土司之子住宅平面图、剖面图

1—晒台　2—前廊　3—堂屋
4—卧室　5—谷仓　6—舂米

3.立面装修

竹楼外貌朴素无华，上覆灵活多变、轮廓丰富的歇山屋顶，下立开敞的柱林。檐深柱低，阴影浓密，屋顶和柱林、墙面和敞廊构成强烈的虚实对比。不加装饰，显露功能，结构和材料本色，形成了一个轮廓变化、光影错落、富于建筑空间感的优美形式。

歇山屋顶，坡陡脊短，两山尖正好起采光、通风、散烟作用。外墙向外倾斜，支撑着深远的出檐。下设披屋面，抵御烈日照射，由于扩大堂屋空间，使屋面凹凸多变，前廊至晒台因檐口高度低，而改为双坡屋须插入主屋面（图6-56、图6-57）。这些因功能而引起的造型变化，丰富了屋面形象，使外观灵活多变。主辅房屋组合的民居，体形更有主、次、高、低，轮廓尤多变化。

新中国成立前民居用料稍作修整，刨平即可，只有土司头人住宅才稍有装修。将木柱、板壁推直刨光，木柱成圆形或多角形。门窗栏杆有简单雕饰（图6-58、图6-59），据说宣慰住宅艺术加工较多。可惜已不存在。新中国成立后，经济状况好转，建筑技术逐步提高，民居也开始稍有装修（图6-60～图6-62）。

图6-56　竹楼前廊屋顶与堂屋、卧室屋顶互相穿插富于变化

图6-57 竹楼前廊屋顶与堂屋、卧室屋顶垂直交叉

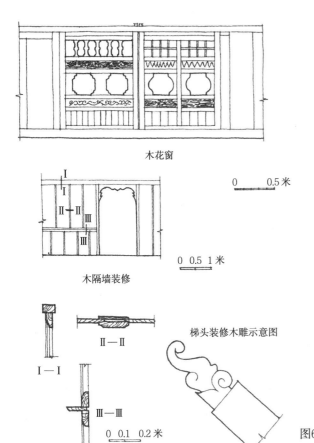

木花窗

0   0.5 米

木隔墙装修

0 0.5 1 米

梯头装修木雕示意图

I—I

II—II

III—III

0 0.1 0.2 米

图6-58 土司住宅门窗装修图

图6-59 土司住宅栏杆装饰

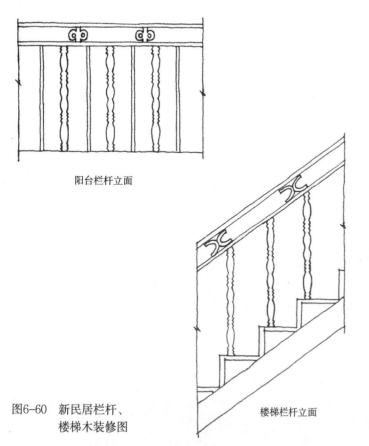

阳台栏杆立面

楼梯栏杆立面

图6-60 新民居栏杆、
楼梯木装修图

图6-61 新民居栏杆装饰之一

图6-62 新民居栏杆装饰之二

4.构造用料与施工方法

民居分高、低楼两种，即底层架空层有高、低之分。通常为高楼，底层高度能满足关养牲畜，约180～250厘米。楼层高约120～190厘米，近年所建房屋楼层高有达250厘米左右。低楼底层高60～80厘米，楼层高度同上，一般为家庭贫寒者或为汉族入赘者所建，如景洪曼光龙民居之二（图6-63）。

前廊至晒台，檐口高度低，出入不便，一般将晒台台面降低20～30厘米，或前廊缩小，晒台伸入前廊内以增加檐口高度，或将此处屋面改为两坡式，争取高度新建民居层高多数已加高，问题已迎刃而解。

外观图

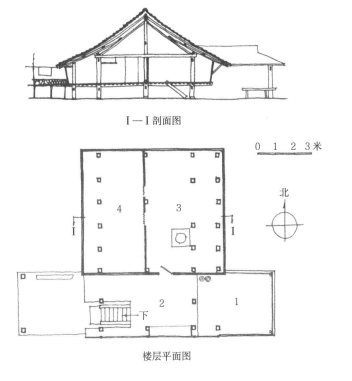

I—I剖面图

0 1 2 3米

北

楼层平面图

1—前廊 2—晒台 3—堂屋 4—卧室

图6-63　景洪曼光龙民居之二楼层平面图、剖面图及外观图

　　民居用料过去多为竹，现在屋架、柱、梁等构件多改用木材。以柱、梁、屋架等组成承重构架（图6-64）。屋架跨度一般为5～6米，两侧再接半屋架。主辅屋架坡度不同，主屋架（上折）约45°～50°辅屋架（下折）35°～45°形成两折状的屋面。屋架形式常见者有九种（图6-65）。1～8种用于一般民居。第9种为土司、头人住宅及佛寺中采用。各地采用形式常随建筑匠师及习惯做法而定，屋面材料轻，屋架用料较小。近年来，在国营建筑企业指导下有的已采用豪式屋架，如曼景兰民居之二。

　　柱网一般以三行纵向列柱为中心，每列七跨，横向间距约为3米，纵向间距约为1.5米。木柱为方形或圆形。由于其间距较小，应是由竹结构发展而来，还保留着竹结构的尺度。通常在上述三排列柱的外侧，一边或两边的1.5米处又增加一列纵柱，扩大使用面积。披屋面下另有一圈檐柱支持，此柱与上檐柱间有横枋连接，枋上立有向外倾斜的小柱，既是上檐的挑檐柱，支撑出檐深远的檐上，同

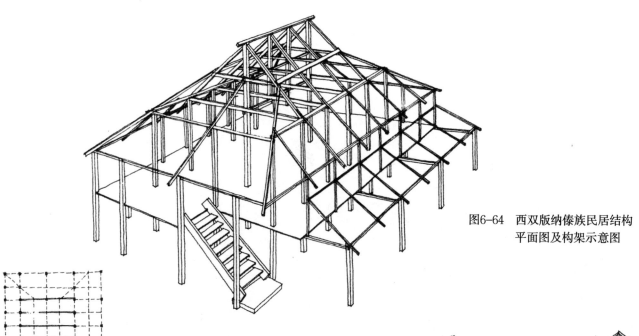

结构平面示意图

图6-64 西双版纳傣族民居结构
平面图及构架示意图

时也是外墙的骨架，使外墙向外倾斜加大使用空间（图6-66）。如无下檐，这些小柱就立在各柱间联系枋的挑头上。木梁柱用榫结合，很少使用五金铁件（图6-67），做工粗糙，榫孔不密合，用木楔牢固，易歪斜，过分歪斜时，取出木楔，牵绳纠正，再钉入木楔。故房屋寿命短，一般三五十年就需重建。

新中国成立前屋面用料多为草排，即将草捆扎成排状（图6-68）。新中国成立后多改用22厘米×11厘米，端部带钩的小平瓦（一般称缅瓦），挂于竹片挂瓦条（称"朗片"）上。平瓦叠放两层，上层盖住下层接缝。墙及楼板多缝隙，利于通风散热，用料有竹、木两种。木耐久，竹易得，各有所长。竹楼板系将圆竹纵剖展平，利用未断的纤维相连，铺于楼楞上，以竹篾捆扎，走于其上，有一定弹性。竹墙常利用竹子正反质感与色泽不同，编结成花纹（图6-69）。新中国成立后修建的民居，主要材料多已采用木材，"竹楼"几乎完全发展成"木楼"了。

木材为防白蚁、蛀虫，多用质地坚硬的杂木，并按照"七竹八木"的备料经验，即七月砍竹，八月伐木，较

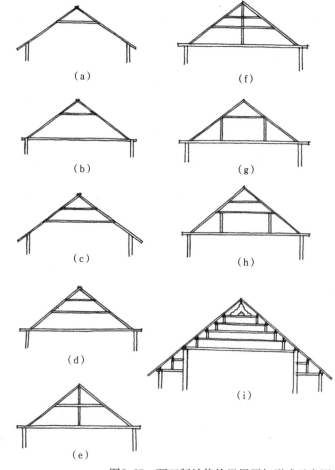

（a）　　　　（f）

（b）　　　　（g）

（c）　　　　（h）

（d）

（e）

（i）

图6-65 西双版纳傣族民居屋架形式示意图

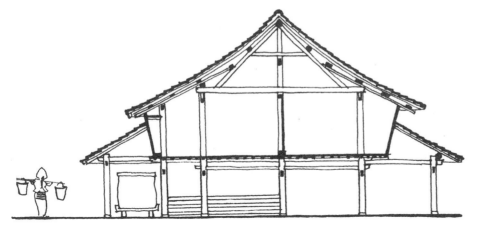

图6-66 西双版纳傣族民居屋檐、披檐
及向外倾斜的墙壁的做法

图6-68 在市场上出售的草排

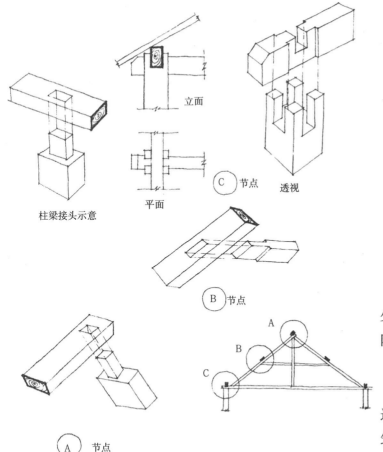

立面

平面

C 节点

透视

柱梁接头示意

B 节点

A

B

C

A 节点

图6-67 木构架节点构造示意图

少虫害。有的还将竹木砍伐后,泡于污水中,亦起到防虫、防腐的作用。

勐海、勐遮两地,外墙有用土坯者,为其他地区所少见。

傣族修建民居采取互相帮助的施工方法,在农闲季节进行,自备材料(自己上山砍伐木,竹)由"张很"(建筑匠师)指挥,全寨各户派人相助,至建成为止。建成后,宴客酬谢大家,并举行"贺新房"仪式,亲友来祝贺。"赞哈"(歌手)来演唱,非常热闹。图 6-70、图 6-71 所示是正在施工的情况。

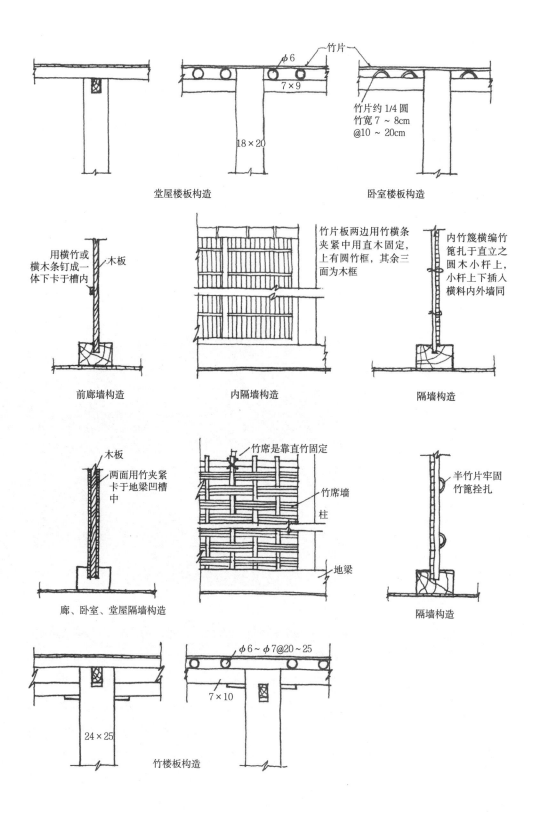

图6-69 西双版纳傣族民居
楼板及隔墙构造图

竹片

φ6

7×9

18×20

堂屋楼板构造

竹片约1/4圆
竹宽7~8cm
@10~20cm

卧室楼板构造

用横竹或
横木条钉成一
体下卡于槽内

木板

前廊墙构造

竹片板两边用竹横条
夹紧中用直木固定,
上有圆竹框,其余三
面为木框

内隔墙构造

内竹篾横编竹
篾扎于直立之
圆木小杆上,
小杆上下插入
横料内外墙同

隔墙构造

木板

两面用竹夹紧
卡于地梁凹槽
中

廊、卧室、堂屋隔墙构造

竹席是靠直竹固定

竹席墙

柱

地梁

半竹片牢固
竹篾拴扎

隔墙构造

φ6~φ7@20~25

7×10

24×25

竹楼板构造

图6-70 正在施工中的傣族民居

图6-71 正在挂瓦中的屋顶

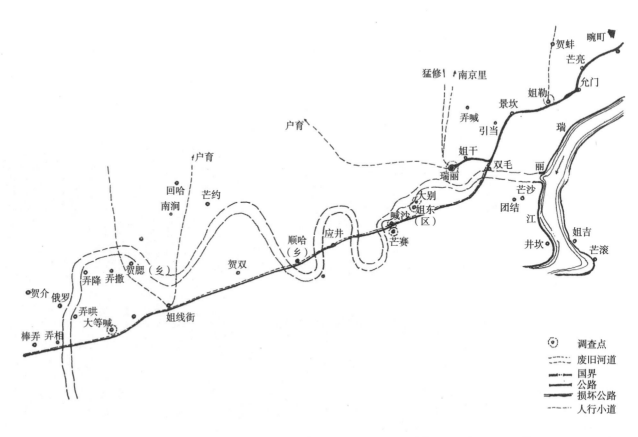

图6-72　瑞丽地区民族调查点分布示意图

图例：
- ◉ 调查点
- ----- 废旧河道
- —·—· 国界
- ═══ 公路
- ▬▬ 损坏公路
- -- -- 人行小道

四、德宏州瑞丽地区傣族（傣泐）民居

德宏州瑞丽地区傣族（傣泐）一般称水傣。瑞丽市在德宏州最西部，低山与平原相间地带，气候、地形和人民生活习惯等与西双版纳及当地的傣族（傣泐）大同小异。这次在瑞丽地区进行民居调查的地点，有姐勒、姐东、芒赛、大等喊等地（图6-72）。民居的村寨布局和个体建筑，都与西双版纳的傣族民居有许多不同之处。

瑞丽傣族"竹楼"与西双版纳"竹楼"形式上有较大差异，更具"竹楼"特色。其特点是：由干阑和平房两部分组成，干阑是住房，平房是厨房。干阑平面为长方形，布局灵活，富于变化。干阑的楼下架空层用竹篱围栏，堆放杂物。厨房相接于主房后。干阑楼上作横向分隔，为一间堂屋和数间卧室。堂屋外也有开敞的前廊和晒台。外形为歇山屋顶，脊长，外墙开窗，有的西墙外还有挑阳台避西晒。体形有干阑与平房的高低错落，屋面与前廊、挑廊的虚实对比，使外观丰富多变，活泼轻快（图6-73～图6-75）。

与西双版纳民居的不同点是无披檐屋面，堂屋外墙开窗，有的还是落地窗，组织穿堂风和空气对流，以降低室内气温。故瑞丽地区是采取以通风为主来获得室内阴凉的效果，此为本地区"竹楼"区别于西双版纳"竹楼"的特点。

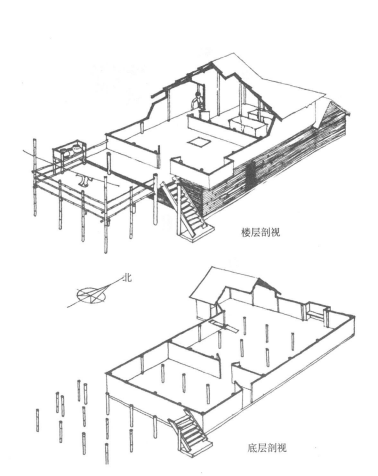

楼层剖视

北

底层剖视

图6-73 瑞丽傣族民居外观图及剖视图

图6-74 瑞丽傣族民居（竹楼）外观之一

图6-75 瑞丽傣族民居（竹楼）
外观之二

（一）村寨

村寨亦由佛寺（傣语塚房）与民居组成，佛寺在村寨中的位置不似西双版纳位于显要或风景最佳处。一般规定在村寨中部或尾部，故多在村寨西部或西北部，周围有较宽阔场地及浓郁林木。民居分布于佛寺东或东南方，如大等喊（图6-76）、姐东喊沙（图6-77）等寨总平面图所示。

村寨范围及各户占地。一般均较西双版纳大，民居依次修建于街道两旁。房屋周围葱郁的植物，自然形成了村中道路的绿障（图6-78），郁郁葱葱中竹楼隐现，亚热带风光，十分优美。

村寨中房屋屋脊方向基本一致，一般多为南北长，东西短，晒台在南端朝阳。

居民饮用井水，水井上均盖石筑小亭，似"塔龛"（图6-79），水面高，水质清，如此保护是有益的。

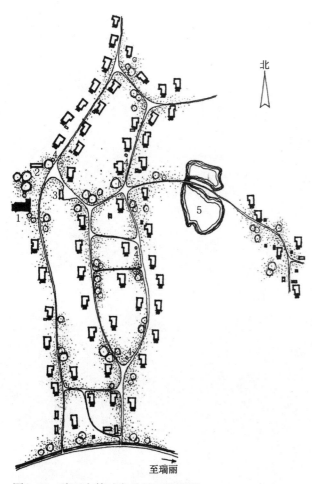

图6-76 瑞丽大等喊寨总平面示意图

1—佛寺（塚房） 2—小学
3—拖拉机修理 4—水井
5—水塘

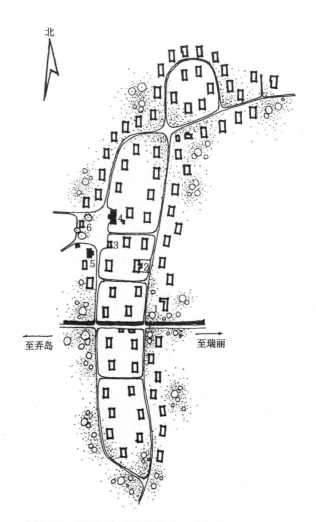

图6-77 瑞丽姐东喊沙寨总平面示意图

1—小学 2—仓库、打谷场
3—粮食加工 4—新建佛寺（塚房）
5—原有塚房 6—露天舞台

图6-78　村寨中的道路

图6-79　饮用水井

（二）房屋

民居各户以竹篱、绿化围成较大院落，竹楼建于中央，将院落划分为前后两区。宅前从事家务及副业活动，宅后种植蔬菜、果木。除主房外，院内尚有数幢杂用房屋，如大别民居之一（图6-80）。近年来修建的新民居，楼下不再关养牲畜，另建牛厩一幢，并于宅后围墙边修建了厕所，

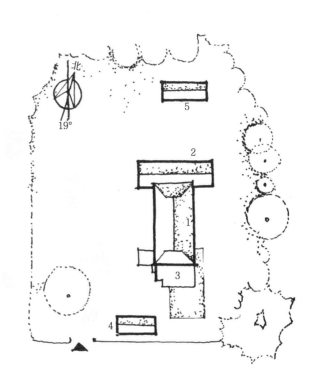

北

19°

2

1

3

4

5

图6-80　瑞丽大别民居之一
总平面示意图

1—主房　2—厨房　3—晒台
4—柴棚　5—杂用

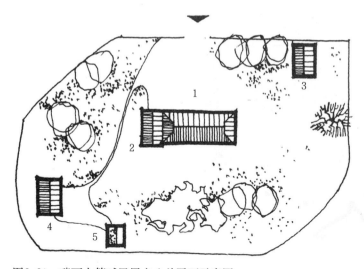

图6-81　瑞丽大等喊民居之八总平面示意图

1—主房　2—厨房　3—柴棚
4—畜棚　5—厕所

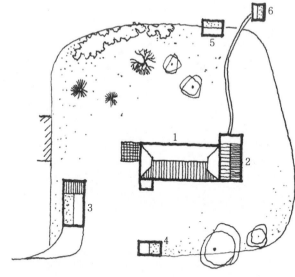

图6-82　瑞丽大等喊民居之九总平面示意图

1—主房　2—厨房　3—牛棚草库
4—柴棚　5—猪圈　6—厕所

如瑞丽大等喊民居之八、九（图 6-81、图 6-82）。

瑞丽傣泐民居院落，周围种植芭蕉、咖啡、柚子、柑橘等果树，竹林一片青翠，组成宅间的天然屏障，环境清幽，极其恬静舒适（图 6-83）。

图6-83　瑞丽傣族民居院落

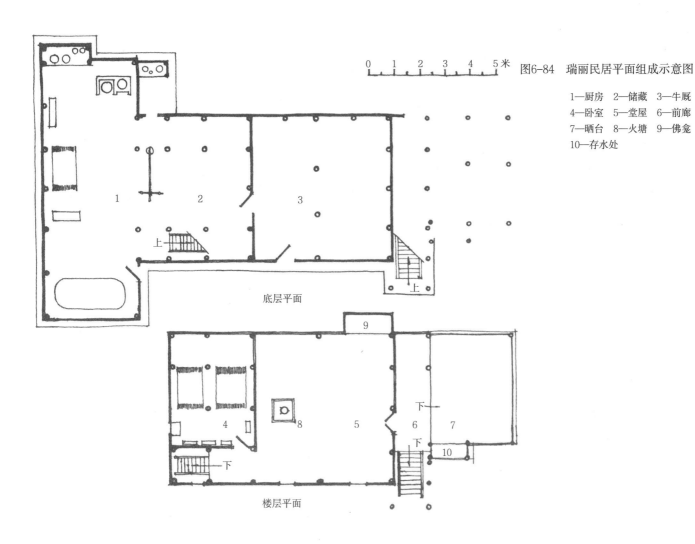

0 1 2 3 4 5米

图6-84 瑞丽民居平面组成示意图

1—厨房 2—储藏 3—牛厩
4—卧室 5—堂屋 6—前廊
7—晒台 8—火塘 9—佛龛
10—存水处

底层平面

楼层平面

图6-85 堂屋内部之一

1.基本单体

民居基本组成单体与西双版纳稍有不同，除堂屋、卧室、外廊、晒台及架空层以外，多有附建在一起的单层厨房（图6-84）。

①堂屋：位于楼上，是家人团聚、待客处。平面近方形，室内无柱或有少量柱。左、右外墙开窗，采光通风较好，正对大门中后部设火塘，仅为烧茶用。无座椅等家具，火塘周围楼板上，铺席或毡供围坐（图6-85、图6-86）。一般堂屋前一角设佛龛。

图6-86 堂屋内部之二

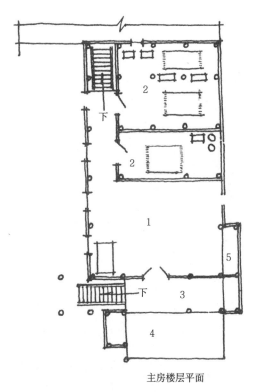

主房楼层平面

图6-87 瑞丽姐东大别民居之七
楼层平面示意图

1—堂屋 2—卧室 3—前廊
4—晒台 5—佛龛

②卧室：位于楼上，位置常在东北角，可避西晒。西面有楼梯下至厨房。卧室分两种类型。一为不分室，家人同宿一室，分帐席地而卧（图6-84）；一为分室，根据人口多寡，用竹墙分隔数间，如瑞丽姐东大别民居之七（图6-87）。人口多时于主房侧又另建卧室数间，形成两排房屋并列，如瑞丽姐东大别民居之三（图6-88）。

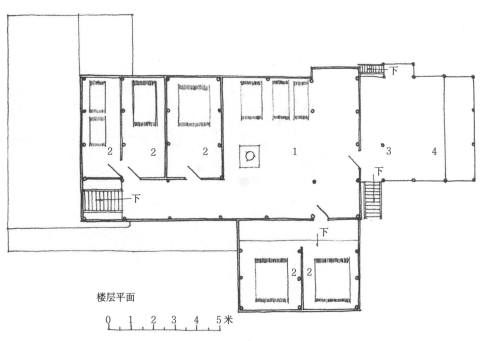

楼层平面

0 1 2 3 4 5米

图6-88 瑞丽姐东大别民居之三
楼层平面示意图

1—堂屋 2—卧室
3—前廊 4—晒台

③前廊及晒台：位置及特点与西双版纳民居相同。前廊三面开敞，无重檐披屋面，更觉开朗（图6-89）。晒台的一角与前廊相接处设水罐台。一般均架高80厘米左右，上盖小屋面避雨（图6-90）。

④架空层：堂屋卧室的下部是架空层，以竹席围栏，有的隔为2～3间，过去用作牛厩、米仓，舂米、堆放柴草等。近年来多已另建牛厩，楼下架空层仅作杂用（图6-91）。

⑤厨房：位于底层主房后部。单层，面积较大，除做饭外亦在此用餐，主妇还常在这里待客、织布等。其中设灶和简单的碗架设施（图6-92、图6-93），并有一座楼梯通往楼上。有一个故事说过去竹楼中无厨房，人们在堂屋火塘上煮饭。一次正值煮饭时来了客人，婆媳三人回卧室休息，曾分别到堂屋中照顾菜肴，各加盐一次，客人看了好笑，也加盐一次，结果咸得不能吃了。所以后来学习旱傣（傣那）另建厨房于楼下。新中国成立前，经济较困难的人家，仍有在低楼堂屋中煮饭的。

⑥楼梯：一般有两部，主梯质量较好，在房前入口处，因屋面距梯甚高，故均于适当位置，另加小屋顶避雨，梯前高起一小平台为脱鞋处。辅梯在主房后部通楼下厨房，做法较简单，位置常在卧室外西侧。

⑦佛龛：通常设于堂屋内前角，佛像面西，与佛寺中佛像面东恰恰相反，亦有的在晒台前另建独立的佛堂。

图6-89　三面开敞的晒台

图6-90　晒台上放置水罐的平台

图6-91　架空层中堆放杂物

图6-92 厨房内景之一

图6-93 厨房内景之二

2.平面类型

与西双版纳民居一样，其组成均为楼下是架空层，楼上是堂屋、卧室、前廊及晒台，不同之处是楼下有单层的厨房。房屋的规模、质量虽有差异，但不论规模大小，房屋的组成都如上述，形成了民居的传统布局。

（1）主房类型：主房为2层，平面形式可分三类。

①长方形平面。是最常见的典型平面，楼上房间作横向分隔，堂屋一间在前，卧室一间或数间在后。由主楼梯上至前廊，南连竹晒台，北接堂屋。平面安排有利通风，堂屋左右开窗，组成空气横向对流，前门与通向楼下厨房的通道、楼梯组成空气的纵向对流，使室内凉爽宜人。这类住宅的典型如姐东芒赛民居之三（图6-94）。有的堂屋西侧设挑阳台，上有屋面遮阳（图6-95）。喊沙民居之一（图6-96）也设挑阳台，且通向挑阳台的门为落地折叠式，对堂屋采光、通风更为有利。这些布局与措施，使堂屋获得了良好的通风、凉爽效果。

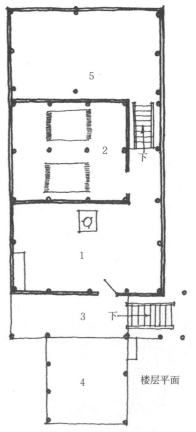

图6-94 瑞丽姐东芒赛民居之三
楼层平面示意图

1—堂屋　2—卧室　3—前廊
4—晒台　5—厨房上空

图6-95 挑阳台外观

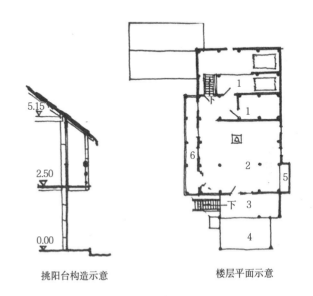

挑阳台构造示意 　　　　楼层平面示意

图6-96 瑞丽姐东喊沙民居之一楼层平面带
　　　　有西向挑阳台的平面图、构造图、
　　　　室内及外观示意图

1—卧室　2—堂屋　3—前廊
4—晒台　5—佛龛　6—挑阳台

堂屋内通向挑阳台的落地式折叠门

挑阳台外观

② 曲尺平面。在长方形平面的基础上，于堂屋一侧建卧室数间，形成两排房屋并列，平面成曲尺形。如姐东喊沙民居之二（图6-97）。大等喊民居之五（图6-98），加大部分除有卧室外，也加大了堂屋面积。

③ 椭圆形平面。内部组成与长方形平面同，仅后墙与屋面为半圆形。如姐东喊沙民居之四（图6-99）及姐东乡姐东寨民居之一（图6-100）。据说较早的民居形式即椭圆形，楼层无墙，屋面直接搭于楼楞上，室内光线差，空气不流通。经过逐步改进，楼层有了低矮的外墙，一般高二肘即90厘米左右，仍不能开窗。演变至今，楼层层高加至4肘即160～200厘米，墙身可开窗，采光、通风都得到解决。姐东乡东寨民居之一墙身仍较低矮，目前这种类型房屋已较少见。

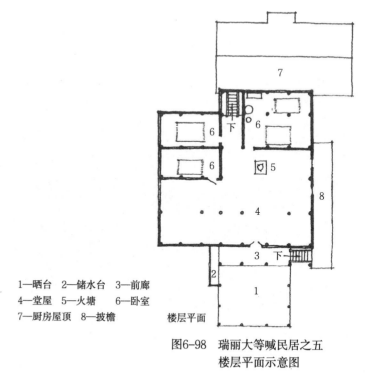

1—晒台　2—储水台　3—前廊
4—堂屋　5—火塘　6—卧室
7—厨房屋顶　8—披檐

图6-98　瑞丽大等喊民居之五
楼层平面示意图

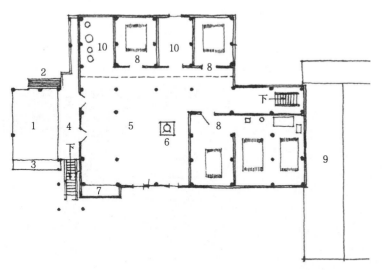

图6-97　瑞丽姐东喊沙民居之二楼层平面示意图

1—晒台　2—储水台　3—晒物台
4—前廊　5—堂屋　6—火塘
7—佛龛　8—卧室　9—厨房屋顶
10—储藏

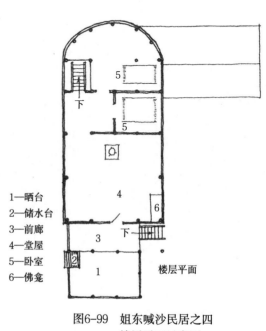

1—晒台
2—储水台
3—前廊
4—堂屋
5—卧室
6—佛龛

图6-99　姐东喊沙民居之四
楼层平面示意图

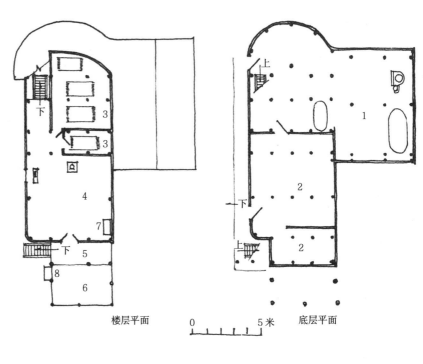

楼层平面   0 5 米 底层平面

图6-100　姐东乡姐东寨民居之一平面
    图、立面图及外观示意图

  1—厨房　2—牛厩　3—卧室
  4—堂屋　5—前廊　6—晒台
  7—佛龛　8—储水台

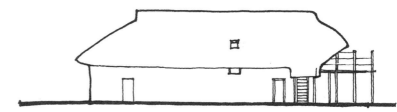

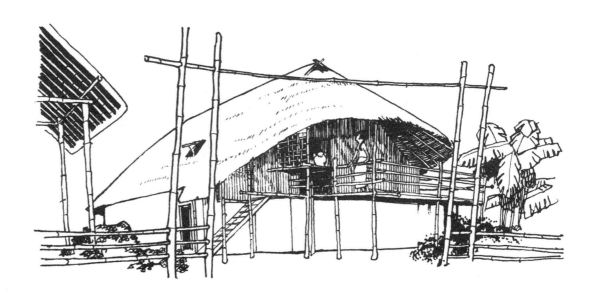

（2）主房与厨房组合类型

①厨房连接于主房后部。相连方式根据具体情况而定。有与主房成"一"字形，如姐东大别民居之五（图6-101）。有与主房成"丁"字形，如姐东大别民居之四（图6-102）。有与主房成曲尺形，如法坡民居之二（图6-103）。有接于主房后侧部，如瑞丽城区民居之二（图6-104）。

②厨房连接于主房侧，如瑞丽城区民居之三（图6-105），但较少见。

1—牛厩　2—厨房　3—米仓
4—储藏　5—卧室　6—堂屋
7—佛龛　8—晒台　9—晒物台
10—披檐

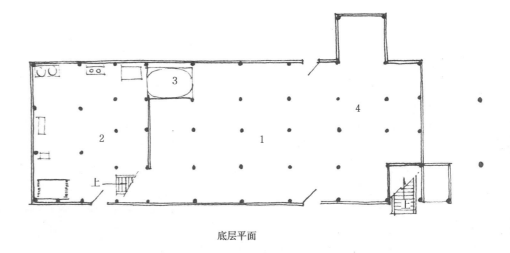

底层平面

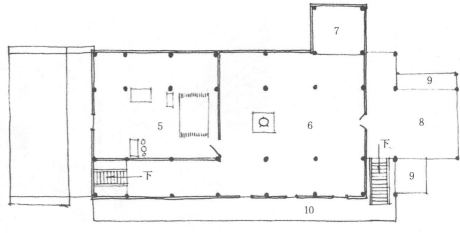

楼层平面

图6-101　姐东大别民居之五
　　　　　平面示意图

北
42°

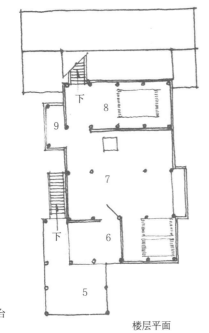

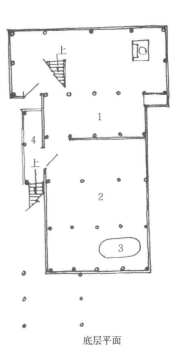

1—厨房　2—牛厩　3—米仓
4—平台　5—晒台　6—前廊
7—堂屋　8—卧室　9—挑阳台

楼层平面　　　　　　　　　底层平面

0　　　　　　5米

外观

图6-102　姐东大别民居之四平面图及外观示意图

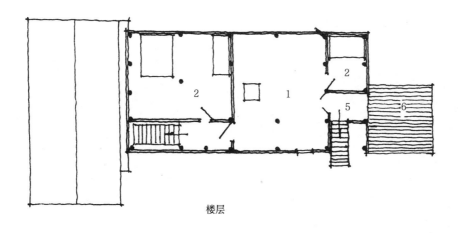

楼层

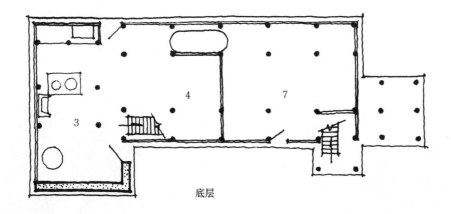

底层

图6-103 畹町法坡民居之二平面示意图

1—堂屋　2—卧室　3—厨房
4—储藏　5—前廊　6—晒台
7—牛厩

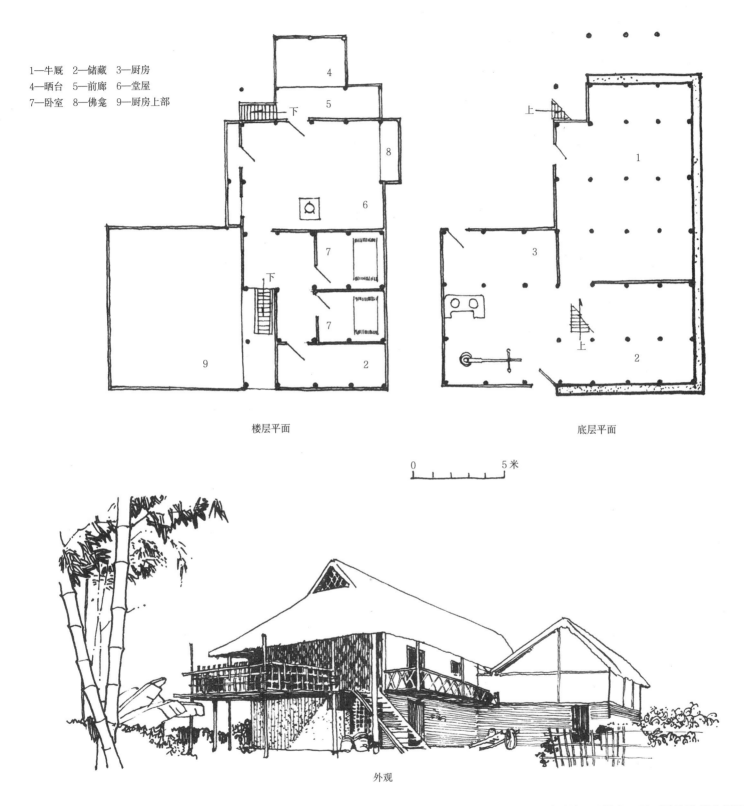

1—牛厩　2—储藏　3—厨房
4—晒台　5—前廊　6—堂屋
7—卧室　8—佛龛　9—厨房上部

楼层平面　　　　　　　　　　底层平面

0　　　　　　5米

外观

图6-104　瑞丽城区民居之二平面图及外观示意图

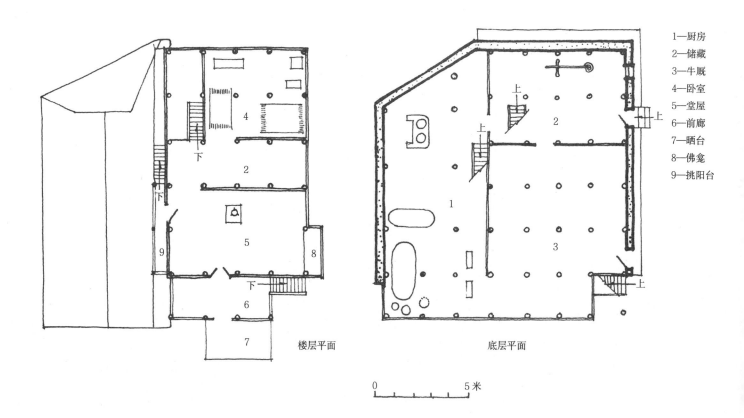

1—厨房
2—储藏
3—牛厩
4—卧室
5—堂屋
6—前廊
7—晒台
8—佛龛
9—挑阳台

楼层平面   底层平面

0   5米

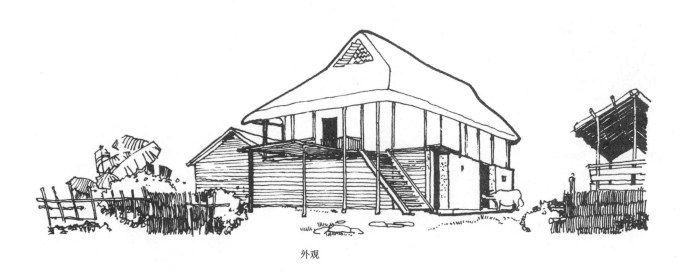

外观

图6-105 瑞丽城区民居之三平面图及外观示意图

（3）主房与佛堂组合类型

一般经济较富裕的人家，常将佛堂单独布置在主房之外。佛堂单独修建于晒台一角，如瑞丽大等喊民居之一、二（图6-106、图6-107）。此种类型，民居外貌更为丰富活泼。据载，佛堂单独修建，拜佛时较为清静。

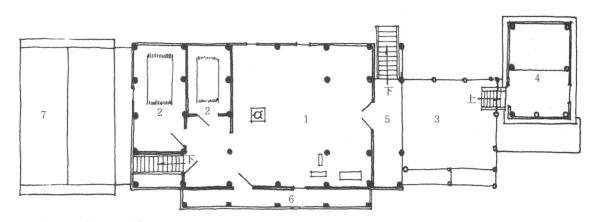

1—堂屋　2—卧室　3—晒台
4—佛堂　5—前廊　6—挑阳台
7—厨房屋顶

外观

图6-106　瑞丽大等喊民居之一楼层平面图及
　　　　　外观示意图

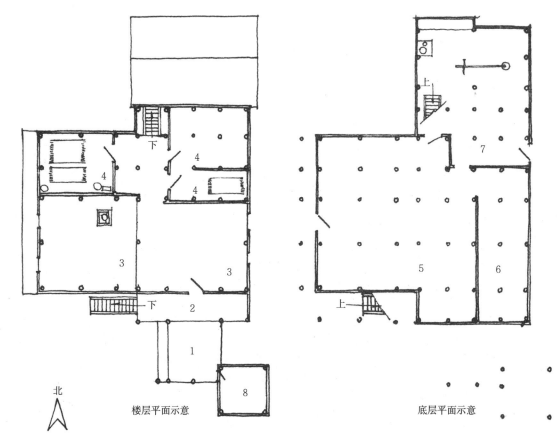

北

楼层平面示意   底层平面示意

1—晒台　2—前廊　3—堂屋
4—卧室　5—牛厩　6—马厩
7—厨房　8—佛堂

外观

图6-107　瑞丽大等喊民居之二平面图及外观示意图

近年来随着家庭收入增多，所建新民居的形式及组成内容虽和旧民居基本相同，但规模、质量、卫生条件都有较大改进，做到人畜分居，另建畜厩。使用材料大部分改竹为木，改用木板墙、木楼板、木柱、石柱础、镀锌铁皮屋顶等。层高加至250厘米左右。堂屋左右开窗，为双扇落地式，分上、下两段（图6-108、图6-109），以便在不同气温下局部或全部开启，较好地解决了采光、通风、散热问题。墙与屋顶间还有间隙，更增加了空气的对流（图6-110）。姐东新民居之一热相宅，主人系一木工，所建新民居内部组成与旧民居相同，堂屋墙壁和

图6-109 打开的双层落地窗

图6-110 屋顶下的空隙

图6-108 双层落地窗外观

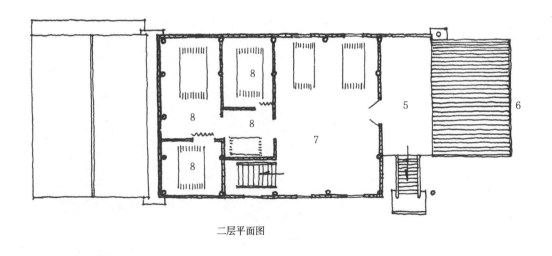

二层平面图

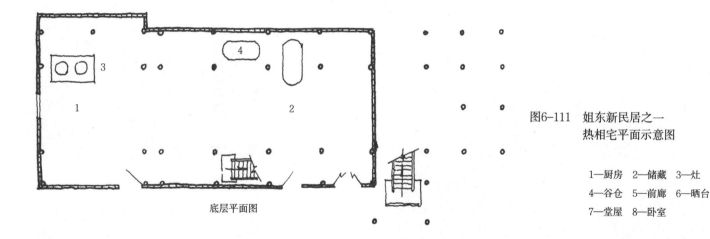

底层平面图

图6-111　姐东新民居之一
　　　　　热相宅平面示意图

1—厨房　2—储藏　3—灶
4—谷仓　5—前廊　6—晒台
7—堂屋　8—卧室

楼下部分外墙都改用木胶合板，直条拼接，并有压缝条，楼下木门为双扇折叠式，做工较细致。层高250厘米左右。堂屋空间高畅，左右墙开落地式上、下两段双扇窗，空气对流良好，虽是铁皮屋顶，但室内气温凉爽。堂屋内不设火塘，满铺竹席。楼梯起跑处有脱鞋平台，进屋必须脱鞋，室内洁净舒适，显示了傣族人民喜爱清洁的特点。入口处檐下尚有木雕装饰，给外观增色不少（图6-111～图6-114）。过去民居少装修，不是傣族人民不爱美，而是受种种规定限制及经济力量不足之故。又如姐东新民居之二（图6-115），与热相宅基本相同。铁皮屋顶，部分木板墙，前廊和堂屋是木楼板，堂屋无火塘，

两侧落地式两段双扇窗，西墙外又有挑阳台（图6-116），室内亦很清洁凉爽。另一新民居堂屋不设火塘，而于其处有一水泥抹面台，上放热水瓶、茶杯等，主客围坐饮茶，别有风味。左右也是落地式窗，铁皮屋顶。我们曾于八月初至该户调查，室外气温高，按理铁皮屋顶传热快，会使室温增高，但窗子上、下两段同时开启，良好的穿堂风，使室内气温凉爽宜人。所以，近年新民居在经济许可的条件下，采用镀锌铁皮顶者逐渐增多。新民居的厨房不少也改用铁皮屋顶，有的还建了气楼排烟。

新民居除另建牛厩猪圈外，还于宅后墙边角落里建了简易厕所，这确实是傣族人民生活习惯的很大改变。

图6-112 姐东新民居之一外观

图6-113 姐东新民居之一檐下局部

图6-114 姐东新民居之一楼梯

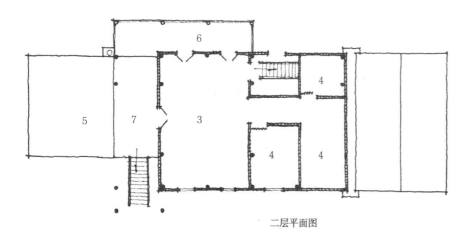

二层平面图

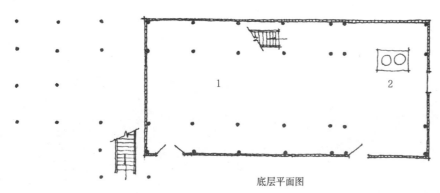

底层平面图

图6-115 姐东新民居之二平面示意图

1—储存　2—厨房　3—堂屋
4—卧室　5—晒台　6—挑阳台
7—前廊

图6-116 姐东新民居之二外观

3. 立面装修

瑞丽民居外貌亦纯朴无华,更具"竹楼"特色。楼下架空层以粗编竹席围绕,楼上外墙围以精编花纹竹席,前有竹晒台,西侧竹挑阳台,竹制推拉窗等,浓厚的"竹楼"面貌,轻盈活泼,别有风采。

主房屋顶是歇山式,正脊较长。楼前廊子开敞,阴影浓密。楼后单层厨房,悬山屋顶,山墙围以竹席或草排,作独立处理,与主房不作穿插,相接处有铁皮天沟。椭圆形平面民居,屋顶亦是椭圆形如毡帽。上述屋顶与前廊,干阑与平房,构成虚实对比、高低错落、轻巧活泼优美的民居外观。墙面利用竹子正反面色泽质地不同,巧妙地编制出花纹,有的还依据所在地位置、形状,编成和谐统一独特的花纹,使民居更具纯朴自然美(图6-117~图6-120)。

新中国成立前头人住宅还有少量简单的门楣雕饰及花窗等(图6-121)。

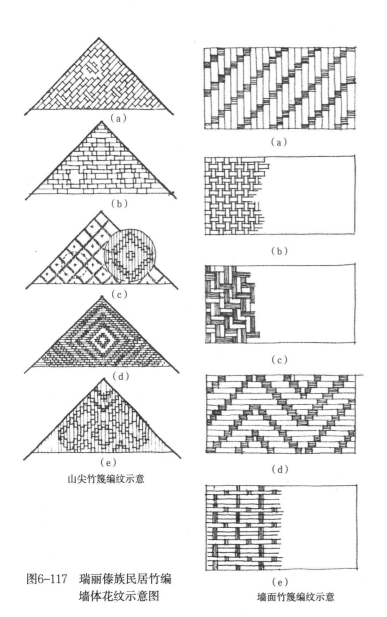

图6-117 瑞丽傣族民居竹编
墙体花纹示意图

山尖竹篾编纹示意

墙面竹篾编纹示意

图6-118 竹编墙外观之一

图6-119 竹编墙外观之二

图6-120 竹编墙外观之三

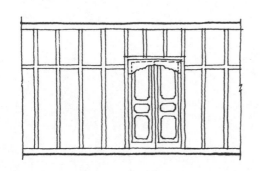

木板壁立面、剖面示意

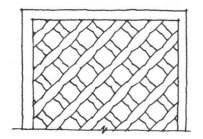

空花窗

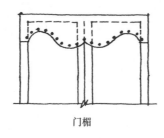

门楣

图6-121 木板壁、门楣、
空花窗示意图

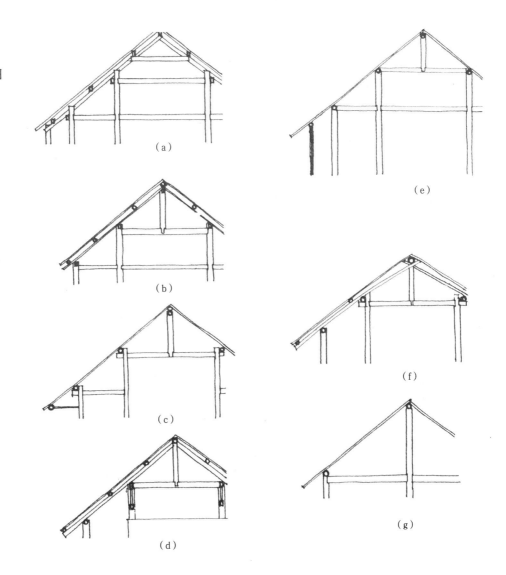

图6-122 瑞丽傣族民居
屋架形式示意图

(a)

(b)

(c)

(d)

(e)

(f)

(g)

4. 构造用料及其他

瑞丽民居亦有高低楼之别，楼层层高较西双版纳竹楼稍高，约200厘米。结构为横向排架系统，加工精细，建筑技术较为进步。调查所见屋架形式约有七种（图6-122），各等级通用。堂屋正中一榀屋架根据功能要求用减柱法，减柱所在的屋架由两个纵向桁架支持（图6-123、图6-124），故一般堂屋无柱。

新中国成立前地主头人住房用料几乎全为木材、铁皮或瓦屋顶。一般民居广泛使用竹材，几乎无处不用竹，并用竹篾捆札。竹材资源丰富，为民居提供了大量材料。德宏有句谚语："吃竹、住竹、烧竹"，可见竹子用途之广。其构造方法如图6-125所示。竹楼板设竹小梁三层交叉，分别起承重联系作用。并按所承受重量采用大小不同的圆竹、半圆竹。再上是竹片楼板。外墙是竹席。甚至窗扇、推拉槽等也用竹材。其他如门、楼梯、栏杆等用竹，更是屡见不鲜。因此每户住房周围均种高大的竹林备用。由于竹材本身的不坚固性，房屋耐久性差。屋顶用料多是草排（瑞丽称草片），可自制或由市场购买。个别民居底层外墙有用土坯墙者，但较少见。

该地亦有白蚁虫害，选用木材、施工方法等均与西双版纳做法基本相同。

新中国成立后，新建民居用料质量有很大提高，特别近年来，主要承重构件梁、柱、屋架、楼板等改用木料，屋顶改用铁皮，不仅房屋使用年限加长，而且外观也挺拔秀丽，更具特色。

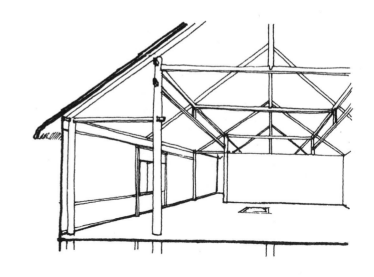

图6-123　堂屋中屋架示意图之一

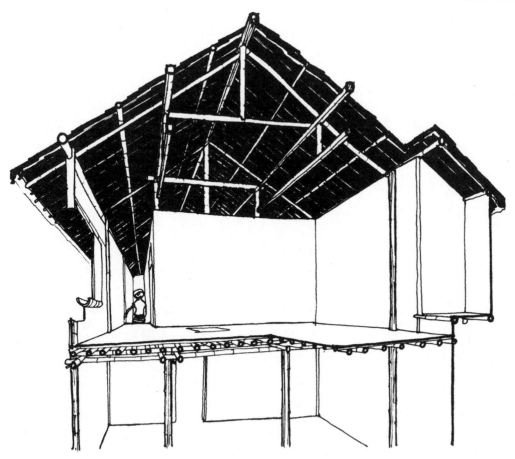

图6-124　堂屋中屋架示意图之二

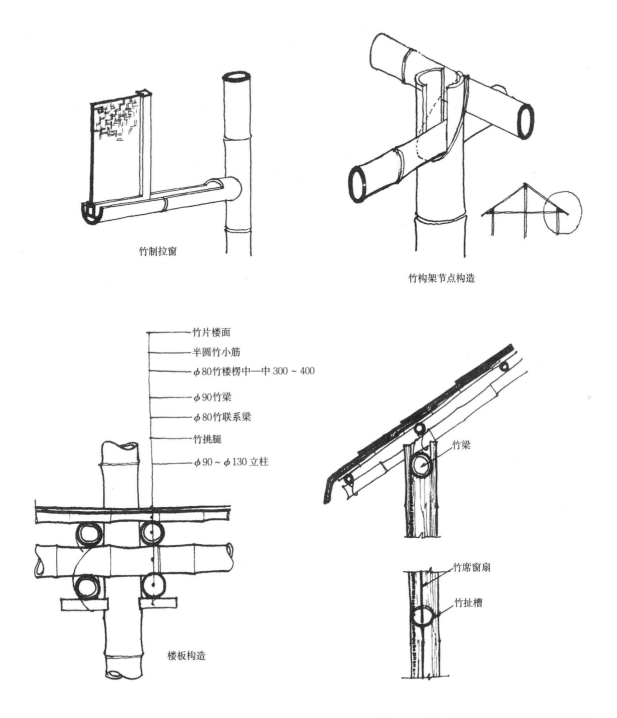

竹制拉窗

竹构架节点构造

竹片楼面
半圆竹小筋
ϕ80竹楼楞中—中 300～400
ϕ90竹梁
ϕ80竹联系梁
竹挑腿
ϕ90～ϕ130立柱

楼板构造

竹梁

竹席窗扇
竹扯槽

图6-125 瑞丽傣族民居竹结构构造示意图

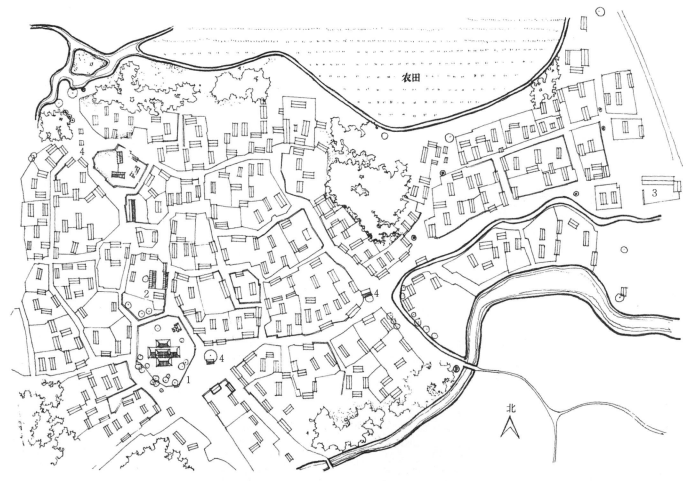

图6-126　芒市曼黑寨总平面示意图
1—佛寺　2—供销社　3—小学　4—公房

五、德宏州潞西地区傣族（傣那）民居

德宏傣族景颇族自治州（以下简称德宏州）潞西地区
傣族——傣那，一般称旱傣。民居多为平房，一般有正房、
厨房、谷仓、畜舍等几个部分组成三合院、四合院形式。
房屋用料为土坯墙瓦顶或草顶。不论布局与用料均似汉族
民居。由于历史上与汉族交往较多，住房形式受到一定的
影响，改楼房为平房，与傣泐"竹楼"迥然不同。

（一）村寨

傣那村寨多在平坝，接近农田，或在丘陵平缓坡地，
随地形或河网水系自然发展成团形或带形。如曼黑寨位于
河旁组成团形平面（图6-126）。那目寨夹于两条小河之
间呈带形（图6-127）。村寨一般相距2～4公里，规模较大，
如曼黑162户926人，那目345户2275人[①]。

———————————
① 均为1962年的调查资料。

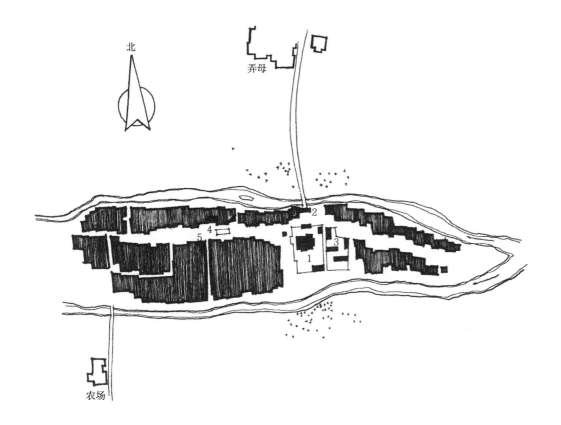

北

弄母

农场

图6-127 那目寨总平面示意图

1—佛寺 2—寨门 3—小学
4—乡政府 5—百货公司

佛寺是村寨中的主要公共建筑，一般位于村寨中显要位置，为村寨内公共活动中心，主要道路由此向外延伸。如那目寨佛寺，位于村寨中央，在进入村寨的主要道路和内部的主要道路的交点上，附近有较宽阔的场地，三面对景，位置显要（图6-128）。曼黑缅寺位于居住区内，附近有较大的场地与主要道路相连。现在村寨中的佛寺多已拆除，存者无几，且已破烂不堪。村寨中的公共建筑还有学校、拖拉机站、卫生站、广播站等，这些公共建筑多为汉式土砖木结构。其他公共建筑还有公房及路边休息棚、水井等小品建筑（图6-129）。公房一般位于浓荫蔽日的大青树下，白天为行人休息遮阴之所，夜晚为青年男女幽会之处。

图6-128 那目寨局部道路街景

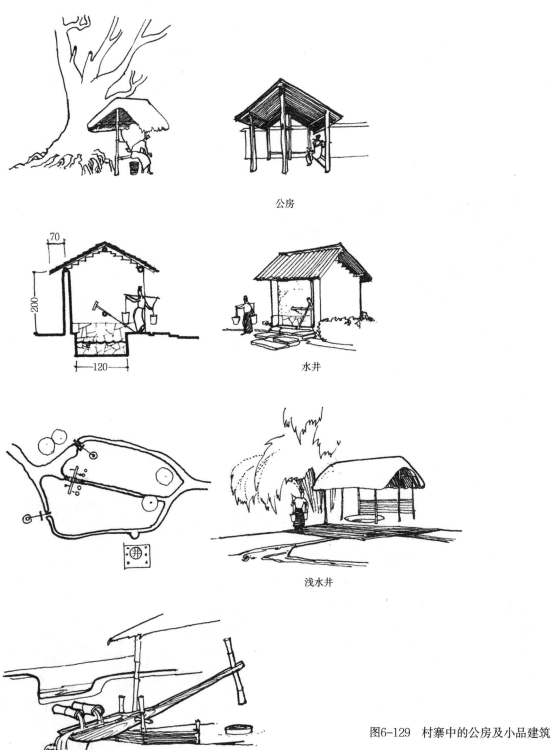

公房

水井

浅水井

图6-129 村寨中的公房及小品建筑

水碓

村寨道路多不规则，路面多为土路或块石路，无排水措施，雨天泥泞不堪。为了便于排水，曼黑寨内道路高出地面，效果较好（图6-130）。

傣那村寨常为翠竹浓荫所环绕，每户院内果木花卉四季常绿，环境优美。民居组合灵活，不拘一格，大小屋面随意相接，不时变换方向，有时伸出偏厦，高低错落，富有变化（图6-131、图6-132）。

一般村寨建筑密度较小，因过去多为草房，房屋间距加大，利于防火。个别村寨如那目寨房屋密度较大，户与户之间只留滴水巷，无适当间距。

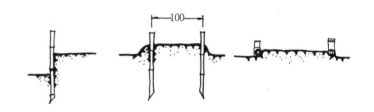

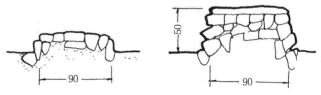

图6-130 曼黑寨道路剖面示意图

图6-131 潞西地区傣那村寨
　　　　局部街景之一

图6-132 潞西地区傣那村寨
　　　　局部街景之二

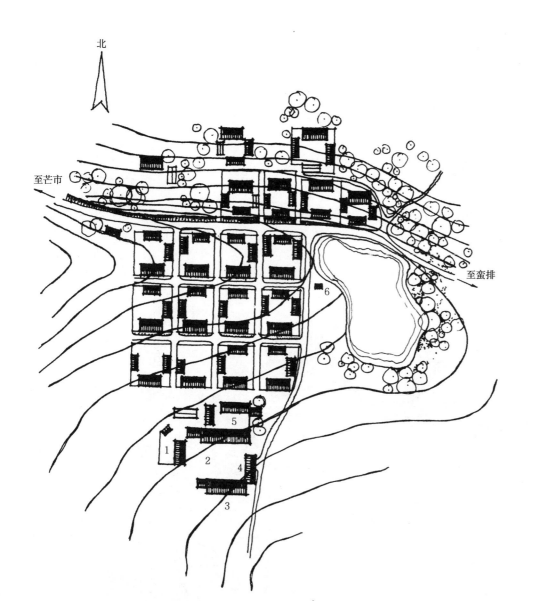

北

至芒市

至蛮排

6

5

1

2

4

3

图6-133　芒市磨石沟寨总平面示意图

1—养猪场　2—打谷场　3—仓库
4—小学　　5—牛棚　　6—水井

　　最近几年新建的村寨，经过一定的规划设计，道路呈方格网状，整齐划一，房屋排列井然有序，呈现一派边寨新村的景象。如潞西磨石沟寨以前是有名的穷队，近几年来生产猛增，生活改善，农民要求改善居住条件，在有关单位帮助下，由生产队统一规划，陆续把旧有草房拆除，建了一批新民居，全为瓦房。新村选址在坡地上，既不占良田好地，又便于排水。新民居顺应地形，正房一律南北向布置，每户组成较为方正的院落（图6-133）。此外，芒市附近的等相、大弯等村寨都是经过统一规划，集体新建的村寨。这些新村较旧有村寨用地紧凑合理，但每户院落四周被道路包围，或院落单排布置，道路占地过多，在每户用地不减少的前提下，若能双排布置院落，则可大大节约道路用地面积。

（二）院落总平面

1.院落组成及形式

傣那民居均为独家独院，一般由正房、厨房、畜舍和谷仓组成三合院、四合院，四周依地形用竹篱或土墙围成院落，种植果木，形成内外庭园，别具一格（图6-134、图6-135），与汉族的封闭式四合院和傣泐的独院式迥然不同。傣那院落既有汉族封闭的内院，又有傣泐独院式的外庭园。外庭园多根据用地情况用竹篱矮墙围蔽而成，园内种植果木、蔬菜。最近新建的民居为了节约用地，外庭园趋于缩小，有的只留四角。三合院、四合院各方房屋互不相连，各自独立，既便于分期建造，又可分别采用不同的结构和材料。受经济条件限制，一时无力一次建成三合

院、四合院者，则预留地基，备今后扩建，因而组成不同的院落平面形式（图6-136）：

（1）单幢房屋：仅正房一幢，厨房设于一端，院落较为宽敞。

（2）两幢平行：正房与畜舍平行布置，厨房设于正房内。

（3）曲尺形：正房与厨房或畜舍垂直布置，后者厨房设于正房内。

（4）三合院：由正房、厨房、谷仓或正房（厨房在内）、谷仓、畜舍组成。

（5）四合院：由正房、厨房、谷仓和畜舍组成，各据一方。一般正房居中，厨房、谷仓各居左右，对面为畜舍。

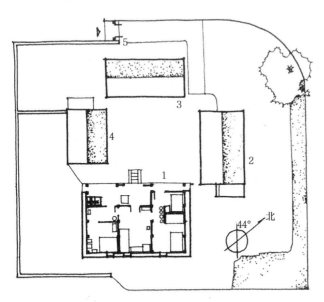

图6-134　潞西傣那民居院落组成示意图之一

1—正房　2—谷仓　3—杂物
4—厨房　5—大门

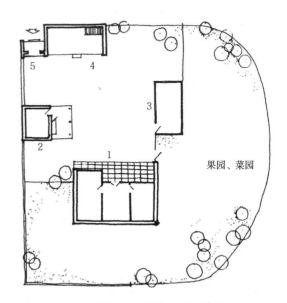

图6-135　潞西傣那民居院落组成示意之二

1—正房　2—谷仓　3—厨房
4—牛舍　5—大门

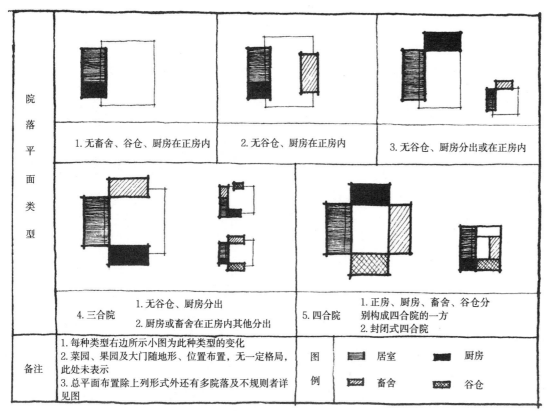

图6-136 院落组成平面
类型示意图

院落平面类型		
1. 无畜舍、谷仓、厨房在正房内	2. 无谷仓、厨房在正房内	3. 无谷仓、厨房分出或在正房内
4. 三合院　1. 无谷仓、厨房分出 2. 厨房或畜舍在正房内其他分出		5. 四合院　1. 正房、厨房、畜舍、谷仓分 别构成四合院的一方 2. 封闭式四合院

备注	1. 每种类型右边所示小图为此种类型的变化 2. 菜园、果园及大门随地形、位置布置，无一定格局，此处未表示 3. 总平面布置除上列形式外还有多院落及不规则者详见图	图例	居室　　厨房 畜舍　　谷仓

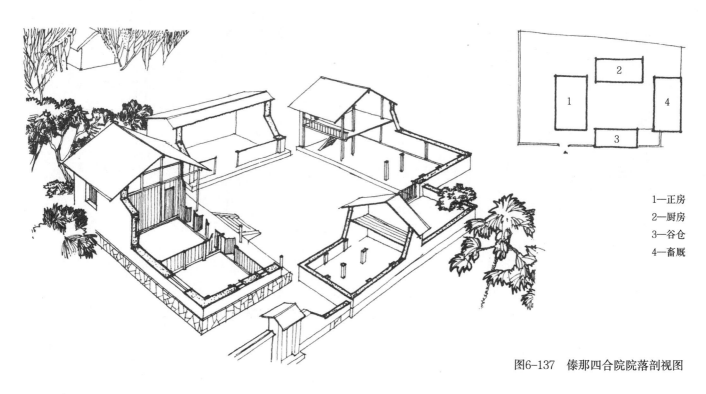

1—正房

2—厨房

3—谷仓

4—畜厩

图6-137 傣那四合院院落剖视图

四合院是傣那民居最典型的院落总平面（图6-137），其他形式都预留扩建余地，根据经济情况最后建成三合院或四合院。

此外，还有多院式，如芒市建国路2号（图6-138）及不规则形式，如那目民居之三（图6-139）。个别土司头人等上层人物，如梁河龚树、盈江刀京版的住宅已是多进重院的深宅大院（图6-140、图6-141）。

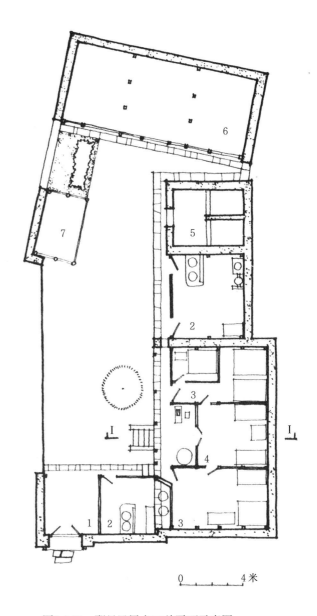

图6-139 那目民居之三总平面示意图

1—大门　2—厨房　3—卧室
4—堂屋　5—谷仓　6—牛厩
7—猪舍

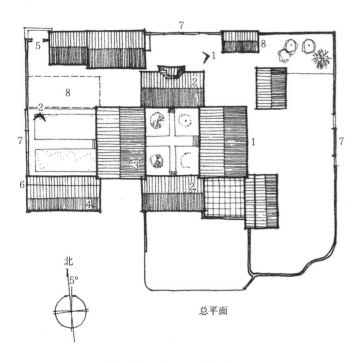

总平面

图6-138 芒市建国路2号总平面示意图

1—正厅　2—侧厅　3—对厅
4—耳房　5—大门　6—侧门
7—照壁　8—遗留房基

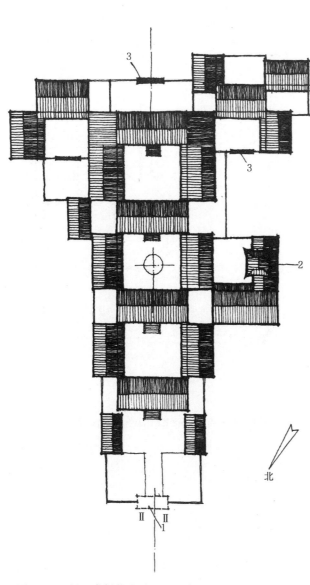

图6-140 梁河龚树住宅总平面示意图

1—大门 2—戏楼 3—照壁

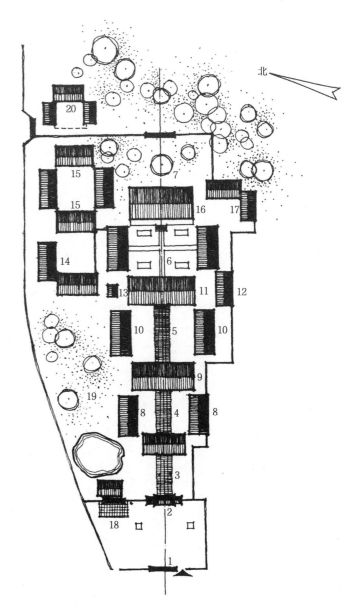

图6-141 盈江刀京版住宅总平面示意图

1—照壁 2—二门 3—前庭
4—大堂 5—二堂 6—三堂
7—后院 8—客房 9—亲友房
10—办事房 11—主房 12—厨房
13—储藏 14—粮仓 15—妻妾住房
16—后房 17—侧院 18—戏台
19—花园 20—新院

2.院落的组合

院落入口随地形及所在位置灵活布置,位于村寨边沿的民居,入口均朝向村寨内部。芒市西南路5号(图6-142)入口大门不正对道路而凹进一小院,小院内植树一棵,地坪随地形而提高。进门后通过一段巷道进入前院。前院作堆放柴草及牲畜活动之用。再通过耳房一角进入内院。内院专作生活庭院。交通路线几经转折,达到隐蔽安静,与闹市隔绝的效果。院落组合灵活,前院、内院、后院各得其所,人畜分居,安静卫生。

1—大门　2—耳房　3—正房
4—厨房　5—住宅　6—柴草
7—厕所　8—果园

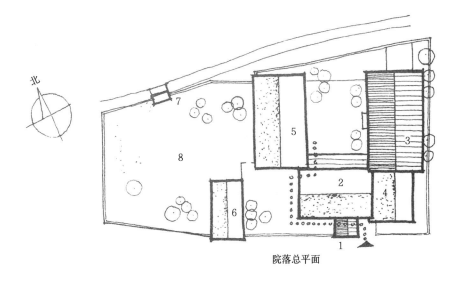

院落总平面

入口透视

图6-142　芒市西南路5号入口透视及院落总平面示意图

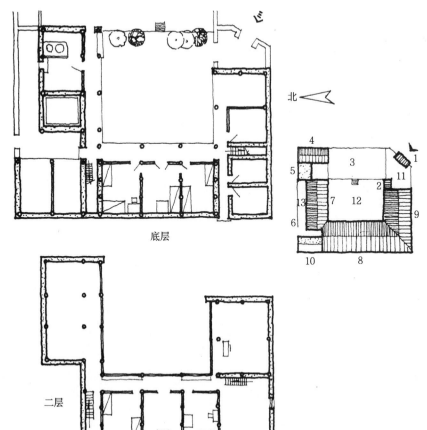

底层

二层

图6-143　芒市松树寨民居之四院落平面示意图
1—大门　2—二门　3—正房位置
4—柴草　5—猪圈　6—后门
7—厨房　8—住房　9—储藏
10—畜棚　11—前院　12—内院
13—后院

　　过去，正房、厨房及畜舍都朝向内院。牲畜在内院活动，人畜同居，卫生条件不良。因此有的在内院用矮墙或竹篱分隔，改善了卫生条件。有的合理组织院落，牲畜有单独活动场所和出入口，人畜分居，更为合理。如芒市松树寨民居之四（图6-143），院落分前院、内院和后院。前院堆放农具、化肥等，携带出工、收工极为方便。内院单纯为生活庭院，石板铺地，整齐清洁。后院主要为畜舍及活动场地，堆放柴草，牲畜有单独出入口，厨房有门通后院，便于喂养牲口及搬运柴草。不同功能的院落组织得井井有条，既方便生产，又方便生活。

　　三合院、四合院各方房屋互不相连、各自独立，虽有便于分期建造与采用不同结构和材料的优点，但也有彼此联系不便之弊，正房到厨房需通过露天部分，厨房与谷仓各据一方，雨天甚感不便。松树寨民居之五（图6-144）在正房与厨房之间加构竹架草顶连廊，避免了联系不便之弊。有的在正房与耳房之间加设偏厦解决交通联系问题。

　　过去傣族人民无使用厕所的习惯，平时解于野外，户内无厕所，既不卫生，又不方便。新中国成立以后随生活文化水平的提高，有些农户在户内设置厕所。一般厕所多设在庭园一角或较隐蔽之处。

　　3. 房屋朝向

　　正房朝向无一定成规，主要顺山势，就地形。潞西磨石沟寨南半部地形南高北低，故正房均坐南朝北，而北半部地形北高南低，故正房均坐北朝南。又如芒市地形为东高西低，正房多朝西。因房前均有前廊，院内又种植果木遮阴，故无西晒之苦。

图6-144 芒市松树寨民居之五主房与耳房之间的草顶连廊

（三）房屋

傣那民居每户由正房，厨房、谷仓和畜舍组成：

1. 正房

正房多为平房，由堂屋、卧室、前廊组成，平面一般为三开间。因前廊间数及深浅不同可分为下列三种形式（图6-145）：

一间廊：中为堂屋带前廊，两边卧室（或厨房）无廊。此种形式多为经济条件较差的农户采用，如勐丁民居之一（图6-146）。由于廊子只有一间，故一般廊子较深，如吨峰喊民居之一（图6-147）。

图6-145 正房平面类型示意图

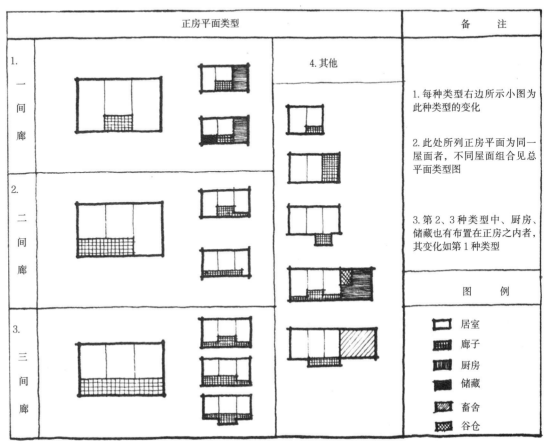

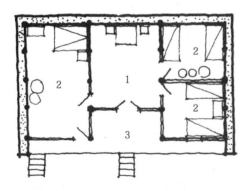

图6-146　勐丁民居之一一间廊正房平面示意图
1—堂屋　2—卧室　3—前廊

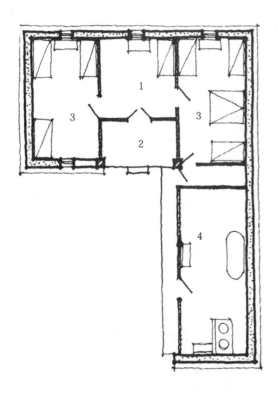

图6-147　吨峰喊民居之一一间廊正房平面示意图
1—堂屋　2—前廊　3—卧室　4—厨房

二间廊：布置同前，廊长两间或两间半，廊深两间一样或一间深一间浅，如勐丁民居之二（图6-148），曼黑民居之十一（图6-149）及芒市西南路13号（图6-150）。前廊一般偏厨房一侧，便于正房与厨房之间的联系。

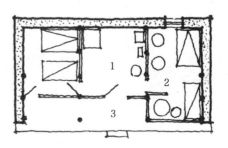

图6-148　勐丁民居之二两间廊正房平面示意图
1—堂屋　2—卧室　3—前廊

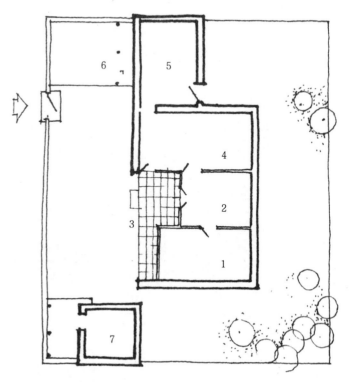

图6-149　曼黑民居之十一两间廊（一深一浅）正房平面示意图
1—卧室　2—堂屋　3—前廊
4—厨房　5—织布房　6—猪舍
7—仓库

图6-150　芒市西南路13号民居两间廊正房外观图

图6-152　风平民居之五两间深廊一间
浅廊的正房平面示意图

1—前廊　2—卧室　3—堂屋
4—厨房　5—储藏

三间廊：前廊贯穿三开间，如芒市民东路民东巷17号的正房是三间深廊（图6-151）。有的是两间深廊一间浅廊，如风平民居之五的正房（图6-152）。还有的是一间深廊两间浅廊，如风平民居之三的正房（图6-453）。

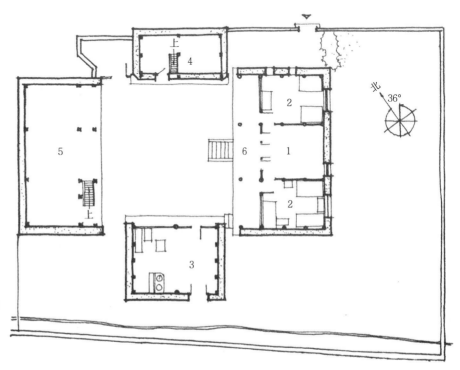

图6-151　芒市民东路民东巷
17号平面示意图

1—堂屋　2—卧室　3—厨房
4—储藏　5—畜厩　6—前廊

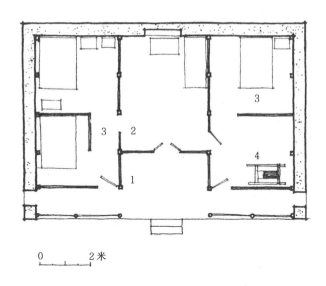

图6-153　风平民居之三—间深廊两间浅廊的正房平面示意图
1—前廊　2—堂屋　3—卧室　4—织布间

　　在过去，等级制度规定，三间深廊仅官家头人才能采用，民居不准采用。新中国成立后已打破这种限制，经济比较富裕的人家也用三间深廊的形式。一般民居以两间深廊一间浅廊者居多。深廊两间多偏向厨房一侧，便于携带杂物、饭菜等。浅廊则偏向谷仓一侧，争取了卧室面积。

　　因气候炎热多雨，傣那民居每户必有前廊，是开敞式外廊，既起交通联系作用，又可遮阳避雨，且光线充足，常作待客进餐、纺织缝纫、编织竹器等家务活动处，还可储存农具、堆放杂物，具有多种功能。如芒市民东路北东巷6号剖视图（图6-154），廊边常设竹篱或木栏杆，边置水缸供饮用（图6-155、图6-156）。经济富裕人家则做木刻雕花栏杆（图6-157），或做美人靠供人休息（图6-158）。深廊一般2～2.4公尺，浅廊一般0.8～1.0公尺。前廊地坪高出内院地坪1公尺左右，设石砌踏步，踏步之上常挑出偏厦或檐沟遮雨。

　　堂屋是正房的核心，平时作起居待客之用。后墙正中放供桌一张，上设壁龛，供家神及储存家谱经书等。供桌两边各设单人床一张，供客人睡卧（图6-159）。

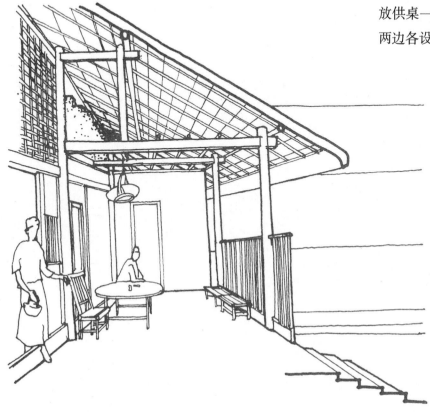

图6-154　芒市民东路北东巷6号
正房前檐剖视图

图6-155　傣那民居正房前廊外观及
　　　　　栏杆上储水平台示意图

图6-156　傣那民居正房前廊（两间
　　　　　深廊一间浅廊）外观

图6-157　傣那民居前廊木栏杆外观

图6-158 傣那民居正房前廊的美人靠栏杆

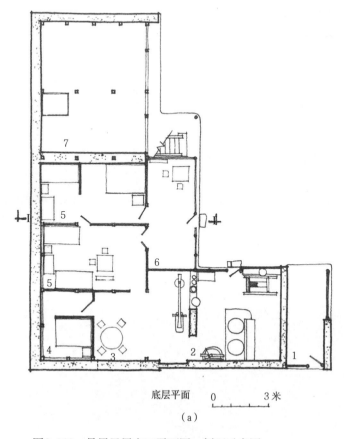

底层平面   0   3米

（a）

图6-160 曼黑民居之三平面图、剖面示意图

1—进门   2—厨房   3—餐室
4—卧室   5—客房   6—前廊
7—储藏

图6-159 傣那民居堂屋剖视图

　　堂屋左、右为卧室，室内常用竹篾墙隔成小间，分室居住，但隔墙常不到顶，且互相穿套。卧室中除床铺之外，还常有缝纫机、箩罐箱柜等，其余家具则很少。卧室外人不得进入。堂屋靠开向外廊的门洞采光，光线尚可。卧室一般无窗，靠与堂屋间之半隔墙及门洞间接采光，光线较差。少数于山墙或后墙开窗，最近新建的新民居在后墙开窗，光线大有改进。堂屋、卧室与前廊之间的隔墙和内隔墙均为竹编墙或木板墙，缝隙较多，且常不到顶，通风尚好。

　　亦有少数民居正房作楼房的。如芒市曼黑民居之三（图6-160）。据说原来楼房都是上面住人，楼下关牲畜，

以后均改住楼下，楼上改作储藏杂物。瑞丽吨峰喊新建民居正房均采用楼房，如吨峰喊民居之二（图6-161），楼上住人，楼下杂用。没有楼上楼下均作住房的。楼房占地少，空间利用充分。如吨峰喊新民居每户占地仅0.35亩。芒市民主路35号（图6-162），正房为楼房，但堂屋层高达2层，楼下放杂物，楼上卧室层高较低，按不同功能组织室内空间。空间利用充分，富有变化。

　　个别民居正房的堂屋卧室和谷仓厨房连成一排，长达五至六开间，如那目民居之一（图6-163），交通联系较为方便。

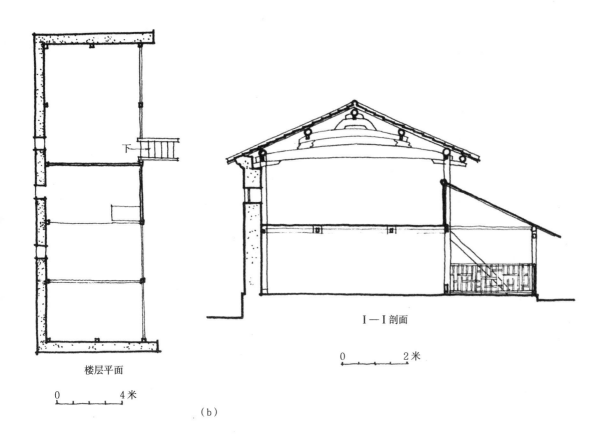

I—I 剖面

0　　　　　2 米

楼层平面

0　　　　　4 米

（b）

图6-161　瑞丽吨峰喊新建民居之二
　　　　　平面图、剖面示意图

1—过厅　2—储藏　3—厨房
4—堂屋　5—卧室　6—牛棚
7—柴房

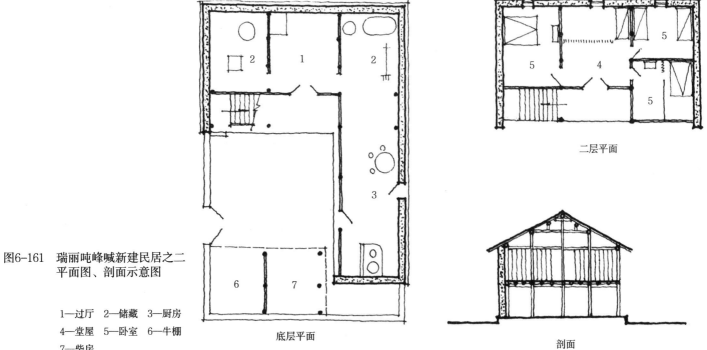

二层平面

底层平面

剖面

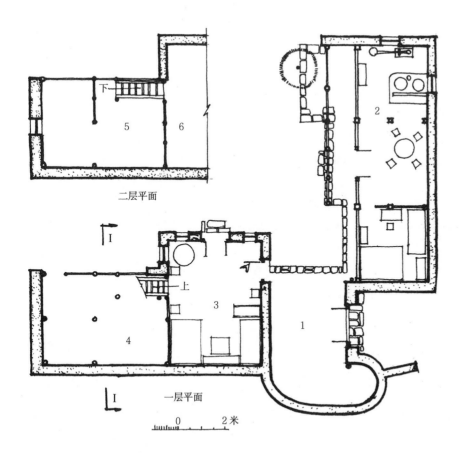

二层平面

一层平面

0   2米

图6-162　芒市民主路35号平面图及堂
屋剖视图

1—门廊　2—厨房　3—堂屋
4—杂务　5—卧室　6—堂屋上部

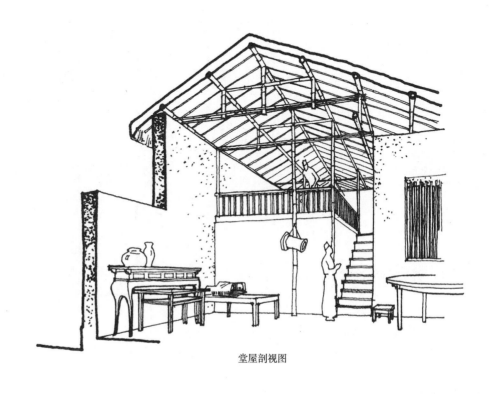

堂屋剖视图

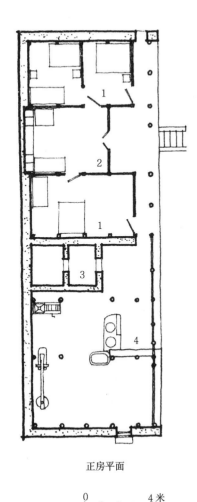

图6-163　那目民居之一
正房平面示意图

1—卧室
2—堂屋
3—谷仓
4—厨房

正房平面

0　　　　4 米

2. 厨房

厨房均为平房，一般两个开间，面积较大。其中除设有炉灶水缸、炊具架等设备外，还有米碓、石磨等粮食加工工具，有时也在此进餐。常设侧门通向后院，以便喂养牲口，搬运柴草，见曼黑民居之三厨房透视（图6-164）。厨房朝向内院多为竹编墙，缝隙较多，有的在后墙或山墙开窗，光线通风尚好。如芒市民主路34号屋面设排气天窗，通风良好。

3. 谷仓

多为两间平房，地面架空，下设土坯砌成的孔道通风，见风平民居之二（图6-165），个别有做成2层的，底层为仓，楼层杂用。

图6-164　曼黑民居之三厨
房内部示意图

厨房透视

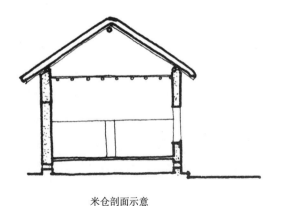

米仓剖面示意

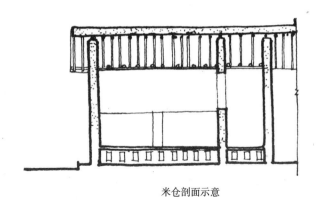

米仓剖面示意

图6-165 风平民居之二米仓剖面示意图

图6-166 芒市傣那民居畜舍外观

4.畜舍

一般为三间2层，内无隔墙，朝内院一面只设围栏，底层关牲畜，楼层较底层挑出并做栏杆（图6-166）。据载，过去楼层客人居住，现多不住人而储藏杂物稻草。

5.外观及装修

傣那民居的外观简朴无华，草顶土墙均显材料的自然本色，与绿化环境密切配合，竹篱茅舍别具情趣。少数瓦房墙面粉白，屋脊饰有"鼻子"，山尖有悬鱼与汉族民居相似，如芒市正南路通南巷11号（图6-167）。

民居进口或为单独大门，或附设在正房耳房之中，单独大门均带两坡小屋顶，或草或瓦，颇有农户气息（图6-168）。芒市民主路35号（图6-162），进口设正房的一端，利用正房与耳房交接处的空角，左边筑照壁（挡墙），造成凹进的缓冲地带，正房耳房照壁高度的参差对比，造成重点。那目民居之四（图6-169）进口附设在耳房上，从墙面突出的门墩上造"三叠水"屋面，装饰丰富，重点突出。

民居的外墙多不开窗，开窗者洞口亦小，外观显得厚实封闭。进入内院，都一反外观的封闭气氛，开敞的前廊和畜舍，加之院内的绿化配合，营造出院内开敞宁静的气氛。

图6-167 芒市正南路通南巷11号外观

图6-168 芒市傣那民居
大门外观

图6-169 那目民居之四大门外观

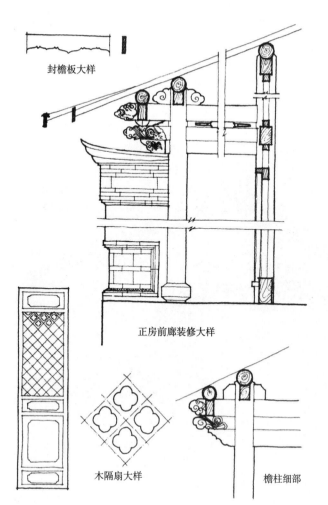

封檐板大样

正房前廊装修大样

木隔扇大样

檐柱细部

图6-170 少数头人住宅中的细部装修详图

室内空间光线稍差，上部空间多不利用，个别在墙上挑出搁板或在前廊搭平顶储放杂物。室内很少装饰，构件加工粗糙，木料不加油饰。少数上层头人的房屋，室内装饰较多，有加工细致的板壁、隔扇、雀替、梁头等（图6-170）

6.构造及材料

傣那民居是由柱梁构成的横向系统承重。

过去一般正房多为竹木混合结构，梁、柱等主要构件为木料，其余为竹料。厨房多为竹构架、草顶。较老的房子、畜舍多为木结构2层。屋架多是梁架式，柱有石础。纵向联系，主要靠檩条及檩条下的穿枋承重。横向有地脚穿枋，一般构架稳定较好。一般竹构架做法如图6-171所示。

正房地面高出内院地坪0.5～0.6公尺，有的高达1公尺。地面一般为素土夯实后，表面抹牛粪泥，少数用三合土。厨房及其他辅助建筑均为素土地面。三面外墙是土坯墙。内院一面和内隔墙用木板，或竹编墙，或竹笆抹泥隔墙，一般不到顶。屋面材料以草顶为多，瓦顶次之，个别用铁皮。

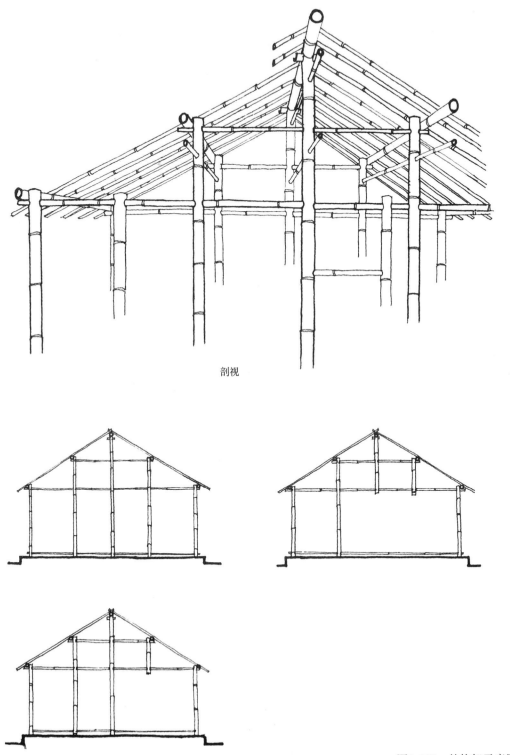

剖视

图6-171 竹构架示意图

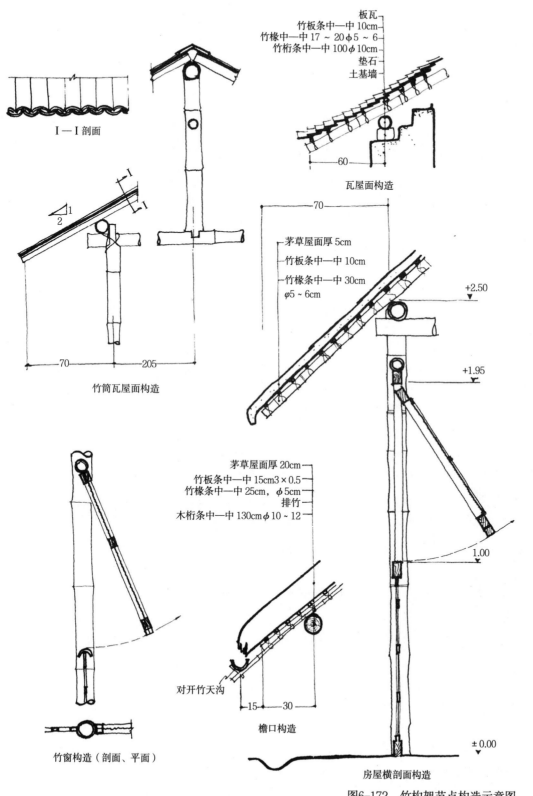

I—I 剖面

竹筒瓦屋面构造

竹窗构造（剖面、平面）

板瓦
竹板条中—中 10cm
竹椽中—中 17～20 ϕ5～6
竹桁条中—中 100 ϕ 10cm
垫石
土基墙
瓦屋面构造

茅草屋面厚 5cm
竹板条中—中 10cm
竹椽条中—中 30cm
ϕ5～6cm

茅草屋面厚 20cm
竹板条中—中 15cm3×0.5
竹椽条中—中 25cm，ϕ 5cm
排竹
木桁条中—中 130cm ϕ 10～12

对开竹天沟

檐口构造

房屋横剖面构造

竹门扇

甲

竹天沟 甲

图6-172 竹构架节点构造示意图

傣那地区盛产竹材，民居中很多构件应用竹子，除用作承重结构外，还用作墙、门窗、屋面、天沟、栏杆、楼梯，以至家具、用具等（图6-172、图6-173）。

新中国成立以后，生产发展、生活水平的提高，特别是最近几年新建民居多为木结构或砖木结构，瓦顶，三合土地坪，木隔墙，木门玻璃窗，如风平民居之七（图6-174）、之八（图6-175）。

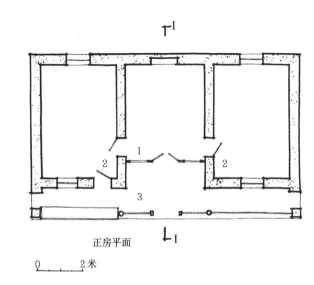

正房平面

0   2米

1—堂屋　2—卧室　3—前廊

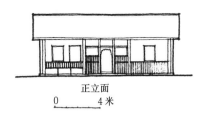

正立面

0   4米

竹栏杆

竹楼梯

图6-173　竹制建筑构件示意图

图6-174　风平民居之七平面图、立面图、剖面图

剖面

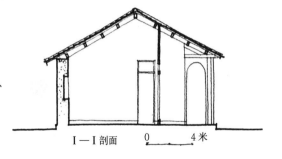

I—I剖面

0   4米

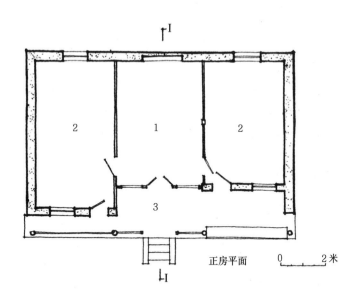

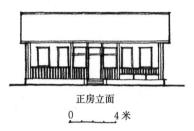

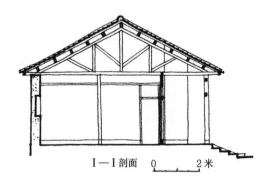

图6-175 风平民居之八平面图、立面图、剖面图
1—堂屋 2—卧室 3—前廊

正房平面 0 2米

正房立面 0 4米

Ⅰ—Ⅰ剖面 0 2米

六、瑞丽、勐遮傣族（傣那）民居

德宏州瑞丽市和西双版纳州勐遮县是傣泐与傣那杂居地区，两种支系的民居互相影响，成为一种单独的形式。瑞丽傣那民居除傣那传统平房形式之外，还有楼居形式。如傣泐的"干阑式"，但仍保留了傣那民居的传统特点。平面仍为三开间，楼下杂甩，楼上三间均为傣那传统民居，分别为堂屋和卧室。厨房为平房，紧接楼房尽端成曲尺形。楼梯有二，分内、外使用，如傣泐民居，主要楼梯设于室外，与前廊平行，次要楼梯设于室内，作居室与厨房的交通联系。亦有廊和晒台，屋面成歇山顶，形如傣泐"干阑"。实例如瑞丽城区思永宁宅（图6-176）、瑞丽城区民居之三（图6-177）。

西双版纳勐遮傣那自成一村名凤凰，民居均为平房，无院落。房屋低矮，由堂屋卧室组成。堂屋内设火塘，供炊事、取暖、照明之用，也有单独设厨房的。平面有椭圆形、矩形两种。屋面坡度较陡，材料为草或瓦，成歇山式，如西双版纳勐遮凤凰民居（图6-178、图6-179）。

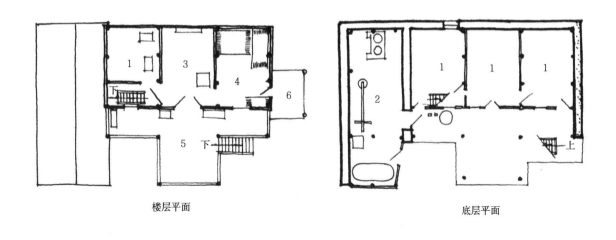

楼层平面　　　　　　　　　　　　　　　底层平面

1—储藏　2—平房　3—堂屋
4—卧室　5—前廊　6—晒台

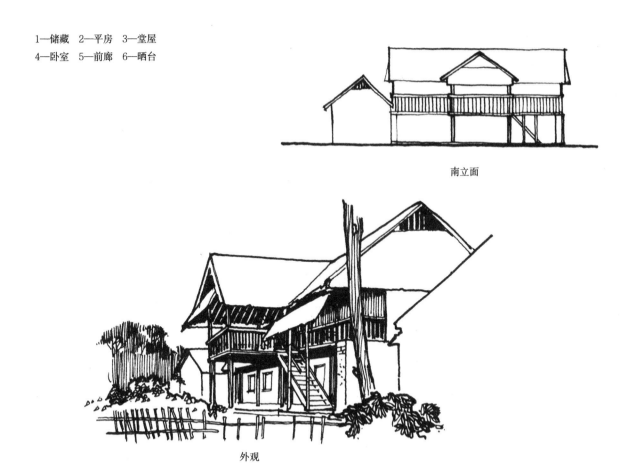

南立面

外观

图6-176　瑞丽城区思永宁宅平面图、立面图及外观示意图

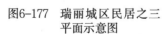

图6-177 瑞丽城区民居之三
平面示意图

1—堂屋　2—卧室　3—缝纫
4—前廊　5—晒台　6—佛龛
7　厨房上部　8　储藏　9　厨房

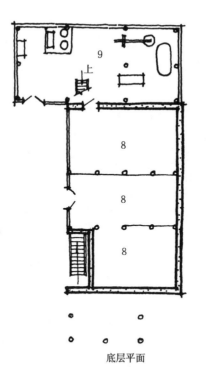

底层平面

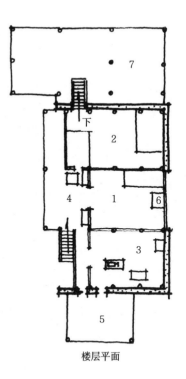

楼层平面

外观

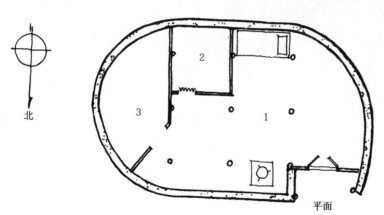

北

平面

图6-178 西双版纳勐遮凤凰民居之一
平面、外观示意图

1—堂屋　2—卧室　3—杂务

七、傣族民居结语

傣族民居干阑建筑，适合当地自然、经济条件及民族生活习惯，具有通风、散热、干燥和防避虫害、洪水的特点。并能就地取材，节约建房费用，故是傣族人民喜爱选用的建筑形式。

傣族干阑民居，一户一幢一院，院落布局适应气温高，植物生长茂盛的特点，房屋置于庭园绿化中，以避日晒、降室温。傣那平房民居，虽是汉式四合院，但仍有种植绿化的外院，取得类似效果。

干阑建筑，受汉族影响较少，平面布局不像汉式的建筑以间为单位、对称严谨，房间几无大小之分，而是根据生活要求进行安排，依房间使用性质有大小之别，布局自由活泼，富于变化。对炎热气候，西双版纳民居重点采取遮阳措施，设重檐披屋面，使室内整日处于浓荫中。瑞丽民居重点加强通风措施，加大窗子面积和在平面中组织横向、纵向的空气对流，都获得较好效果。这些特点是傣族人民长期以来，在和自然条件作斗争，并适应自然条件和经济条件中形成的。

傣那民居虽为汉式平房四合院，但仍保留着本民族的传统。居住在同一地区的傣族，民居形式各不相同，同为竹楼又各具特色，说明各种民居形式的形成，除自然、经济条件和生活习惯的因素外，各民族间建筑技术、风格互相交流影响，也是因素之一。这种交流影响不是盲目地抄袭，而是吸取优点为我所用，结合自己的地区特点、风俗习惯，创造出自己的建筑传统和风格，并不断有所发展和创新。

民居堂屋中火塘终日不息，既浪费木材又污染空气。楼下关养牲畜，影响住房卫生。新民居已有所改善，应普遍推广。此外西双版纳及德宏潞西傣那民居无窗或窗户甚小，室内光线不足及无厕所等问题，在新民居也有了改进。

平面

0 ——— 3米

1—正房　2—杂务　3—柴堆

图6-179　西双版纳勐遮凤凰居民之二平面图及外观示意图

八、傣族佛寺建筑

　　新中国成立前傣族人民普遍信仰小乘佛教。由于有男子在成 年以前，都必须到寺院出家一次，过一个时期的僧侣生活的风俗，故佛寺（汉话称"缅寺"，西双版纳傣话称"洼"德宏傣话称"塚房"）颇多，几乎遍及各村寨，是傣族村寨中位于显要地点的建筑。

　　佛寺也有等级，最高佛寺在"召片领"住地的宣慰街叫"洼龙"，统辖区内所有佛寺。德宏则有"御封佛爷"，由土司加封，授权管理全区佛寺。各勐所在地也有一所"洼龙"，其下有中心佛寺，村寨佛寺。佛寺一般由傣族人民"赕佛"（即供献，谓之赎罪）捐助修建，规模大小、建筑质量视村寨大小和富庶程度而定。村寨越富足，佛寺规模和建筑质量就越大越好，佛寺的等级也就越高。

　　小乘佛教又规定僧侣的衣食来源依靠"乞食"，居民必须向佛教做"赕"供养僧侣和寺院的一切需要，包括衣食，甚至塑像、印经等一切费用。施"赕"做功德成了劳动人民的沉重负担。

　　但佛寺建筑是广大劳动人民的血汗成果、智慧结晶，有突出的民族风格，是祖国建筑遗产的一部分。

图6-180　佛寺在村寨中
　　　　　位置示意图

寨前一侧：在进入村寨主要道路的一侧

寨前：正对进入村寨的主要道路

寨旁：在村寨居住区的一侧

寨后：在村寨内的主要道路的尽端（丘陵顶上）

寨内：在村寨居住区内，佛寺附近有较大的场地与主要道路相连

寨中：在进入村寨的主要道路和村寨内的主要道路的交点

（a）

图6-181 西双版纳宣慰街佛寺（洼龙）总平面图，佛殿、佛塔平面图、剖面图、立面图、外观图

（一）西双版纳州佛寺

一般位于村寨的地位显要、风景最佳处（图6-180）。由佛殿、经堂、僧舍和塔等几部分组成。总体布局与汉族寺庙的封闭式四合院平面不同，而如民居一样随地形灵活布置。佛殿居场地中心，经堂一般在前部，僧舍在殿后，其外有较大的场地，古木参天，树影浓密，院墙低矮或无院墙。如图6-181所示是西双版纳宣慰街佛寺（洼龙），位于林木葱郁的山巅，无院墙。如图6-182所示是橄榄坝曼苏满佛寺，有低矮的院墙。

由寺门至佛殿有引廊连接，突出了佛殿入口；是殿前的过渡空间，起着增加佛寺肃穆气氛的作用；又可遮阳避雨，是拜佛者存放物品处。有的引廊轮廓丰富，别具一格，勐遮曼垒佛寺，寺门在山脚，梯廊屋面共分八级，重重叠叠直上山顶，造型优美，颇为华丽，但未与佛殿直接相连（图6-183）。

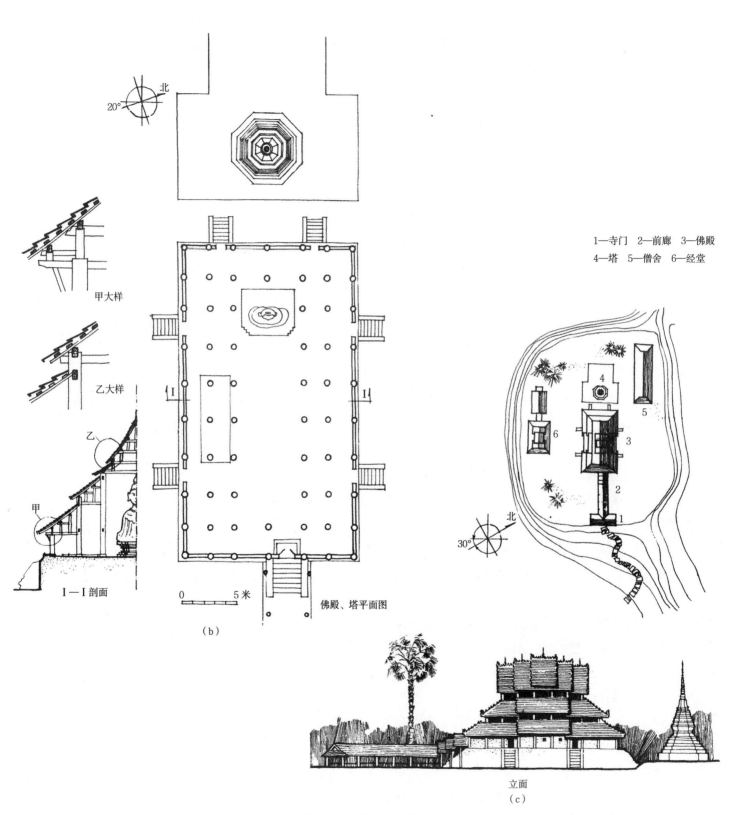

北

20°

甲大样

乙大样

乙

甲

I—I 剖面

0   5米

（b）

佛殿、塔平面图

1—寺门　2—前廊　3—佛殿
4—塔　5—僧舍　6—经堂

北

30°

立面

（c）

图6-181　西双版纳宣慰街佛寺（洼龙）总平面图，佛殿、佛塔平面图，剖面图，立面图，外观图（续）

佛塔透视

（a）

图6-182　橄榄坝曼苏满佛寺总平面图及佛殿、佛
塔、经堂平面图、剖面图、外观图

立面

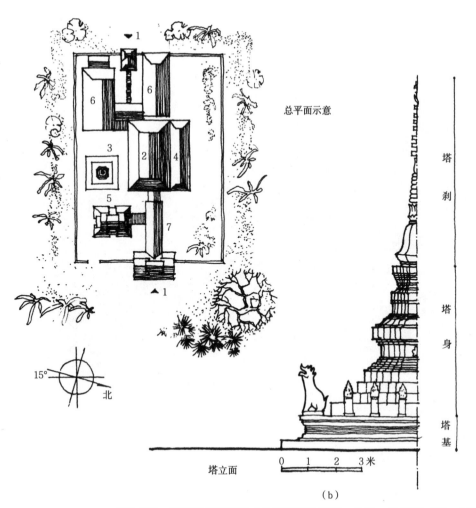

总平面示意

塔刹

塔身

塔基

1—寺门　2—佛殿　3—佛塔
4—鼓廊　5—经堂　6—僧舍
7—前廊

塔立面

0　1　2　3米

（b）

图6-182　橄榄坝曼苏满佛寺总平面图及佛殿、佛塔、经堂平面图、剖面图、外观图（续）

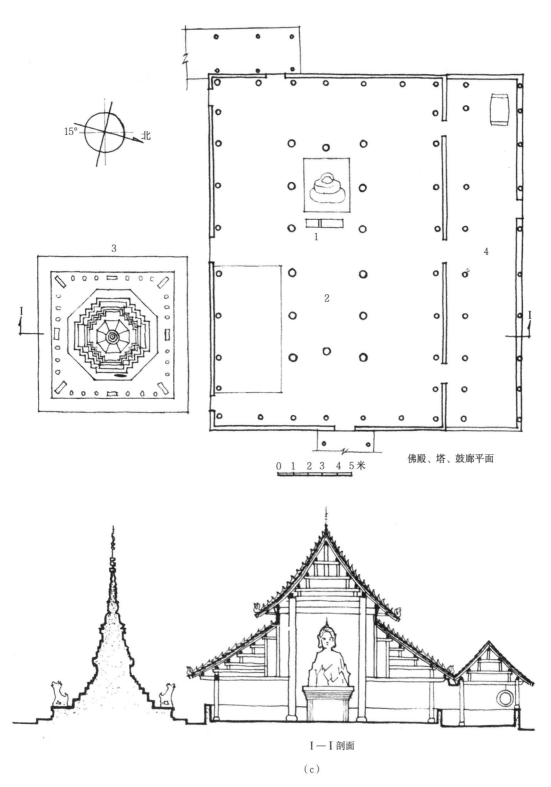

15° 北

3

1

2

4

佛殿、塔、鼓廊平面

0 1 2 3 4 5米

I—I剖面

（c）

图6-182　橄榄坝曼苏满佛寺总平面图及佛殿、佛塔、经堂平面图、剖面图、外观图（续）

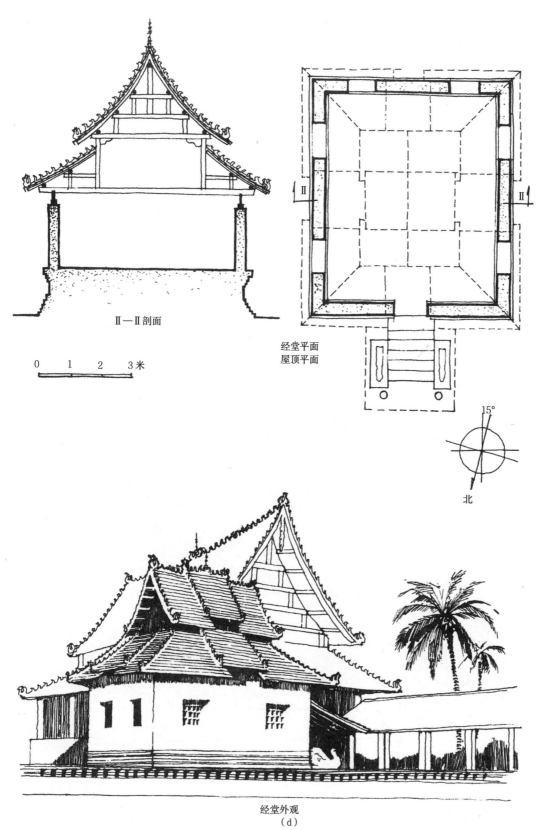

Ⅱ—Ⅱ剖面

0 1 2 3米

经堂平面
屋顶平面

15°

北

经堂外观
（d）

图6-182　橄榄坝曼苏满佛寺总平面图及佛殿、佛塔、经堂平面图、剖面图、外观图（续）

图6-183 勐遮曼垒佛寺总平面图
及梯廊剖面图、外观图

1—寺门梯廊
2—佛殿
3—僧舍
4—水井亭

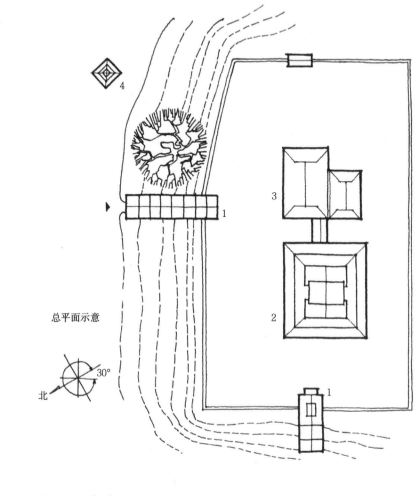

总平面示意

北 30°

梯廊剖面示意

图6-184　佛殿的屋顶

　　佛殿基本沿东、西纵向布置，佛像置西端第二间面东，与汉族寺庙大殿横向布置、佛像面南迥然不同。据说是因为释迦牟尼成佛时面向东方的缘故。入口在东端山面，由于山面有中柱，所以入口不在正中，一般偏向北侧。佛殿为落地式，建于高台基上，是受汉族高台基建筑的影响，显得更加雄伟。佛殿力土坯墙小平瓦顶。纵深一般为6～9间，屋架分主跨与边跨。主跨屋架是抬梁式，双坡悬山屋面；边跨为偏厦，是在下部四周加一圈外柱，上架半屋架，盖单坡屋面；中心的悬山顶和四周的单坡屋顶组成一个歇山顶。

　　佛殿屋顶特点最为突出（图6-184），屋顶庞大，是造型上一个最重要的部分。傣族人民给予巧妙的处理，使用多种手段，变庞大陡峻的屋面为轮廓丰富、华丽优美的造型，给人们以强烈独特的印象，达到了很高的艺术水平。其特点如下：第一，屋顶为歇山式，但歇山的上部两坡和下部四坡，作一次或两次跌落，成上、下两层或上、中、下三层的二、三层重檐式歇山屋顶。第二，屋面纵向上又分成三至五段，中间一段最高，依次向两端跌落，各段高差较一博风板稍高，有的左、右两段在檐口处又连到一起。第三，歇山山面较大，又常在此处加一重横檐，用斜撑挑出。第四，歇山上部屋架坡陡，有举折成柔和优美的凹曲屋面；下部屋架坡缓，屋面平直。第五，沿正脊、垂脊和戗脊布置成排的火焰状、塔状和孔雀等禽兽状琉璃饰品，使轮廓更加丰富多彩（图6-185、图6-186）。第六，屋面靠屋脊中部及角部瓦上有石灰塑卷草图案，更增加外观的华美气氛。通过以上处理，使庞大的屋顶变得异常活跃、绚丽、雄伟壮观，构成傣族佛寺甚为独特的艺术造型。这些多变的处理没有使结构复杂化，仅将柱子与檩条因需要而做得高度不同。异常简单的做法，取得如此多变的效果，用意之巧，令人钦佩。如宣慰街佛寺歇山屋面分上、中、下三层重檐，歇山最上部屋面纵向分成五段，其余分为三段。活跃的屋面与敦厚的高台基形成对比，显得既肃穆稳重又绚丽优美。勐海佛寺（图6-187）规模稍小，也极雄伟壮丽。

图6-185　佛殿屋脊上的装饰之一

图6-186　佛殿屋脊上的装饰之二

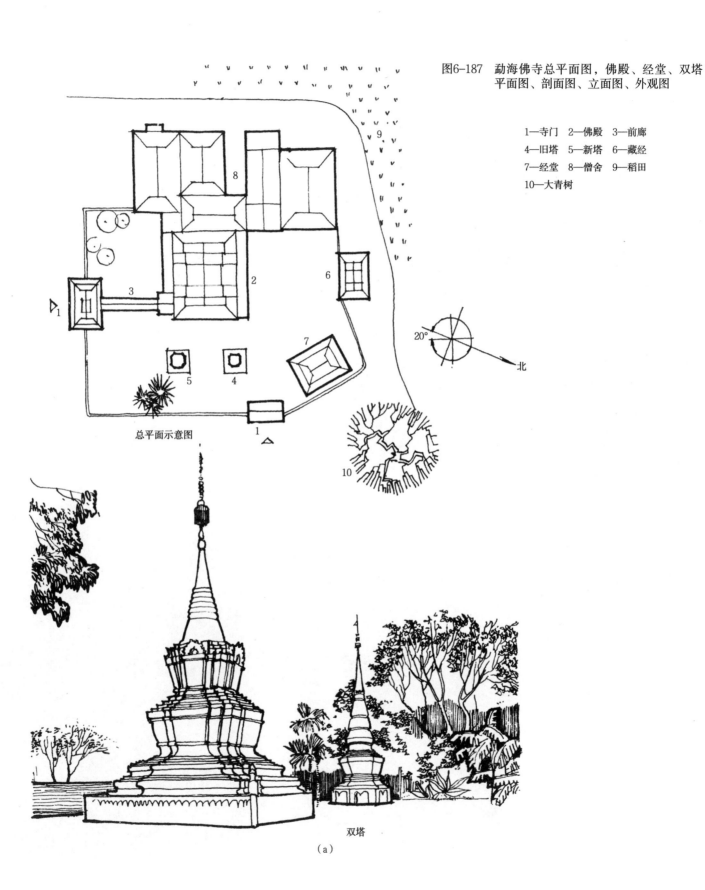

图6-187 勐海佛寺总平面图，佛殿、经堂、双塔
平面图、剖面图、立面图、外观图

1—寺门　2—佛殿　3—前廊
4—旧塔　5—新塔　6—藏经
7—经堂　8—僧舍　9—稻田
10—大青树

20°

北

总平面示意图

双塔

（a）

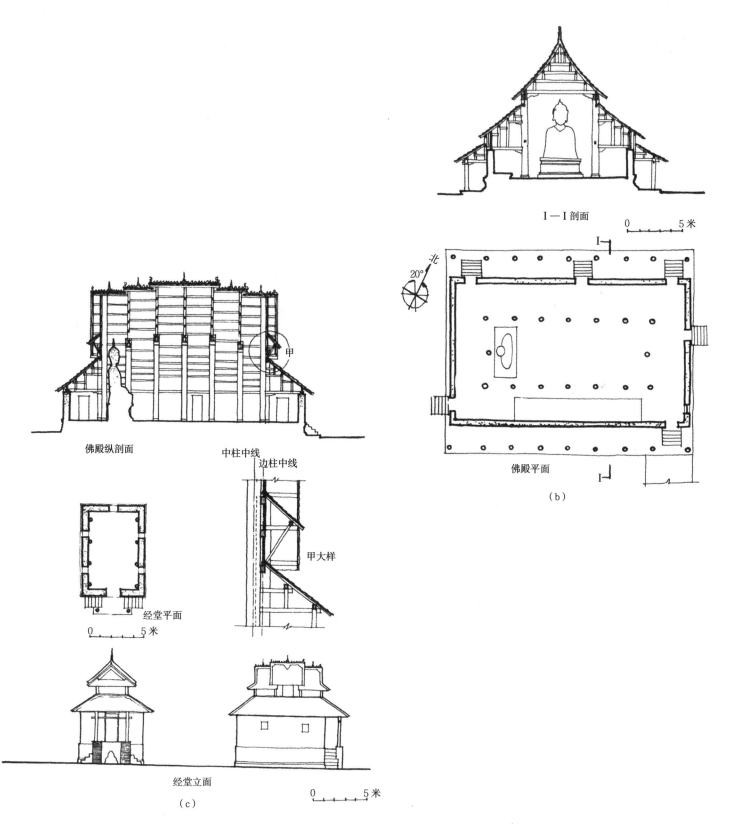

I—I 剖面

0 5米

佛殿平面

I

（b）

佛殿纵剖面

中柱中线

边柱中线

甲

甲大样

经堂平面

0 5米

经堂立面

0 5米

（c）

图6-187 勐海佛寺总平面图，佛殿、经堂、双塔平面图、剖面图、立面图、外观图（续）

佛殿内部装修，质量高者柱梁均饰油漆。其上有拜佛者逐年赇佛所献的金粉花饰称"金水"，多者甚至檩条上也有，给人以金碧辉煌之感（图6-188、图6-189）。

经堂与佛殿风格一致，橄榄坝曼苏满佛寺的经堂（图6-190）是这类经堂的典型。勐遮景真佛寺，建于清代（1701年），其经堂一般称"八角亭"，独创一格，以其惊人的优美造型，名闻四方。其平面是多折角"亚"字形，共16角；下有高台须弥座承托。屋顶分八个方向八组十层双坡悬山屋面，重叠递升，并成曲线状渐次收缩，最上收于一圆盘下。屋顶最上有刹杆等，各条脊上布满脊饰，造型极其玲珑剔透，是杰出的艺术珍品（图6-191～图6-193）。

图6-188　佛殿内柱上的花饰之一

图6-189　佛殿内柱上的花饰之二

图6-190　橄榄坝曼苏满佛寺的经堂

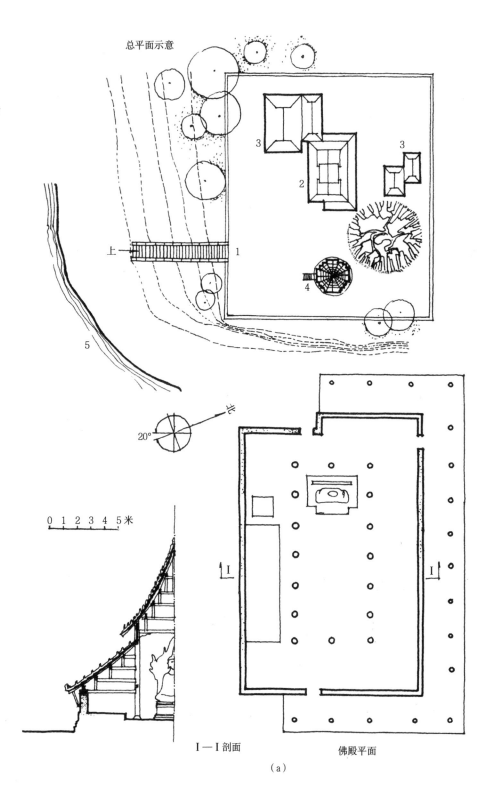

图6-191　勐遮景真佛寺总平面图，佛殿、
　　　　经堂平面图、剖面图、立面图

1—石阶　2—佛殿　3—僧舍
4—经堂　5—流沙河

总平面示意

3

3

2

上

1

5

北

20°

0 1 2 3 4 5 米

Ⅰ—Ⅰ剖面

佛殿平面

（a）

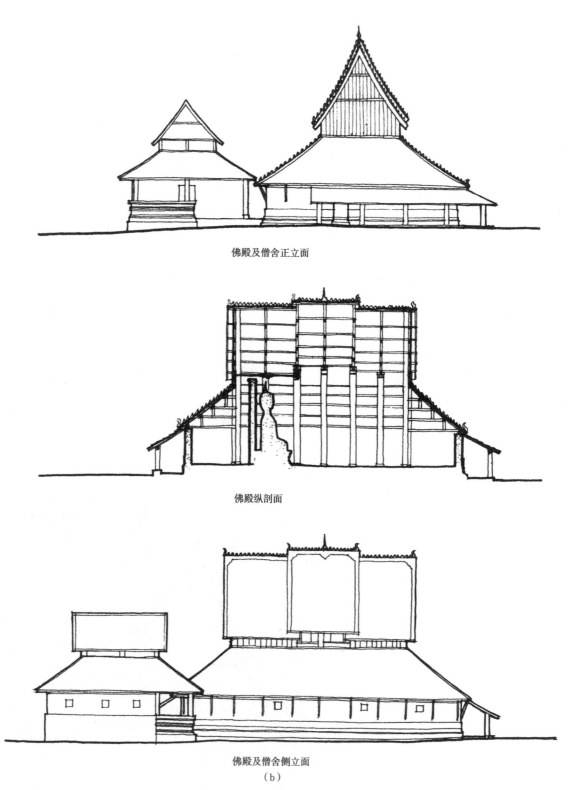

佛殿及僧舍正立面

佛殿纵剖面

佛殿及僧舍侧立面

(b)

图6-191 勐遮景真佛寺总平面图，佛殿、经堂平面图、剖面图、立面图（续）

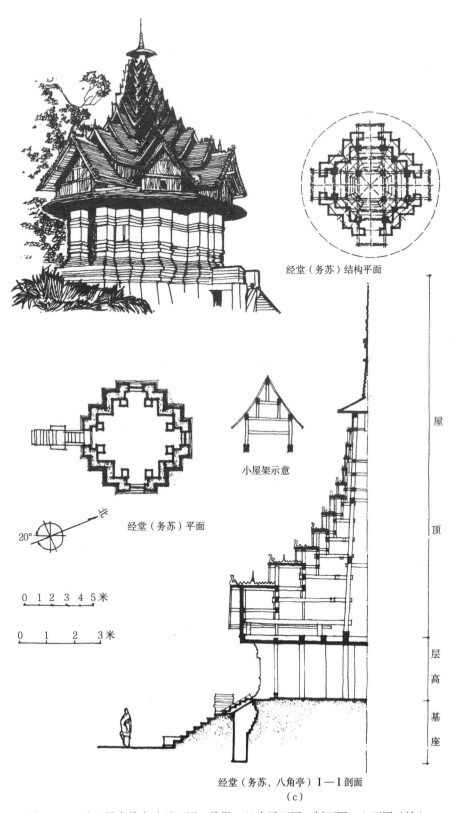

经堂（务苏）结构平面

小屋架示意

经堂（务苏）平面

北

20°

0 1 2 3 4 5米

0 1 2 3米

屋
顶

层
高

基
座

经堂（务苏、八角亭）Ⅰ—Ⅰ剖面

（c）

图6-191 勐遮景真佛寺总平面图，佛殿、经堂平面图、剖面图、立面图（续）

图6-192 曼真经堂外观

图6-193 曼真经堂局部

图6-194 景洪曼飞龙塔

僧舍为干阑式。

佛塔为砖砌实体，体形较小，高数米至十余米。分单塔、双塔与群塔。单塔如橄榄坝曼苏满佛寺塔（图6-182），由塔基、塔身和塔刹三部分组成。塔基方形，四角各有面向外的蹲兽一座，上部为花蕾状的圆形短柱数个。塔身平面为折角"亚"字形，比例修长，由三层逐层收小减低的须弥座叠成。塔刹如一覆置的喇叭，上有环状线脚，再上有多个金属相轮。塔身造型优美，挺拔秀丽。可惜这些单塔几乎全毁。群塔如景洪曼飞龙塔，建于宋朝（1204年）（图6-194），形式颇独特。基座是一圆形平面的须弥座，其上在八个方向上有八个双坡顶小塔龛，龛内供小佛。在下部塔龛轴线上建八个小塔，环绕一个中心大塔，九塔的形式与前述单塔相似，仅平面为圆形。整个塔群造型挺拔绚丽，绰约多姿，巍峨壮观。诸塔拥立，若雨后春笋，故傣族称之为塔"诺"，即竹笋的意思，比喻甚为贴切。

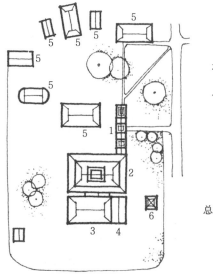

图6-195　瑞丽大等喊佛寺总平面图及佛殿、僧房、前廊平面图、立面图、剖面图

北

总平面示意

1—前廊　2—佛殿　3—僧房
4—僧房　5—住房　6—泼水亭

（二）德宏州佛寺

　　佛寺有佛殿、泼水亭、僧舍及男女信徒宿舍（拜佛时住宿用）等部分。总平面布置如西双版纳佛寺自由灵活，无一定格局（图 6-195）。

　　佛殿为干阑式，亦为沿东西纵长布置，内无大佛，逐年所献之小佛及旗幡等陈列于西端面东。木地板分高低2～3段，每段高差一步，为拜佛者分别跪拜之地。木构架、木板外墙，瓦顶或铁皮顶，形式亦甚独特。主屋架构成完整的歇山顶，四周如偏厦跌落后接单坡半屋架一层或二层，成一、二层重檐（图 6-196）。有的又上部歇山屋面中央升起1～2层如气楼般的小屋面（图 6-197）。入口在东端北侧，有较长的入口引廊。突出者如瑞丽大等喊佛寺（图 6-195），引廊有重叠的屋盖，并设小桥、栏杆，布局活泼，封檐板、栏杆等均有较多的雕饰（图 6-198），是重建后的面貌。又如瑞丽南城佛寺（图 6-199），佛殿有两个入口，都有引廊。

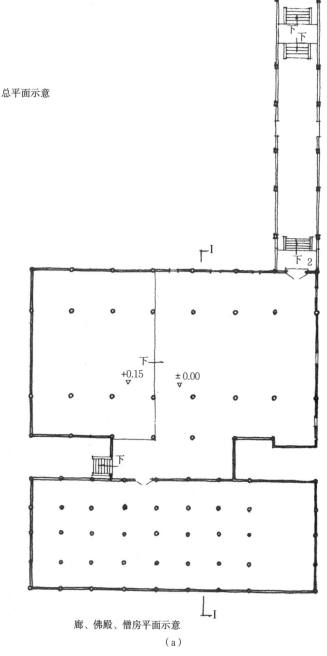

I

+0.15　±0.00

I

廊、佛殿、僧房平面示意

（a）

图6-196 佛殿外观

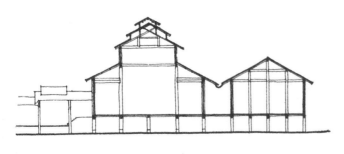

Ⅰ—Ⅰ剖面

北立面

图6-197 带气楼般小屋顶的佛殿外观

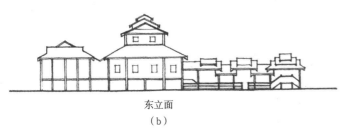

东立面

（b）

图6-195 瑞丽大等喊佛寺总平面图及佛殿、僧房、
前廊平面图、立面图、剖面图（续）

图6-198 重建的前廊（引廊）

德宏潞西风平是傣那居住地区，风平佛寺（建于清代）大殿亦东西纵长布置，佛像面东。屋顶形式基本如瑞丽佛寺，但其建筑可以明显地看出受汉族建筑的影响（图6-200）。大殿为落地式，构架做法、屋面举折翘角等均似汉式建筑。殿前并有汉式牌坊。佛寺门外还有照壁。芒市菩提寺（图6-201），为干阑式，但建筑形式受汉族影响较深。

各寺均有泼水亭，供泼水节时使用。亭为重檐干阑式，封檐板、栏杆等均有雕饰（图6-202）。

僧舍在佛殿后面或侧面，也是干阑式。

塔亦分单塔、双塔和群塔，为砖砌实体。有塔之寺，常将塔布置于佛寺的重要位置。塔形与西双版纳大同小异。潞西风平佛寺共有二塔，前塔塔基方形，塔身平面为折角"亚"字形。外形如须弥座，下部对称的四个方向有佛龛，内供白玉佛像，佛龛顶及两侧均有小塔。上部塔刹如一圆形喇叭，上有环状线脚，再上为金属刹顶，四周垂吊小铃。泥塑雕饰较多，外观挺拔绚丽。瑞丽姐勒之大金塔为群塔（图6-203）。塔基为一圆形高台，台上沿边对称布置方形、

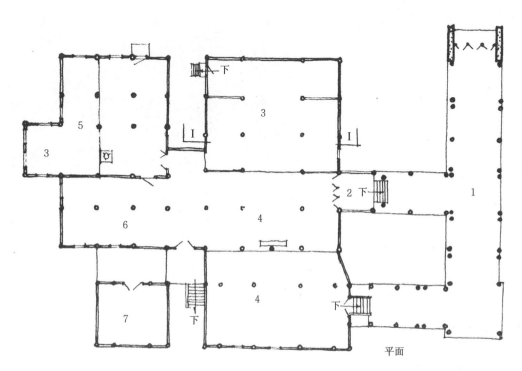

平面

图6-199 瑞丽南城佛寺佛殿平面示意图

1—入口前廊 2—门廊 3—供佛处
4—拜佛处 5—僧侣经堂
6—僧侣宿舍 7—厨房盥洗

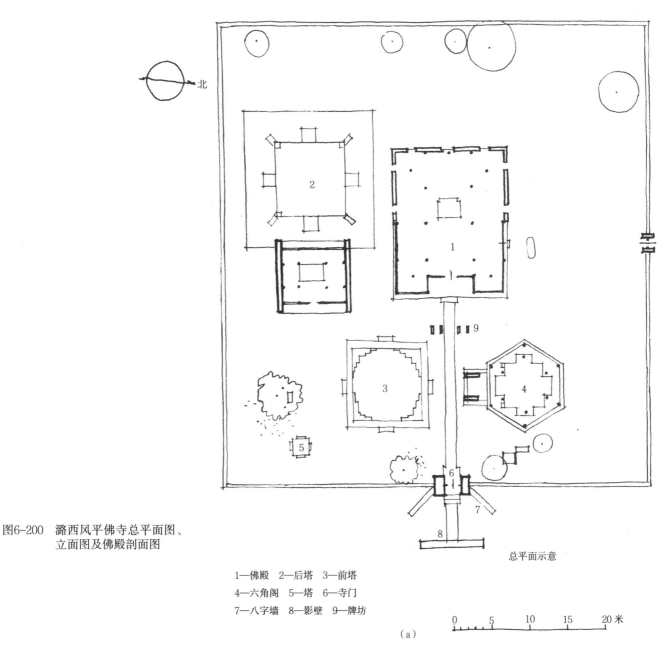

图6-200 潞西风平佛寺总平面图、
立面图及佛殿剖面图

1—佛殿 2—后塔 3—前塔
4—六角阁 5—塔 6—寺门
7—八字墙 8—影壁 9—牌坊

0　5　10　15　20 米

（a）

圆形的小塔共 16 个，环绕一个中心大塔。中心大塔高 30余米，形如西双版纳草塔，塔身平面亦是折角"亚"字形共十六角，为三层逐层收小减低的须弥座叠成。塔刹喇叭状，亦为多层圆形线脚围绕，金属塔刹垂吊小铃等物。塔基外四个方向各有一拜塔殿，拜塔殿之间，也即其余四个方向有坐兽吊钟等。安排匀称，比例优美，组成有层次、有深度、有体量、有高度的庞大塔群。塔身白色，塔顶贴

金，鲜艳夺目，秀丽多姿又宏伟壮观。建筑艺术达到了较高水平，是祖国的宝贵建筑遗产，可惜已毁。

从以上介绍可以看到傣族佛寺建筑是傣族人民吸取汉族和邻近缅甸建筑技术、艺术，结合自己的特点，因地制宜，为我所用，创造了自己独特的建筑风格，显示了傣族人民的建筑技术、艺术的独创精神。可惜许多佛寺遭到破坏或全部被毁，留者无几。

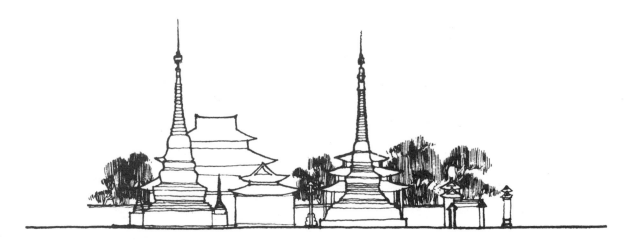

立面示意

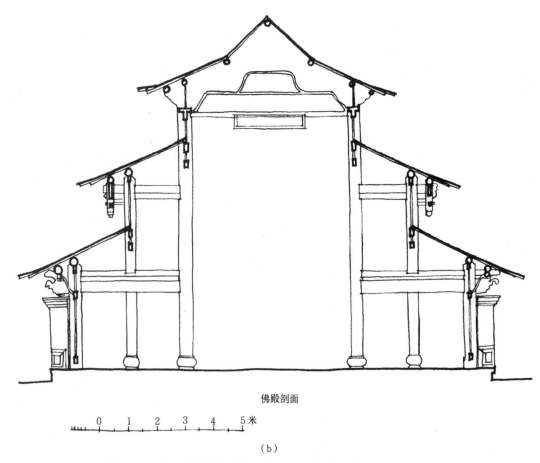

佛殿剖面

0 1 2 3 4 5米

（b）

图6-200　潞西风平佛寺总平面图、立面图及佛殿剖面图（续）

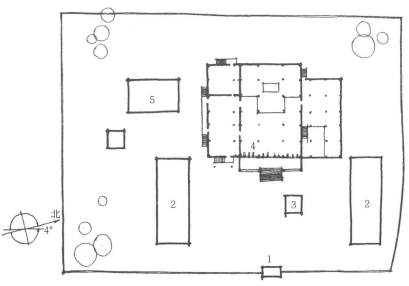

总平面示意

0　5米

1—寺门　2—佛教协会　3—泼水亭
4—佛殿　5—僧舍

剖面示意

0　4米

透视

图6-202　泼水亭

图6-201　芒市菩提寺总平面图及佛
殿剖面图、外观图

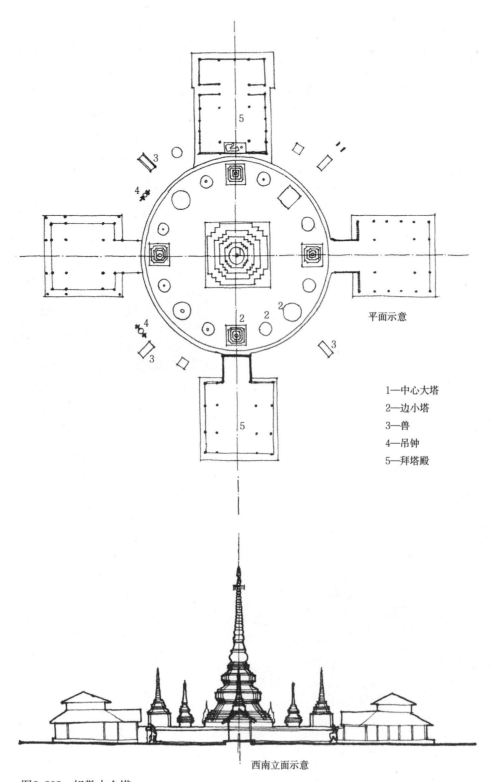

平面示意

1—中心大塔
2—边小塔
3—兽
4—吊钟
5—拜塔殿

西南立面示意

图6-203 姐勒大金塔

324 云南民居

第七章
景颇族民居

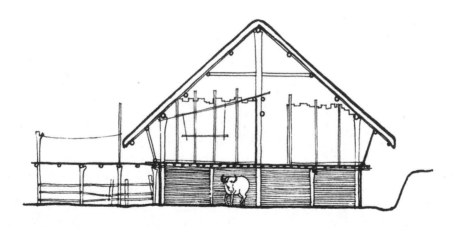

一、自然与社会概况

（一）自然条件

云南景颇族主要聚居在潞西、盈江、陇川、瑞丽、梁河等县山区。在泸水、昌宁、耿马等县也有少数散居。

景颇族聚居的山区，海拔一般在 1500 ～ 2000 米。气候温和，年平均温度在 18 ～ 24℃。年降雨量 1500 毫米左右。气候明显地分为雨季及旱季，每年五月至十月为雨季，十一月到次年四月为旱季。全年日照时数 2100 ～ 2500 小时。主要农作物有水稻、旱谷、玉米及茶叶、咖啡、紫胶、甘蔗等经济作物。

（二）历史情况

景颇族的支系很多，新中国成立后根据本民族意愿，统称为"景颇"。景颇族的祖先发源于青藏高原和滇西北高原，由于北方气候寒冷，土地贫瘠，加之民族、部落间的仇杀、械斗等原因而不断南移。约当公元 7 ～ 8 世纪，景颇族的先民已进入我国怒江州的南部等广大地区，于 17 世纪进入德宏州各山区定居至今。

新中国成立前，由于地理位置和历史条件的差异，各地景颇 族的社会发展是不平衡的。景颇族的土地所有制大体上有如下两种形态。

一是以农村公社土地所有制为基础的形态。由一个乃至十几个自然村落组成一个农村公社（公社的大小是由山官势力范围的大小决定的）。除土地外，村社成员的所有生产资料和生活资料均为私有。在村社范围内的山旱地、森林、牧场为村社共有，村社成员可根据自己生产的需要去"号地"，经山官同意后即可开垦耕种，三五年后地力耗尽便丢荒。水田各户长期占用，不论旱地、水田均不能买卖。

另一种是向封建经济转化的形态。在这类地区，水田、园地已为个体家庭所私有，可以租佃、典当、买卖、赠送或陪嫁女儿等，不受任何限制或干涉。山官对土地没有特权。山官、寨头、董萨（巫师）逐渐靠占有生产资料出租土地、耕牛或放高利贷进行剥削。到新中国成立前，有些地区随社会的发展已分化出相当于地主、富农、中农、贫农、雇农的阶层[①]。

（三）宗教风俗

景颇族的宗教信仰停留在万物有灵的阶段。他们认为不但人有灵魂，自然界的日、月、星、云、鸟兽、怪石、巨树都有灵魂，可以降祸福于人，在一定时期必须杀牲祭祀。新中国成立前的几十年，由于帝国主义传教士的活动，在边境地区有些人信仰基督教。

景颇族有丰富优美的口头文学、情歌、歌谣，皆即兴而作，优美古朴，老幼均能歌善舞。

景颇族家庭是一夫一妻制的小家庭，长子婚后另建新居，幼子留下赡养父母，继承遗产。

---

① 见《云南少数民族》一书，云南人民出版社出版。

新中国成立以后，景颇人民在党的民族政策的光辉照耀下，进行了肃清残匪及反帝的爱国主义教育，建立了民族自治政权，继而进行了社会主义改造，生产有了很大的发展，物质生活和精神面貌起了根本的变化。

二、民居建筑

景颇族民居适应其所在地区的自然条件，多架空楼居，分低楼及高楼，平面多为长条形。以山区资源丰富的竹、木为构架，片竹或圆竹做墙，草顶，屋面呈倒梯形，屋脊向山墙方向伸出以获得较好的防雨效果，因而形成倒梯形屋顶、四壁低矮的竹楼外貌，是景颇民居独特的形式。

（一）村寨

景颇族居住在海拔 1500～2000 米的山区。村寨沿山脊或顺山坡布置。道路随地形自然形成，均蜿蜒曲折，甚不规则。山区树木繁茂，绿化甚好。用水取自山下，景颇妇女每天用竹筒背水上山，甚感不便。多数村寨为本族聚居，少数与外族杂居的村寨建筑布置亦自成一体，如南京里寨及三台山拱华寨（图 7-1、图 7-2）。村寨规模较小，一般二三十户。

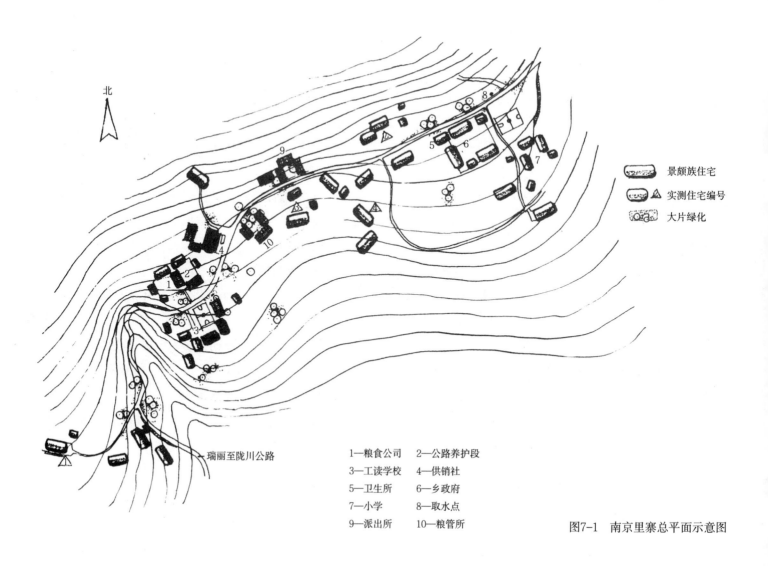

北

瑞丽至陇川公路

1—粮食公司	2—公路养护段
3—工读学校	4—供销社
5—卫生所	6—乡政府
7—小学	8—取水点
9—派出所	10—粮管所

景颇族住宅

实测住宅编号

大片绿化

图7-1 南京里寨总平面示意图

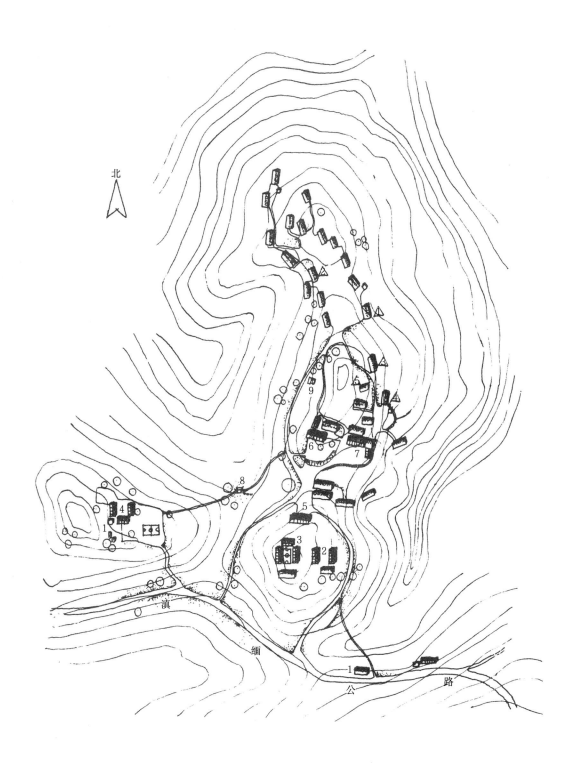

图7-2 三台山拱华寨总平面示意图

1—食品店　2—粮食公司　3—工读学校
4—小学　5—贸易公司　6—卫生所
7—办公室　8—取水塘　9—厕所

图7-3 景颇族村寨景色

　　由于山区地形较复杂，很少有大块平地，房屋根据地形平行等高线布置，建筑组合零乱分散，无一定的成规，多随地形灵活布置。房屋间距较大，密度稀疏，绿荫丛中掩映着竹楼茅舍，形成特有的山寨景色（图7-3）。

　　景颇民居建筑组合零乱分散的原因，除山区地形复杂破碎之外，还因景颇族人民有烤火习惯，屋内火塘终年日夜不熄，常引起火灾，故房屋分散，利于防火。此外，还因新中国成立前景颇族人民根据迷信方法选择用地，其方

法有如下几种：1.在选定地点，根据建房长短在地两端各埋芭蕉叶包米酒一包，三天后取而尝之，味甘甜为吉，宜建房屋，味苦为凶，则另择基地。2.取欲建房地的泥土一包，置于枕下，以梦的吉凶来选择。3.用芭蕉叶包竹篾七条（长约30厘米，两头露出，将露出的竹篾每两根接起来（因是单数，故每头必剩一根），然后解开芭蕉叶，若有一条没有接起来则为不吉，须另择基地。4.取半开竹筒三根，每根用黑炭划为三格，边上两格各置大米两颗，在

选定的地址上，将三根竹筒置于欲建房屋的左、中、右三处，次日观之，大米不动为吉，若有大米移至中间格为不吉。

由于山区气候较温和，绿化甚好，加之景颇族民居均为草顶，屋面坡度较陡，四壁低矮无窗，故对房屋朝向要求不严，可在任何方向布置。

景颇族人民长期居住在山区已成习惯，但农田均在坝区，来往需1～2小时，出工甚为不便。新中国成立以后很多人都搬到坝区来居住，或两处为家，有的以山上为主，有的以坝区为主。

过去景颇村寨没有什么公共建筑，新中国成立以后，在公社或大队部所在地建立了小学、卫生站、供销社、商店之类的建筑。这些公共建筑多数都是土、砖墙、木屋架、瓦顶，改善了景颇人的居住条件。

最近几年由于生产的发展，生活的改善，有些地区的景颇族人民经过一定的规划新建了一些新村。新村建筑均为瓦房，仿汉式组成三合院或四合院，房屋排列整齐有序，这是景颇人有史以来没有过的新鲜事物，如拱外夹底寨（图7-4）。

（二）院落

各户之间无明显分隔的院落，周围空地甚多，或用竹篱在住房附近按需要围成菜园，种些瓜类玉米等。随地形及用地情况，多呈不规则形式，少数村寨在住房周围用竹篱围成院落，如广山寨。

景颇族民居多数每户只有一幢房屋，也有少数在住房附近另建畜舍、谷仓、碓房、烤房等，这些房屋的布置无一定的格局。

近期修建的民居多把厨房移出来另建一幢，总平面形成曲尺形，改善了居室的卫生条件，如陇川八达民居之三（图7-5）、碾子民居之二（图7-6）。或仿汉族民居形式，

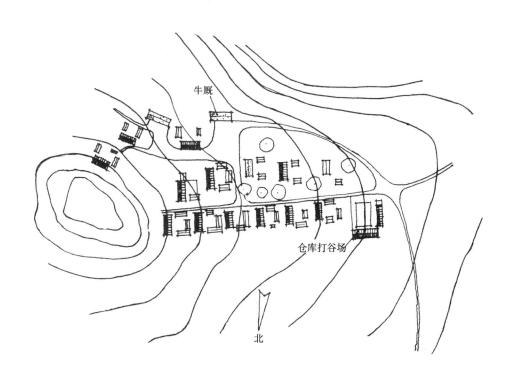

图7-4 拱外夹底寨总平面示意图

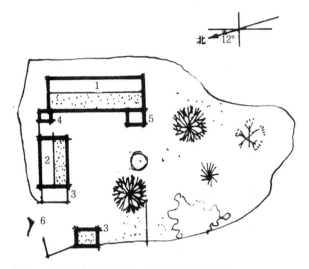

图7-5　陇川八达民居之三院落平面示意图

1—正房　2—厨房　3—猪圈
4—鸡圈　5—柴房　6—入口

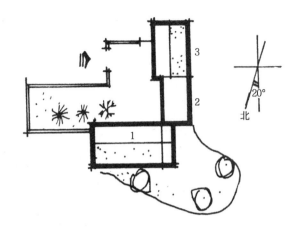

图7-6　碾子民居之二院落平面示意图

1—正房　2—猪圈　3—耳房

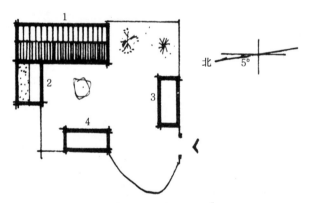

图7-7　拱外夹底民居之一院落平面示意图

1—正房　2—厨房
3—柴库　4—猪圈

由正房、厨房、畜舍等组成三合院四合院，如拱外夹底民居之一（图7-7）。

（三）房屋

1.类型

景颇族传统民居形式平面为长条形，由端部山墙入口。竹楼分低楼及高楼式。受汉族、傣族的影响，民居形式又有平房、傣族干阑式及外廊式几种（图7-8）。

（1）低楼式：平面为一长条形，楼面架空，离地60～100厘米，其下养猪、鸡等，上面住人。主要进口设在山墙一端，前面有一开敞的门廊。门廊无楼，经一斜梯进入室内，如景颇族低楼式民居剖视图（图7-9）所示。此类民居如南京里邦宛寨某民居（图7-10）、南京里俄奎寨某民居（图7-11）、三台山拱华寨某民居（图7-12）等。低楼式一般多在门廊处关大牲畜或在住房附近另建畜舍。此种形式是景颇族民居中最常见的形式，反映了景颇族人民的生活习惯和宗教信仰，建造年代一般也较长。

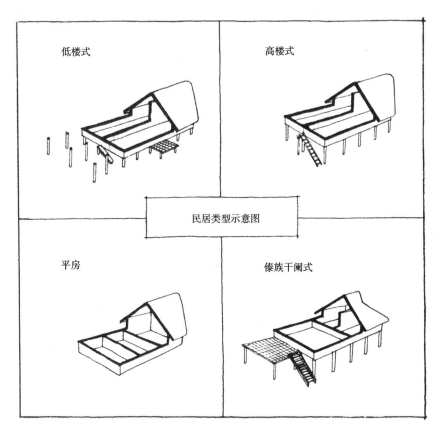

低楼式   高楼式

民居类型示意图

平房   傣族干阑式

图7-8 住宅类型示意图

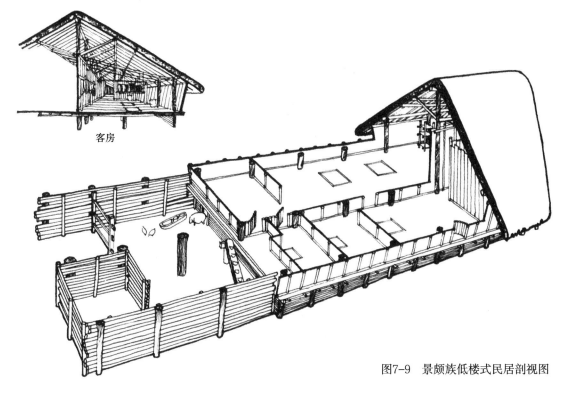

客房

图7-9 景颇族低楼式民居剖视图

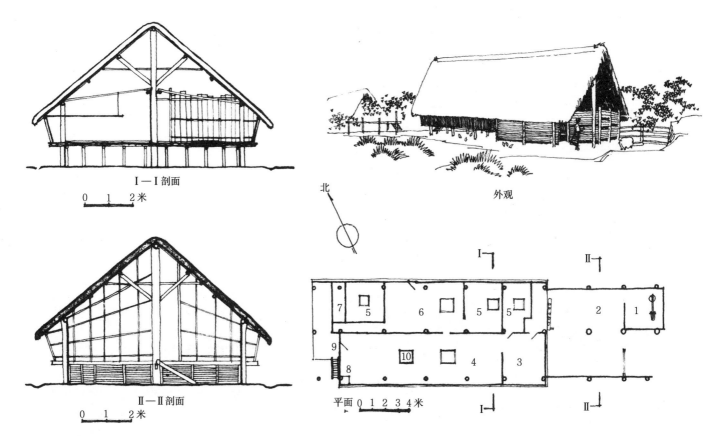

I—I 剖面

0   1   2米

北

外观

II—II 剖面

0   1   2米

平面 0 1 2 3 4米

图7-10 南京里邦宛寨民居平面图、剖面图及外观图

1—碓房 2—牛厩 3—储藏
4—客房 5—卧室 6—厨房
7—储藏 8—祭台 9—鬼门
10—火塘

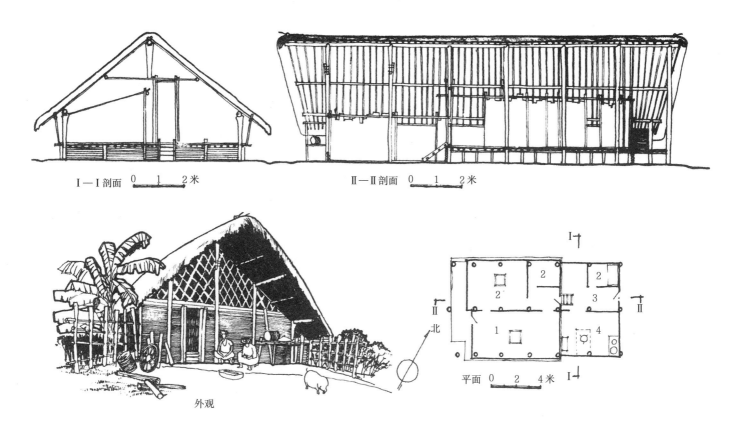

I—I 剖面 0　1　2米

II—II 剖面 0　1　2米

外观

平面 0　2　4米

图7-11　南京里俄奎寨民居平面图、剖面图及外观图

1—客房　2—卧室
3—前室　4—厨房

后立面

0　　2　　4米

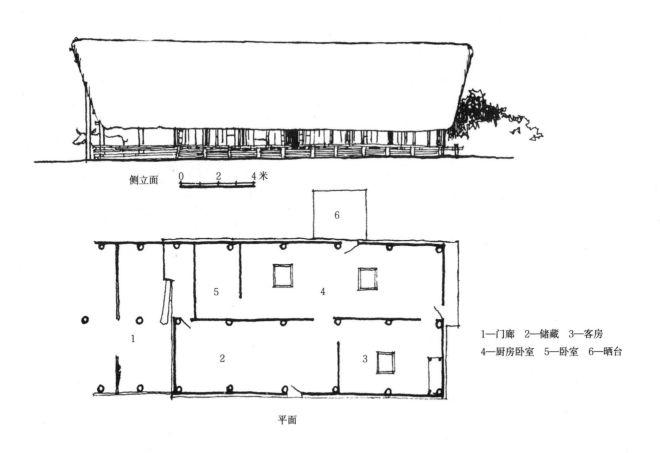

侧立面　0　　2　　4米

6

5　　　4

1

2　　　3

1—门廊　2—储藏　3—客房
4—厨房卧室　5—卧室　6—晒台

平面

图7-12　三台山拱华寨民居平面、立面示意图

（2）高楼式:平面也是一长条形。底层高1.6～1.8米，养牛、猪、鸡或舂米。上层住人，高1.2～1.5米。主要进口仍设在山墙一端，通过楼梯达二层廊进入室内。此类住宅如南京里邦宛寨民居之二,南京里干勒寨民居之一(图7-13、图7-14)。有的进口处仍保留门廊，但不关，如南京里干勒寨民居之二 (图7-15)。

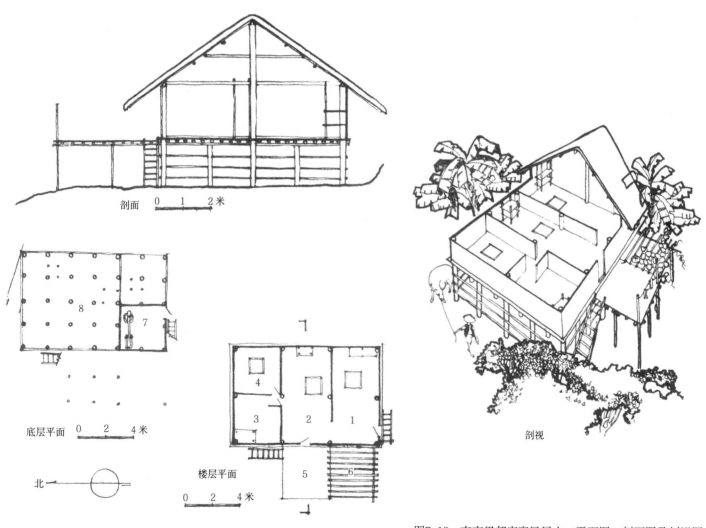

剖面　0　1　2米

底层平面　0　2　4米

北

楼层平面　0　2　4米

剖视

1—厨房　2—客房　3—储藏
4—卧室　5—晒台　6—瓜棚
7—碓房　8—牛厩

图7-13　南京里邦宛寨民居之二平面图、剖面图及剖视图

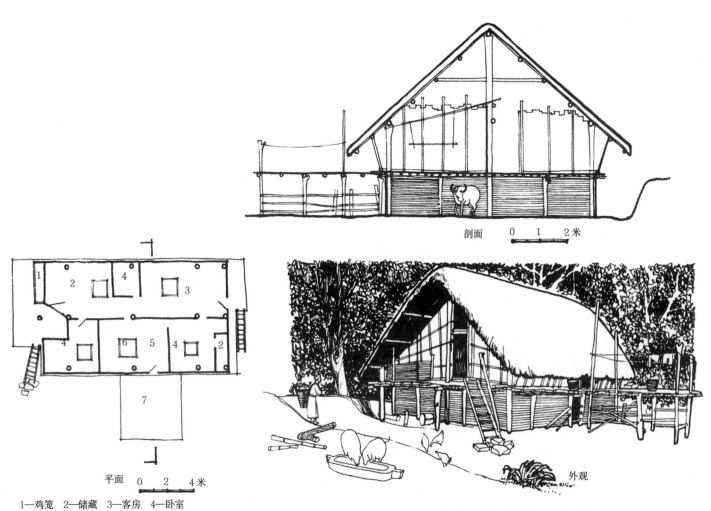

剖面　0　1　2米

平面　0　2　4米

1—鸡笼　2—储藏　3—客房　4—卧室
5—厨房　6—火塘　7—晒台

图7-14　南景里干勒寨民居之一平面图、剖面图及外观示意图

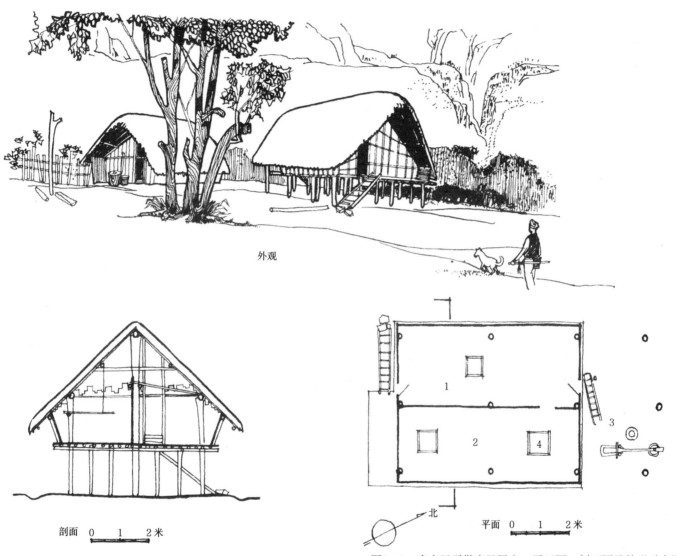

外观

剖面　0　1　2米

北

平面　0　1　2米

图7-15　南京里干勒寨民居之二平面图、剖面图及外观示意图

1—客房　2—卧室　3—舂米　4—火塘

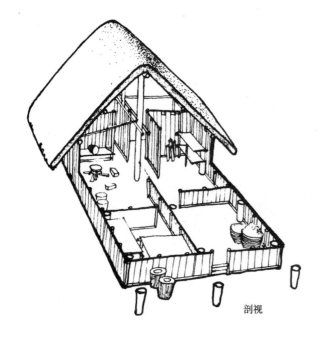

剖视

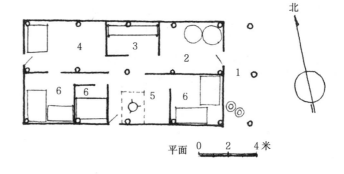

1—前廊 2—储藏 3—厨房
4—客房 5—堂屋 6—卧室

北

平面 0   2   4米

透视

图7-16 南京里寨民居之一平面图、
　　　　剖视图及外观示意图

（3）平房：受德宏旱傣民居影响，一般为3～4间，进口仍设在山墙一端，有一较浅的开敞式门廊作舂米及生活用。室内层高约2.0米，光线较好，屋内多不关牲畜，而在住房附近另建畜舍，如南京里寨民居之一（图7-16）。房间分隔较多地保留着景颇族的习惯做法，有的进口设在侧面，通过一凹进的门廊进入室内，或设两间或三间外廊，从外廊进入室内。平面形式类似旱傣民居，如南京里邦宛寨民居之三（图7-17）。

民居用料施工简易、寿命短。为改善景颇族的住房条件，把房屋建得牢靠些，避免经常重建，在三台山也曾兴建过一些木结构瓦顶，作横分隔为三间的平房。但住户反映平房地板阴冷易起灰，还需另置家具，感到不习惯。因此，后来又在卧室内加做高几十公分的楼板，说明景颇族人民还是喜爱楼居方式。

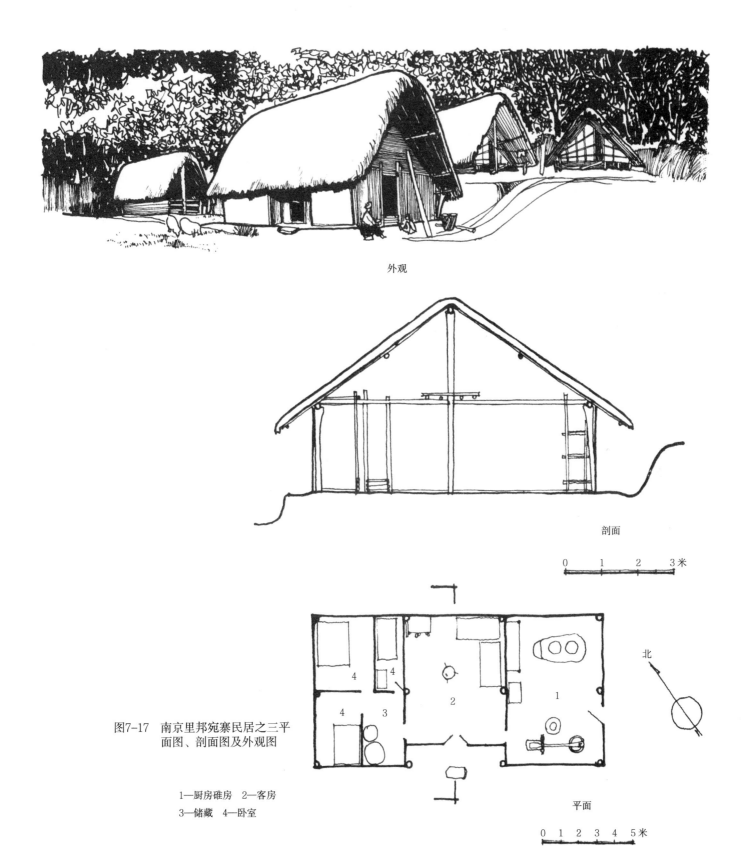

外观

剖面

0 1 2 3米

图7-17 南京里邦宛寨民居之三平
面图、剖面图及外观图

1—厨房碓房 2—客房
3—储藏 4—卧室

北

平面

0 1 2 3 4 5米

（4）傣族干阑式：形式类似瑞丽水傣民居，楼高 2.0 米，下层关牲畜，上层住人。房间分隔无一定格局，按需要自由间隔。入口多设在山墙一端，门前有竹制晒台，作起居生活之用，室内光线较好。此种形式多请傣族匠人建造，为数不多。如等戛布朗格同寨民居之二（图 7-18）、等戛拉摩多寨民居之二（图 7-19），亦有侧入口者，如等戛同洛多寨民居之二（图 7-20）。

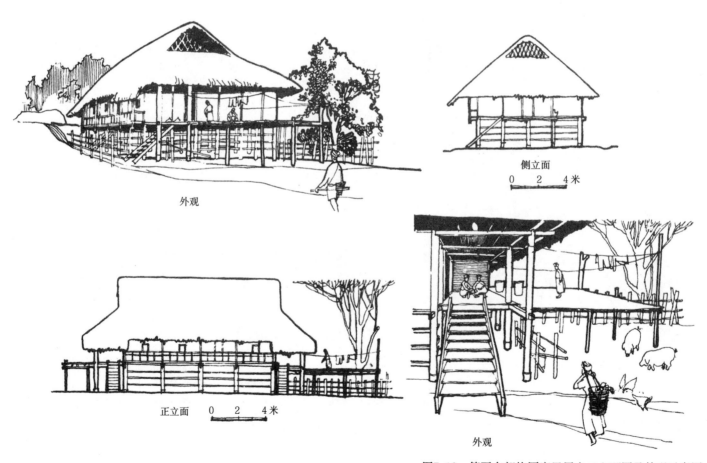

外观

侧立面

0 2   4米

正立面 0   2   4米

外观

图7-18 等戛布朗格同寨民居之二立面图及外观示意图

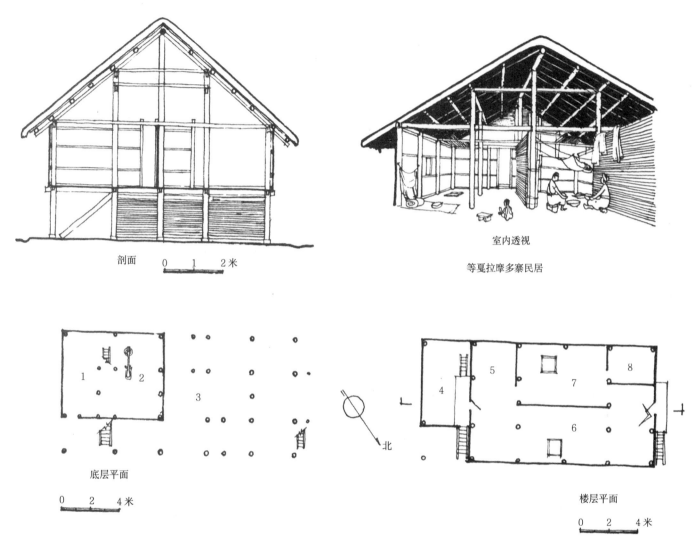

剖面　　0　1　2米

室内透视

等夏拉摩多寨民居

底层平面

0　2　4米

北

楼层平面

0　2　4米

1—厨房　2—碓房　3—牛厩
4—厨房上部　5—杂务　6—客房
7—卧室　8—卧室

图7-19　等夏拉摩多寨民居之二平面图、剖面图及室内示意图

正立面　0　2　4米

侧立面　0　2　4米

前廊

外观

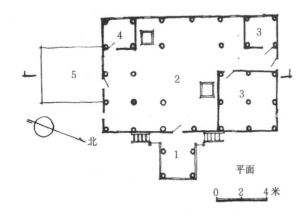

北

平面

0　2　4米

图7-20　等戛同洛多寨民居之二平面图、
立面图及外观示意图

1—前廊　2—客房　3—卧室
4—储藏　5—晒台

（5）外廊式：一般为三间楼房，底层高度低者 1.0～1.2 米，高者 2.0～2.2 米。楼下已不关牲畜而另建畜舍，楼下作谷仓及储藏杂物或农作物使用，楼上住人。楼梯有的设在山墙一端，有的设在外廊一端（图7-21、图7-22）。而且一般都设单独厨房（平房），厨房与正房成"一"字形、"丁"字形或曲尺形，改善了居室内卫生条件，如南京里民居之二（图7-23），楼梯设于山墙端，正房厨房组成曲尺形。外廊式民居多建在与汉族或傣族杂居的地方，是受外族的影响于近几年才出现的新形式。在景颇族聚居的南京里、陇川等地近年来修建的民居多是此种形式。此外，还有个别的"冂"形平面，低楼，其中一翼为开敞式平台，厨房另建平房，如章风广山民居之四（图7-24、图7-25）。

图7-21　景颇族外廊式民居外观之一

图7-22　景颇族外廊式民居外观之二

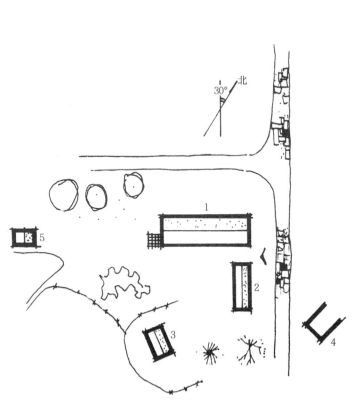

图7-23　南京里民居之二总平面示意图

1—正房　2—厨房　3—草库
4—柴房　5—厕所

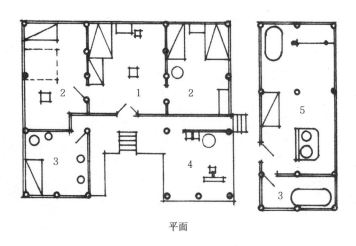

平面

图7-25　章风广山民居之四外观

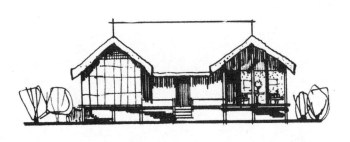

正面

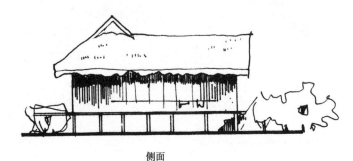

侧面

图7-24　章风广山民居之四平面示意图

1—堂屋　2—卧室　3—储藏
4—凉台　5—厨房

2.室内分隔

以上各类型的民居其室内分隔大体可分如下三种：

（1）纵向分隔：是景颇民居的传统分隔方式，室内依房屋的纵轴线分为左、右两部分。左半部分为储藏、客房，储藏在前，客房靠后。右半部为卧室、厨房，一般分为三间，父母居里间，儿子居外间，中间为厨房兼作姑娘卧室。上述低楼式、高楼式和平房均有此种分隔。

（2）横向分隔：低楼式、高楼式、平房及外廊式采用横向分隔者一般均为三间，中间为堂屋，后间为卧室，前间为厨房。

（3）傣族干阑式分隔：前部为一宽大的客房，后部分隔为厨房及卧室，布局与傣族干阑式相似。

3.房间组成

景颇族民居的房间组成有前廊、客房、厨房、卧室及储藏。

（1）前廊：一般为两间，作居室入口处的缓冲地段，

图7-26 景颇族民居外观示意图

放置杵臼或脚碓，用以舂米。在低楼式民居中前廊还常作大牲畜厩栏，有的还作起居编织之用。前廊两边多用竹筒墙维护，正面敞开，或三面无墙，全部敞开。廊前中柱突出，以便支承山尖挑出檐口。中柱大小不一，根据人口、劳动力和房子大小而异。中柱大小常标志着房屋等级和拥有财富的情况。大山官家的中柱，有的直径达2～3尺，柱子的粗细标志着山官势力的大小。

（2）客房：横向分隔的民居，客房多为一间居中；纵向分隔的民居，客房2～4间不等。客房作日常家务活动、起居、饮食、编织、待客之用。两端或中间设火塘，火塘上设烤棚，作烘干食物之用。客房平时不住人，专供客人居住。规模较小的民居就在客房内烧饭，不另设厨房。室内烟熏，四壁无窗，光线极差。因墙壁地板均为竹制，缝隙较多，故通风尚好。

（3）卧室：卧室面积较小，每户卧室数量视人口多寡而定，少则一间，多则三间。景颇族的家是一夫一妻制的个体小家庭，习惯幼子继承，长子及次子婚后另立门户，故多为两代同居，极少三代、四代同居者。卧室一般无门扇，仅有门洞，分隔不甚严格，隔墙常不到顶。卧室中设有火塘，两边设铺，四壁无窗光线极差。

上述客房及卧室，室内陈设简单，无床铺桌椅，人皆席地坐卧。平房卧室内有床及竹制矮凳等。

（4）储藏室：作储存农产品、谷物之用，常设在进口处，门开向客房。过去景颇人串亲戚时，常带牲畜、粮食等作为礼物，故畜舍和储藏室多设在进口处。有的民居在父母卧室旁边带有一小间，作贵重物品（首饰）的储藏室。

（5）厨房：厨房宽约1～2间，无炉灶设备，仅有火塘一个，上置三脚架及竹制炊具架、盛水竹筒等。常有一侧门通往室外晒台，晒台作晾晒农产品和家务活动之用。厨房还常兼作姑娘卧室及进餐之用。近期修建的民居中独立的厨房一般都有炉灶设备。

4.外观与装修

景颇族民居外形粗犷简朴。陡峭的茅草屋顶、深远的出檐、挑出的山尖、低矮的墙身、架空的竹楼，构成景颇族民居特有的外观，别有一番野趣（图7-26）。挑出的山尖不仅在建筑的侧面造成景颇族民居所特有的倒梯形外观，而且还具有防止飘雨的功能作用。构件材料多保持自然形态，表面粗糙，不加修饰，断面随其自然成不规则形式，有的木柱直接利用树杈节点承受屋面桁条。有些民居在进门的檐口下悬挂野兽的枯骨，以显示狩猎的本领。这些特点与晋宁石寨山等地出土青铜器小房子外观颇为近似。

山官头人的房屋中柱较粗，直径达 40 厘米左右，斜撑下刻成粗糙的锯齿形（图 7-27），低楼的边梁有刀砍成的"奶头"，四个或两个一组，前门檐口挂有"象牙"（如象牙状的草束）。据说有些地方的山官房屋的边梁上有浮雕，梁头做成龙头形状，有的山官在房前立一竹竿，上悬芦叶制成的日月图形，表示与百姓不同。

傣族干阑式和外廊式房屋构件，经过初步加工，断面成圆形或矩形，木板壁有简单的线口，封檐板、门头板、雀替等做成简单的几何图形。

近代修建的一些民居，山墙或部分墙面用土坯墙，厚实的墙面与轻巧的竹楼形成强烈的对比（图 7-28）。

正立面

图7-27 景颇低楼民居山面处的中柱及斜撑

5. 构造材料

景颇族民居的结构方式有竹结构、竹木结构和木结构三种。竹结构和竹木结构的承重构架是由中柱与脊檩及边柱与檐檩分别构成三个纵向承重架子，椽子承受屋面重量直接搭在承重架子上。横向除椽子外无其他联系构件，故柱网布置仅有纵向格局，横向开间的规律不大严格（图7-29）。屋面跨度较大时，脊檩与檐檩之间设纵向联系的竹檩，又常用水平横撑，以加强屋面强度，减少椽子的弯曲变形，但其数量与位置不定，且多不与中柱在一个平面上。山官头人的房屋中由于跨度较大，中柱常设斜撑，以增强屋面刚度，减少椽子变形，也承受一部分屋面重量。

傣族干阑式、外廊式及个别平房式民居，采用穿斗式木构架承重。纵向联系构件除檩条外还有穿枋，其构造方式分别与同地区傣族民居的结构方式类似。

屋面材料有山草或瓦。草顶做法有二：一是散铺，二是绑成草束后铺盖。前者不耐久，每年需加盖新草，几年之后需全部更换。后者密实较耐久，但费工费料，经济条件较好的人家或山官头人才用。草顶屋面坡度接近45°，便于排水。出檐深远，一般都在1米以上，用椽子挑出，或加斜撑自楼面起斜向檐口联系檩条以减少挑出长度。同

图7-28 有土坯墙面的景颇族民居

时墙面随之做成斜形,屋面坡度甚陡,山尖很高,雨水容易从山尖处飘进来,故屋面在山尖处挑出形成倒梯形屋面。其做法是,中柱比檐柱突出,脊檩比檐檩伸出长度大,椽子在靠脊檩一端向外倾斜成放射状。

墙面材料多为竹片或小竹筒,个别用竹篾、木板或土坯。楼面材料也多用竹片,个别用木楼面。竹片墙面或楼面是用圆竹对开压平,利用本身尚未完全断裂的纤维连接、然后用竹篾绑于柱上或纵横交错的栏栅上。

竹柱或木柱一般直接埋入土中 0.5 米,不加处理,个别木柱或穿斗式木构架采用石柱础。

施工方法及建筑技术都比较简单粗糙。景颇族人盖房子一般在春耕之前,自己先备好材料,造好地基,然后选择良辰吉日全寨帮忙一天建成。建筑未从社会中分工出来,无专业匠人,工具只有砍刀,房屋长宽没有统一尺度标准,以"肘"和"掰"为丈量单位[①]。近代修建的穿斗式木构架的楼房或平房及傣族干阑式房屋多是请汉族或傣族匠人来帮助修建的。

由于建筑材料及构造技术的落后,一般房屋寿命极短,几年或十年左右又要另盖新居。

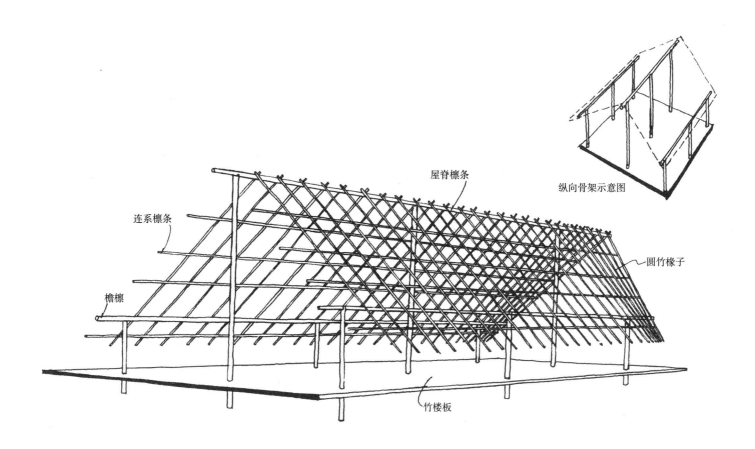

纵向骨架示意图

连系檩条

屋脊檩条

檐檩

圆竹椽子

竹楼板

图7-29 房架构造示意图

---

① 景颇族丈量单位与傣族相同,见《傣族民居》第 212 页注释。

三、结语

景颇族民居的平面和空间布局，是适合于他们的经济条件、生活习惯和所在地区的自然条件的；同时也存在不少不能适应新的生活和生产要求，需要逐步加以改进的地方。近一二十年以来随生产和生活的发展，加之汉族、傣族的影响，景颇族民居已有了不同程度的改进与发展。从发展变化的趋势来看，传统的纵向分隔的低楼式逐渐被淘汰，而代之以既有景颇族传统特点又吸收汉族傣族民居优点的横向分隔的外廊式。在构造材料上由竹结构或竹木结构草顶变为木结构瓦顶，部分维护墙用土坯墙。采光、通风、卫生条件、房屋的耐久性等都有一定的改进。

楼居是景颇族人民的习惯。当地气候多雨，楼房利于防潮通风，且楼面架空，地面只需稍加平整保持一定的坡度、便于排水，又能适应地形变化，节约土方工程。因此，楼居看来还是景颇族民居的主要形式。低楼式楼层低矮，楼下空间不便使用，不好打扫，适当加高楼层，不仅可扩大使用面积，也改善了卫生条件。景颇族有烤火习惯，居室内均设火塘，容易引起火灾，不利于清洁卫生，应随生活水平的提高而逐步加以改进。厨房单独修建不放居室内，既可视经济条件采用不同的结构方式，又可改善卫生条件。最近修建的民居有很多已采用这种方式，这是一大改进。

第八章
德昂族民居

图8-1　瑞丽孟休德昂族佛寺由
佛殿、戏台和塔等组成

一、自然与社会概况

　　德昂族（原称崩龙族）是一个历史比较悠久的民族。散居在云南西南边境,70%分布在潞西、瑞丽、陇川、梁河、盈江五县;镇康县军弄公社也是德昂族集中的一个居住点。村寨多在山区,与景颇、佤、汉等族相邻,少数杂居在傣族村寨之间。这一地区在高黎贡山和怒山南段,山峦叠翠,竹木成林,雨量充沛,土地肥沃,属亚热带气候。植物资源丰富,适宜发展农牧业。这里盛产的"龙竹",史称"濮竹",粗壮挺拔,高达十米,是建"竹楼"的主要建筑材料。德昂族的耕作技术水平比当地其他民族高,他们的银匠制作的各种银饰在当地各民族中享有盛名。

　　德昂族大分散、小聚居与其他民族相间的特点,使德昂族的政治经济体制基本上和其他民族形成了一个统一的整体。新中国成立前,德昂族的社会经济结构是封建领主和地主经济的一部分。德昂族人民是傣族和汉族地主的佃户。如陇川县章凤区的德昂族70%的人家为傣族头人佃耕,还有些村寨60%的人家靠帮工或砍柴、编竹器、采竹笋度日。至于本民族内部,仅有1%的地主和稍多于1%的富农。14世纪以来,德昂族转属傣族土司统治,傣族土司又封德昂族头人为"老皖"（土司下属的一种官职,俗称总伙头）,"伙头",以便统治德昂族人民[1]。德昂族信奉小乘佛教。大的寨子有佛寺（图8-1）。

二、民居建筑

　　德昂族民居多建在郁郁葱葱的山梁上,一户一院,类似傣族"竹楼",是干阑建筑,木梁柱、木屋架、竹壁、草顶,楼上住人煮饭,楼下部分圈栏牲畜,但是又有本民族的特点。20世纪初镇康县军弄公社还保留着父系大家公社的特征,"一个大家庭由三四代有血缘关系的若干个小家庭组成。大家庭成员有多至八九十人的,一般为三四十人。大家庭的成员住在一幢长方形的、内部分隔成若干个火塘的大房子里,过着集体生产,共同消费的生活"[2]。农忙季节各小家庭

---

① 云南省历史研究所:《云南少数民族》第244、246页。
② 《崩龙族社会历史调查》第5页。

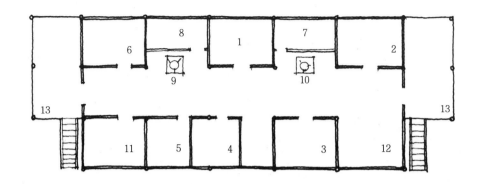

图8-2　下寨乡姚老大家大房子平面示意图

1—老大家庭　2—老二家庭
3—老三家庭　4—大女儿家庭
5—二女儿家庭　6—收留投靠者
7—佛爷（僧侣）休息处　8—客房
9—火塘　10—煮饭火塘
11—粮仓　12—农具　13—晒台

0 1 2 3米

住在耕地附近的临时住房里，收割完了才回大房子团叙。"到
20世纪三四十年代……大家庭公社日趋瓦解，最后一个28
人的大家庭也于1952年解体"①。1960年在镇康县大寨乡调
查，德昂族小家庭已占绝大多数，但还保留着大家庭公社
的色彩，同一血族和不同血族小家庭同住一幢大房子。这
些小家庭全都是一个独立经济单位，每家都设一个火塘，
屋内炊烟缭绕，人们熙来攘往。德昂族人民认为这种多户
共居是十分可贵的生活，而加以珍惜。大寨乡德昂族民居
的特点，是几个小家庭共居的大房子，"新中国成立后保存
下来最大的一幢长达50米，宽约18米，占地在750平方
米左右。一般也有四五百平方米"②。"如下寨姚老大家，全
家28人，五个小家庭，是一个经济整体"。可作为大家庭
公社所住大房子的代表，其居住情况如图8-2所示③。

其他民居，为单户居住，多是长方形。我们1982年
在陇川章风公社户弄寨调查中测绘了一幢单户居住的民居
（图8-3、图8-4）。木梁柱，穿斗木构架，木壁，草顶，木、
竹楼面，特点是无中柱，使室内空间扩大，便于使用。楼
梯位置在前廊，楼下空间大部分加以利用，作为存粮、舂
米和作家庭副业的地方。楼上家庭成员分室居住，是主要
特点。与傣族竹楼既相似又有差别。

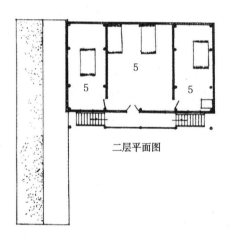

二层平面图

1—厨房
2—储藏
3—粮仓
4—存柴
5—卧室

底层平面图

0 1 2 3米

图8-3　陇川章风公社户弄寨
民居之一平面示意图

———————————

① 《中国少数民族社会历史调查资料丛刊》云南省编辑组：《崩龙族社会
历史调查》第5页。
② 同上，第55页。
③ 同上，第50页。

图8-4 陇川章风公社户弄寨民居之一外观

瑞丽孟休公社孟休大队广卡生产队在瑞丽西北葱郁苍翠的山区，是一个德昂族寨子，有24户人家，一户一院，分布在绿树掩映中（图8-5～图8-7）。我们调查了三家民居，均是1978年前后建造。董支书家6人（图8-8），平面为长方形，有前廊及晒台和主次两个楼梯，木楼板、木壁、木梁柱、木屋架、歇山草顶，一家老幼分室居住。董老大家14人（图8-9），分室居住，房屋有前廊和晒台，中为大间设火塘，为接待客人处。木梁柱、木屋架、歇山草顶、竹壁、木竹楼面。董老二家9人（图8-10），用料与前同，但平面布置有其特色，正面突出了两层方形前廊。从六十年代调查的瑞丽孟休两个德昂族民居和潞西三台山德昂族民居均属个体家庭，平面布局和构造与上述民居基本一致（图8-11～图8-13）。但有的平面为半圆形，歇山草顶屋面为弧形，是别具一格的。从以上几个德昂族个体家庭民居可看出其主要特点：

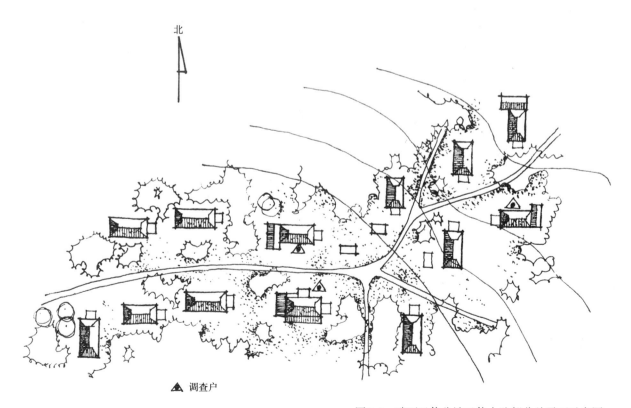

北

▲ 调查户

图8-5 瑞丽孟休公社孟休大队部分总平面示意图

图8-6 瑞丽孟休公社孟休大队村寨外景之一

图8-7 瑞丽孟休公社孟休大队村寨外景之二

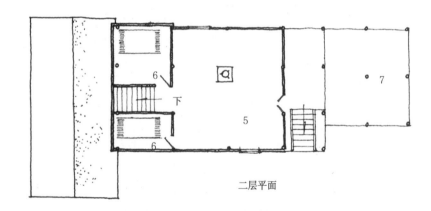

二层平面

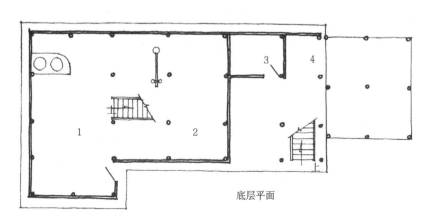

底层平面

图8-8 瑞丽孟休公社孟休大队
董宅平面示意图

1—厨房 2—储藏 3—鸡舍
4—存柴 5—堂屋 6—卧室
7—晒台

0 1 2 3米

外观

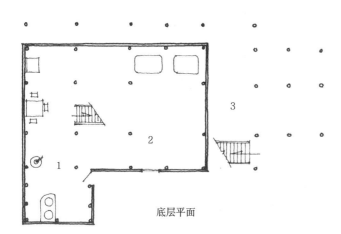

底层平面

图8-9 瑞丽孟休公社孟休大队广卡生产队
董老大宅平面图及外观示意图

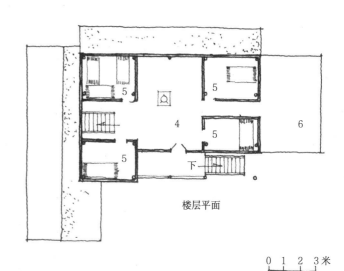

楼层平面

0 1 2 3米

1—厨房　2—储藏　3—牛厩

4—堂屋　5—卧室　6—晒台

图8-10 瑞丽孟休公社孟休大队广卡生产队
董老二宅平面图及外观示意图

1—堂屋　2—卧室　3—厨房

4—储藏　5—牛厩　6—前廊

7—晒台

二层平面图

底层平面图

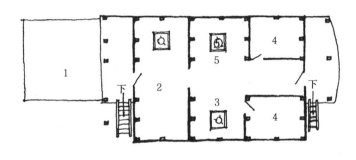

平面示意图

1—晒台
2—客房厨房
3—厨房
4—卧室
5—火塘

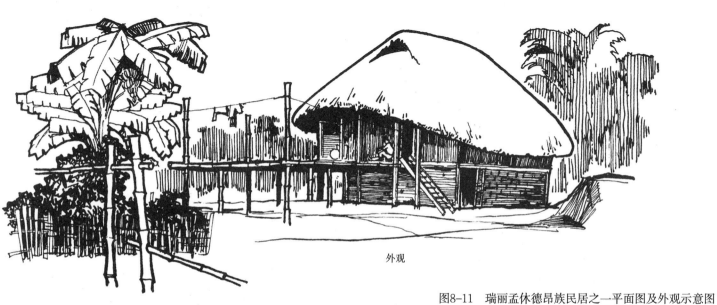

外观

图8-11 瑞丽孟休德昂族民居之一平面图及外观示意图

透视

左边小楼房为柴杂物间

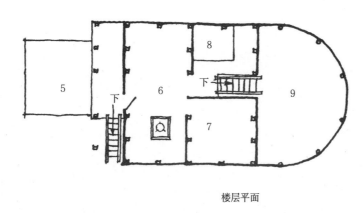

楼层平面

图8-12 瑞丽孟休德昂族民居之二
平面图及外观示意图

1—牛厩 2—谷仓 3—磨坊
4—厨房 5—晒台 6—客房
7—卧室 8—杂务 9—厨房上部

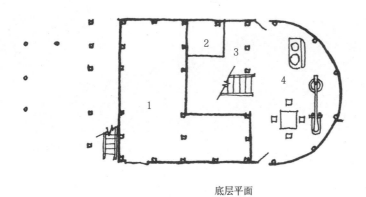

底层平面

图8-13　瑞丽孟休德昂族民居之三外观示意图

（一）平面布置

为矩形，独家一户自成院落。家庭成员分室居住，互不干扰。有主、副楼梯两个，主梯上楼连接廊到主房，副梯连接楼下厨房，布置方式比较灵活多变。如主梯有的在一侧靠山墙，有的在前廊。有的另建杂务院。厨房较大兼作餐室，一般超过主房进深。楼下部分作畜厩，与德宏傣族过去的民居相似。有的厨房平面为半圆形，更是少见的做法。由于山区较冷，客室和有的住室内均设火塘，也有个别民居厨房在楼上的。

（二）构造

木梁柱穿斗式屋架，但为便于室内双面分间及增大客室空间，均无中柱（图8-14）。木楼楞、木壁或竹壁、木楼板或竹篾楼面。

（三）立面

为一般干阑式建筑，但有变化。其歇山式草顶也有其特殊民族风格，如南伞德昂族民居及部分孟休德昂族民居的歇山草顶为圆弧形，当地称"毡帽形"。建筑风格自由粗犷，很有特色。这种屋面在耿马勐定亦有所见。主楼梯一般均在毡帽形屋面内，使屋面保持完整的歇山顶，与傣族另设楼梯斜屋面不同。有的从山墙挑出凹廊，别具一格（图8-14、图8-15）。

图8-14　德昂族民居山墙面上的阳台

图8-15　德昂族民居屋顶下的晒台

（四）装修

比较简单，木栏杆、木梯，木门窗。窗较小，一般仅 0.7 米 ×0.7 米，室内光线较暗。也有简单家具，除席地而卧外，有的有木床、木柜、碗橱、吃饭桌凳等。

德昂族民居与傣族、景颇族民居同在一个地区，因此为适应亚热带气候和山区特点，而习惯于住干阑式建筑的原因与傣族、景颇族基本相同。1978 年新建民居，仍继承了德昂族民居的特点，说明它为德昂族人民所喜爱。主要缺点是窗小、室内阴暗；建筑材料主要用草、竹、木，防火条件较差。随着人民生活水平的提高，这些问题必将逐步改善。

第九章
佤族民居

一、自然与社会概况

佤族分布在云南省西南边境，怒江以东，澜沧江以西，恕山南段的"阿佤山区"，沧源、西盟、耿马、镇康等县。沧源、西盟是佤族主要聚居县，这里气候温和，雨量充沛，山高谷深，林木茂密，还有黄果、芭蕉、多衣果、木瓜、桐油等经济林木。属亚热带山区气候，适于粮食及经济作物的生长。有虎皮、虎骨、鹿茸、熊胆、象牙等名贵特产。

新中国成立前，以西盟为主的阿佤山中心区，占佤族总人口的28.6%，盛行刀耕火种，生产落后，以私有制为基础的个体经济已确立，大部分的耕地、农具、房屋、牲畜都属于个体家庭及个人私有。沧源、耿马、双江、澜沧等佤族地区，约占佤族总人口的63%，具有封建领主经济特征。镇康、凤庆等地的佤族，与汉族杂居，属封建地主经济形态。新中国成立前佤族农民长期以来受着土司、头人的压迫剥削，过着悲惨的生活，甚至被强迫去"祭水鬼"，遭到自然灾害就"剽牛"（即砍牛尾巴），甚至还有猎人头祭谷的陋俗。佤族的个体家庭是以男子为中心的一夫一妻制，同一祖先的若干家庭组成家族，若干家庭组成村寨[1]。

1950年佤族人民获得了解放，1954年及1955年相继成立孟连傣族、佤族、拉祜族自治县，和耿马傣族、佤族自治县。1964年、1965年又相继成立了沧源和西盟两个佤族自治县。在镇康地区的佤族与当地汉族一起实行了土改，在孟连、耿马部分佤族地区，采取和平协商土改，摆脱了封建领主制的剥削统治。在西盟、沧源地区，通过互助合作，消除不利于生产的阶级因素和原始落后状态，逐步过渡到社会主义，使佤族人民的生产生活水平都有了明显的提高。

二、民居建筑

佤族村寨多建于崇山峻岭的山腰，或山峦起伏的山顶，一般有百户左右，小的有二三十户。佤族民居，各地不一。沧源地区的佤族民居，近似傣族干阑式"竹楼"，但在前后两壁对开两门，楼上住人，楼下关牲畜家禽。新中国成立前，由于佤族保持着万物有灵的原始宗教观念，西盟地区佤族民居中，有称为"大房子"的，多是过去大头人修建，与一般住房在形式上不同之处是屋脊两端安置有木刻的燕子和男性裸体像。燕子是佤族崇拜的飞禽之一，男性裸体像则是他们信仰的祖神[2]。西盟佤族一般住房，分隔为主间和客间，设三个火塘。在客间左壁上挂鹿、熊等兽骨，供奉司猎之神；右壁上挂新剽的牛头。

在镇康、耿马部分受汉族影响较大的地区，民居多是竹笆墙（或加双面粉刷，当地称挂土墙）、土坯（或夯土

---

[1] 云南省历史研究所：《云南少数民族》第127页。
[2] 同上。

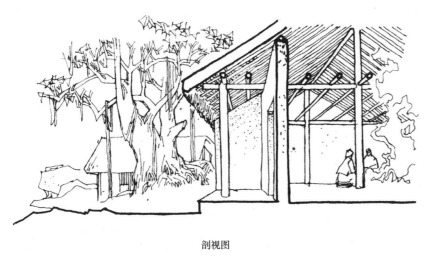

图9-1　澜沧县上允公社佤族民居
平面图、剖面图、剖视图

剖视图

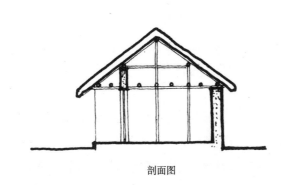

剖面图

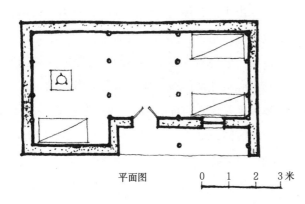

平面图　　0　1　2　3米

墙，草顶或瓦顶平房。如澜沧县上允公社佤族寨子，靠近平坝，有十几户均为土坯或夯土墙，木穿斗屋架，木门窗，悬山草顶，三间平房。前有门廊（图9-1）。室内设火塘，烤火煮饭，利用山尖储放杂物。有木床，窗小，室内阴暗，畜厩在外。耿马自治县城郊也有悬山草顶、土坯墙、三间平房的佤族民居，分室居住，有门廊或无门廊（图9-2、图9-3）。

耿马傣族佤族自治县耿宣公社芒国小队，是山区寨子，有十余户。平面均为椭圆形，面阔三间，从一端入口，有圆形门廊，歇山椭圆形草顶，木柱，竹壁（或竹笆墙）。室内设火塘烤火做饭，有木床，纺车；无窗，光线很暗。室外附近另建畜厩。这种平面和造型是佤族民居的一大特点（图9-4～图9-6）。建筑风格显得原始粗犷。耿马自治县城郊佤族民居也有椭圆形平面的，建筑构造基本相同，但后部房间较长，并将卧室与堂屋分开（图9-7）。耿马城郊民居有的是夯土墙，墙外并有护坡和排水沟，其余基本相同（图9-8～图9-10）。

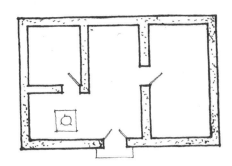

图9-2　耿马县佤族民居之一
　　　平面图、剖视图

0 1 2 3米

图9-3　耿马县佤族民居外观

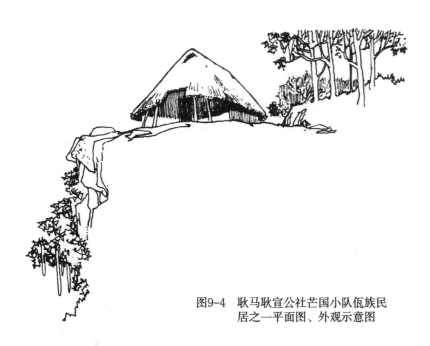

1—堂屋卧室　2—门廊

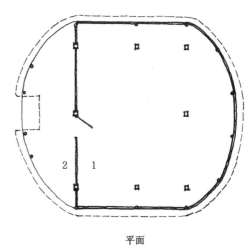

平面

图9-4　耿马耿宣公社芒国小队佤族民
居之一平面图、外观示意图

平面

1—堂屋卧室　2—粮仓　3—门廊

图9-5　耿马县耿宣公社芒国小队佤族
民居之二平面图、外观示意图

图9-6 耿马耿宣公社芒国小队佤族民居外观

1—堂屋
2—卧室
3—粮仓

平面 　0　1　2　3米

图9-7 耿马县佤族民居之二平面图、外观图

图9-8 耿马县佤族民居外观之一

图9-10 耿马县佤族民居外排水沟

图9-9 耿马县佤族民居外观之二

图9-11　耿马县佤族民居之三平面图、剖视图

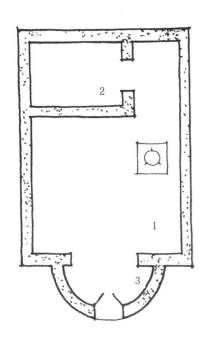

1—堂屋
2—卧室
3—入口

0　1　2　3米

此外，在耿马自治县城郊，也有建筑质量较好的佤族民居。建筑平面保持了传统特点，入口一端仍为半圆形，并设单间卧室，但外墙已改为毛石脚、土坯墙，无窗，室内有火塘烤火做饭，靠草顶山尖空洞及檐墙与屋面间空隙通风采光，光线很差（图9-11）。但建筑外貌别具一格，颇有乡村小别墅粗野的风趣。还有一种面积较大的佤族民居（图9-12），平面布局除部分保留了佤族民居的传统椭圆平面外，扩大了居住面积。布局受到汉族影响，分室居住，有门廊和厨房，增开了窗户。除毛石脚、夯土墙外，屋面构造采用内落水，用木槽将雨水排至户外，是一大特点。这样使屋架跨度、木料断面减小，草顶高度降低，外观显得灵活多样，富于变化。

佤族民居除"竹楼"外，一般比较矮小，一家盖房，全寨送来茅草、木料，并帮助修建。一般都是就地取材，因陋就简，几天即可建成。这种民居也是适应佤族人民的风俗习惯和经济技术条件而形成的。主要缺点是不开窗或开窗小，以致室内阴暗，烟熏甚烈，影响健康，是应当改进的。

外观

图9-12 耿马县佤族民居之四平面
图、剖面图、外观示意图

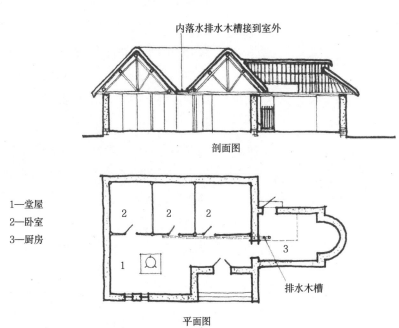

内落水排水木槽接到室外

剖面图

1—堂屋
2—卧室
3—厨房

排水木槽

平面图

第十章

拉祜族民居

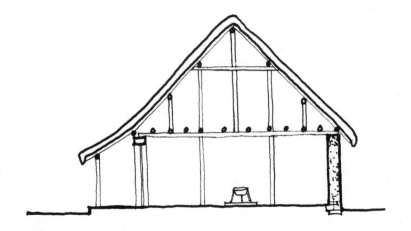

一、自然与社会概况

拉祜族是一个勤劳勇敢、热情好客的民族。主要分布在云南西南边陲，澜沧江西面的山区。在拉祜族语中"拉祜"是烤吃虎肉的意思，因而拉祜族被称为"猎虎的民族"。拉祜族居住地区，山峦起伏，溪涧纵横。山间坝子，土壤肥沃，夏无酷暑，冬无严寒，雨量充沛，林木茂密。雨季和旱季分明，属亚热带气候，适合粮食及茶叶等经济作物生长。

新中国成立前，澜沧县西南部、孟连、耿马等地的拉祜族绝大部分处于傣族土司直接、间接的封建统治之下。耿马的拉祜族是傣族宣抚司直接统治下的农奴，其他地区拉祜族部落首领被孟连傣族宣抚司封授一个"鲍罕木珍"的傣族官号后，即直接统治拉祜族农民，征收各种贡税[1]。拉祜族农民在地主、土司的封建剥削下，过着悲惨的生活。农业生产落后，山地停滞在刀耕火种阶段，采用轮作制，主要作物有旱谷、玉米和荞麦，单产低，因而从事狩猎及采集等副业。

二、民居建筑

新中国成立前直到 1949 年初期，婚姻仍实行从妻居，是以母系为中心的家庭形态。新中国成立后才逐步解体，在 1958 年前后，过渡为个体家庭，澜沧县糯福区巴卡乃寨那期家新中国成立前成员有 101 人，所住公共房屋是 2 层干阑式"竹楼"，长 23 米，宽 10 米，楼上住人，分九间，中间设九个火塘，分为 18 个生产生活单位。为了接近耕地，减少往返时间，除节日和农闲外，许多家庭成员，住在耕地旁劳动时居住的房屋里（称"叶布"），这便发展为初期的个体家庭的房屋[2]。茫糯寨卡波家新中国成立前成员 73 人，住房长 20 米，宽 8 米，楼上内分七间，设五个火塘，大家庭于 1950 年解体[3]。耿马茫美乡扎斯家，成员 23 人，有四个火塘，房屋似傣族"竹楼"，楼上住人，楼下关牲畜、放木柴、木碓。房屋总长 18.4 米，宽 4.8 米，"阿扣"是寝室，长 8.1 米。"插马底格"是舂碓处，长 1.5 米，"古塔"是晒台，长 4 米。在阿扣内左侧隔成四个"怀"（即小房间），每一怀前设火塘，火塘四周是吃饭、休息和晚上男女老幼睡觉的地方。火塘上吊竹子做成的烤板，供烤晒粮食用。在"怀"的前面放粮食、猪食和水等[4]。勐海县巴卡囡贺开两个拉祜族寨子，在山巅上依坡建寨，周围是崇山峻岭，竹木葱茏，交通不便，这是防止异族侵犯的措施。民居近似傣族草顶"竹楼"，楼下圈养牲畜和做家务劳动，设木碓。楼上住人，分隔成两间，分两个火塘，里间是父母卧室，一般外人不能擅自入内，也是供家神的地

---

① 云南省历史研究所：《云南少数民族》第 139 页。
② 《中国少数民族社会历史调查资料丛刊》云南省编辑组《拉祜族社会历史调查》第 2 页。
③ 同上书第 12 页。
④ 同上书第 39 页。

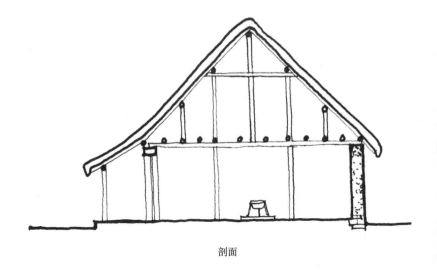

剖面

方和存衣物篾柜处。外间为大家庭中已婚年轻夫妇住室和接待客人的地方。陈设简单，多为竹器。房为窗户，满屋烟熏，光线阴暗，来客和家人围火塘席地而坐。火塘是拉祜族家庭生活的中心[①]。

拉祜族传统建筑形式是竹木结构的草顶"干阑"建筑。一家盖房，全寨相帮，伐木、平基、编草排，几天即可建成。男女老少还要饮酒唱歌贺新房。但由于建筑易倾斜、失火、耐久性差，故新中国成立前大家庭住的大房子，新中国成立后保留下来的已寥寥无几，近年来调查中更未见到。而个体家庭民居，则与傣族"竹楼"相似。

与汉族、彝族毗邻或杂居的拉祜族，则采用土木结构的土坯房，或土掌房。

澜沧拉祜族自治县的拉祜族民居，多为平房。山区的东朗公社唐胜大队麻卡地拉祜族寨子，有二三十户，是依山建设的低矮草居(图10-1)。其中之一长9.8米，宽7米，层高不足2米。土坯墙，木构架，草顶。三开间，左间设火塘，煮饭及烤火。有木床四张，窗小，烟熏，屋黑，有前廊，右侧为柴火间，其屋面成弧形。室内山尖部分有阁楼，可储物。在房前坡下，另搭小棚，内关猪、牛等家畜。建筑风格原始粗犷。

平面

图10-1 东朗公社唐胜大队麻卡地区民居平面图、剖面图

---

① 《拉祜族社会历史调查》第74页。

图10-2 东朗公社唐胜大队麻卡地区民居外观

东朗公社勐滨大队呵勇小队拉祜族寨子：有30多户，靠近坝区，经济条件较好，全为土坯墙，筒板瓦平房。一般为三开间，有前廊，一侧增设厨房（图10-2、图10-3）。家畜亦另建畜厩。分室居住，有木床及简单家具。窗小，屋黑。木柱承重，"人"字形豪式屋架，受汉族影响较多。其中一户傣族民居，虽为二层瓦顶，但为两坡水屋顶。楼下住人，楼上储物，人畜分开，与傣族传统民居完全不同。

外观

剖面

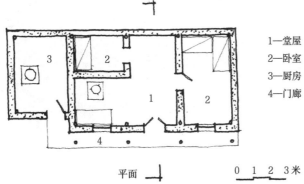

1—堂屋
2—卧室
3—厨房
4—门廊

平面

0 1 2 3米

图10-3 东朗公社勐滨大队呵勇小队民居平面图、
剖面图及外观示意图

后　记

　　本书的调研和编写工作，从 1962 年起先后共进行过 11 次。除中辍时间外，历时约四年。先后参加调研、编写、绘图的人员共 20 余人。因而，这本书是集体同心协力，共同工作的成果。

　　云南少数民族建筑调查组的工作，20 世纪 60 年代初由原云南省建筑工程厅设计院王翠兰、赵琴同志负责。最近这几次调查和本书编写组的工作由云南省设计院王翠兰同志主持，分别由有关同志撰写。参加本书撰写的同志是：

　　陈谋德负责编写前言、概论、德昂族民居、佤族民居、拉祜族民居。

　　王翠兰负责编写彝族民居、白族民居、傣族民居。

　　饶维纯负责编写景颇族民居、傣族民居中的傣那民居部分。

　　石孝测负责编写纳西族民居、哈尼族民居。

　　参加过最近这几次调查实测工作的同志除以上编写人员外，还有钟庚华、赵永升、何捷先、黄移风、朱燕等同志。

　　承担本书绘图工作的主要是：顾奇伟、饶维纯同志，此外还有石孝测、曹瑞燕，黄移风、朱燕、胡庆华等同志。同时还选用了原省建工厅设计院 20 世纪 60 年代初少数民族民居调查和农村住宅调查中保存下来的少量照片和当时绘制的部分图纸。

　　本书照片主要由于冰同志和陈谋德、钟庚华、赵永升等同志拍摄，全部洗印工作由于冰同志负责。

　　这里需要特别提出的是：在调查和收集资料的过程中，得到各少数民族地区的领导机关和工程技术人员的热心帮助、提供资料；有的还派出少数民族的同志参加了部分调查工作，解决了调查工作中语言不通等工作上的困难，使调查工作能顺利完成。编写过程中，云南省博物馆、云南省文物工作队等有关单位提供少数民族的史料和文物资料，特表示衷心感谢。

云南省设计院

一九八三年九月

编后语

　　中国民居建筑历史传统悠久，在漫长的发展过程中，受地域、气候、环境、经济的发展和生活的变化等因素的影响，形成了各具风格的村镇布局和民居类型，并积累了丰富的修建经验和设计手法。

　　中华人民共和国成立后，我国建筑专家将历史建筑研究的着眼点从"官式"建筑转向民居的调查研究，开始在各地开启民居调查工作，并对民居的优秀、典型的实例和处理手法做了细致的观察和记录。在 20 世纪 80 年代~90 年代，我社将中国民居专家聚拢在一起，由我社杨谷生副总编负责策划组织工作，各地民居专家对比较具有代表性的十个地区民居进行详尽的考察、记录和整理，经过前期资料的积累和后期的增加、补充，出版了我国第一套民居系列图书。其内容详实、测绘精细，从村镇布局、建筑与地形的结合、平面与空间的处理、体型面貌、建筑构架、装饰及细部、民居实例等不同的层面进行详尽整理，从民居营建技术的角度系统而专业地呈现了中国民居的显著特点，成为我国首批出版的传统民居调研成果。丛书从组织策划到封面设计、书籍装帧、插画设计、封面题字等均为出版和建筑领域的专家，是大家智慧之集成。该套书一经出版便得到了建筑领域的高度认可，并在当时获得了全国优秀科技图书一等奖。

　　此套民居图书的首次出版，可以说影响了一代人，其作者均来自各地建筑设计研究机构，他们不但是民居建筑研究专家，也是画家、艺术家。他们具备厚重的建筑专业知识和扎实的绘图功底，是新中国第一代民居专家，并在此后培养了无数新生力量，为中国民居的研究领域做出了重大的贡献。当时的作者较多已经成为当今民居领域的研究专家，如傅熹年、陆元鼎、孙大章、陆琦等都参与了该套书的调研和编写工作。

　　我国改革开放以来，我国的城市化建设发生了重大的飞跃，尤其是进入 21 世纪，城市化的快速发展波及祖国各地。为了追随快速发展的现代化建设，同时也随着广大人民生活水平的提高，群众迫切地需要改善居住条件，较多的传统民居建筑已经在现代化的普及中逐渐消亡。取而代之的是四处林立的冰冷的混凝土建筑。祖国千百年来的民居营建技艺也随着建筑的消亡而逐渐失传。较多的专家都感悟到：由于保护的不善、人们的不重视和过度的追求现代化等原因，很多的传统民居实体已不存在，或者只留下了残破的墙体或者地基，同时对于传统民居类型的确定和梳理也产生了较大的困难。

适逢国家对中国历史遗存建筑的保护和重视，结合近几年国家下发的各种规划性政策文件，尤其是在"十九大"报告和国家颁布的各种政策中，均强调要实施乡村振兴战略，实施中华优秀传统文化发展工程。由此，我们清楚地认识到，中国传统建筑文化在当今的建筑可持续发展中具有十分重要的作用，它的传承和发展是一项长期且可持续的工程。作为出版传媒单位，我们有必要将中国优秀的建筑文化传承下去。尤其在当下，乡村复兴逐渐成为乡村振兴战略的一部分，如何避免千篇一律的城市化发展，如何建设符合当地生态系统，尊重自然、人文、社会环境的民居建筑，不但是建筑师需要考虑的问题，也是我们建筑文化传播者需要去挖掘、传播的首要事情。

因此，我社计划将这套已属绝版的图书进行重新整理出版，使整套民居建筑专家的第一手民居测绘资料，以一种新的面貌呈现在读者面前。某些省份由于在发展的过程中区位发生了变化，故再版图书中将其中的地区图做了部分调整和精减。本套书的重新整理出版，再现第一代民居研究专家的精细测绘和分析图纸。面对早期民居资料遗存较少的问题，为中国民居研究领域贡献更多的参考。相信其定会重新开启封存已久的首批民居研究资料，再度掀起专业建筑测绘热潮。

传播传统建筑文化，传承传统建筑建造技艺，将无形化为有形，传统将会持续而久远地流传。

中国建筑工业出版社

2017 年 12 月

图书在版编目（CIP）数据

云南民居 / 云南省设计院《云南民居》编写组. —北京：中国建筑工业出版社，2017.10

（中国传统民居系列图册）

ISBN 978-7-112-21014-5

Ⅰ.①云…　Ⅱ.①云…　Ⅲ.①民居—建筑艺术—云南—图集　Ⅳ.① TU241.5-64

中国版本图书馆CIP数据核字（2017）第173943号

责任编辑：张　华　唐　旭　孙　硕　李东禧
封面设计：王　显
封面题字：冯彝诤
版式设计：王佩云
责任校对：焦　乐　关　健

本书介绍了云南省白族、纳西族、傣族、彝族、景颇族、德昂族、哈尼族、佤族、拉祜族等少数民族民居的村寨布局、院落组成及民房建筑的平面、构造与外观，在论述中密切结合各个少数民族发展的历史、宗教信仰、风俗习惯和聚居地区的自然条件，分析了民居建筑和村寨独特的传统和风格。本书可供建筑工作者、建筑院校师生、民族学工作者、美术工作者、历史学工作者等广大读者阅读。

中国传统民居系列图册

云南民居

云南省设计院《云南民居》编写组

*

中国建筑工业出版社出版、发行（北京海淀三里河路9号）

各地新华书店、建筑书店经销

北京京点图文设计有限公司制版

北京中科印刷有限公司印刷

*

开本：787×1092毫米　1/12　印张：32⅔　插页：1　字数：588千字

2018年1月第一版　2018年1月第一次印刷

定价：98.00元

ISBN 978-7-112-21014-5

（30633）